育儿宝典

朱华 马丽蓉 主编

（1~2岁）

全方位
指导

MAMA YU'ER BIBEI SHOUCE

妈妈育儿必备手册

内蒙古科学技术出版社

图书在版编目（CIP）数据

育儿宝典. 1~2岁 / 朱华，马丽蓉主编. — 赤峰：
内蒙古科学技术出版社，2021.5
（妈妈育儿必备手册）
ISBN 978-7-5380-3318-2

Ⅰ.①育… Ⅱ.①朱… ②马… Ⅲ.①婴幼儿—哺育
—基本知识 Ⅳ.①TS976.31

中国版本图书馆CIP数据核字（2021）第087657号

YU'ER BAODIAN（1-2 SUI）
育儿宝典（1~2岁）

主　　编：朱　华　马丽蓉
责任编辑：张文娟
封面设计：永　　胜
出版发行：内蒙古科学技术出版社
地　　址：赤峰市红山区哈达街南一段4号
网　　址：www.nm-kj.cn
邮购电话：0476-5888970
排　　版：赤峰市阿金奈图文制作有限责任公司
印　　刷：三河市华东印刷有限公司
字　　数：357千
开　　本：700mm×1010mm　1/16
印　　张：21
版　　次：2021年5月第1版
印　　次：2021年5月第1次印刷
书　　号：ISBN 978-7-5380-3318-2
定　　价：45.00元

如出现印装质量问题，请与我社联系。电话：0476-5888926　5888917

编 委 会

主　编　朱　华　马丽蓉

编　委　苏亚拉其其格　　于少飞　　田霄峰

　　　　　苏学文　杜　洁　宋立猛　孟晓波

　　　　　崔山丹　窦忠霞

前言

　　做父母的都希望有一个身体健康、智力超群、具有良好社会适应能力的可爱的宝宝。这不仅关系到每个家庭的切身利益，而且关系到我国全民素质的提升。因此，实现优生和优育已成为引起全社会重视的问题。

　　孕育一个健康聪明的宝宝，要有一个良好的开端。怀孕之前，每对夫妻都要给自己预留出一段时间进行饮食调整，保证充足均衡的营养；要坚持锻炼身体，提高自身的抵抗力；要防治疾病，保证身体健康；要戒除一切不良的生活习惯，确保身心处于最佳状态。

　　从怀孕到宝宝的出生，是胎宝宝发育的关键时期。作为准父母，要注意胎儿及自身的营养与保健，避免情绪波动，消除外界不良因素，平平安安度过妊娠期。需要说明的一点是，妊娠期间的胎教是绝不能忽视的。对胎儿实施定期定时的各种有益刺激，可促进胎儿大脑皮层感觉中枢更快发育，有助于宝宝今后的发育和智力开发。

　　0～3岁，是宝宝发育的重要时期。每个月的宝宝都有着各自的特点，都需要进行特殊的喂养、护理和教育。因此，对众多年轻父母非常关心的问题，如宝宝偏食、宝宝不喜欢喝牛奶、何时给宝宝断奶等，我们都一一做了详细的解答。关于如何对宝宝进行早期教育，我们也给出了多种方案。

　　本丛书共五册，包括《妊娠宝典》《胎教宝典》《育儿宝典（0～1岁）》《育儿宝典（1～2岁）》《育儿宝典（2～3岁）》，集妊娠、胎教、分娩、育儿知识于一身，图文双解，通俗易懂，生动形象，科学实用，非常适合现代准父母阅读使用。

目　录

育儿方法
尽在码中

看宝宝辅食攻略,
抓婴儿护理细节。

PART 1　1岁1月至1岁3月

PART ❷ 1岁4月至1岁6月

PART ❸ 1岁7月至1岁9月

PART ❹　1岁10月至1岁12月

PART ① 1岁1月至1岁3月

优育、优教，是时代发展的需要。儿童的身心发展十分微妙，无论是饮食起居、身心健康，还是早期教育，都非常敏感和关键，所以早期的饮食和教育必然具有准确性、系统性和科学性。

1岁的宝宝刚刚断奶或者没有完全断奶，宝宝度过了婴儿期，进入了幼儿期。无论在体格和神经发育上，还是在心理和智能发育上，都出现了新的发展：宝宝的牙齿已经长出8颗，但胃肠消化能力还相对较弱，还不能适应刺激性的食品。宝宝已经能独立站片刻，不用扶也能走几步，弯腰、招手、蹲下再站起更是不在话下，开始喜欢学走。能够对简单的语言要求作出反应，在正确的教育下1岁的孩子可以说出"爸爸、妈妈、奶、抱"等5~10个简单的词。害怕的东西增多，显现明显的依恋情节。经常展现令人惊喜的模仿能力。内心世界更加丰富，好奇心强。

育儿方法
尽在码中

看宝宝辅食攻略，
抓婴儿护理细节。

第一章

1岁1月

◎ 教养宝宝自己吃饭

◎ 掌握宝宝学步的最佳时机和准确方法

◎ 培养宝宝反应能力

◎ 预防接种的错误观念

◎ 新妈妈需要和宝宝多多交流

育儿方法
尽在码中

看宝宝辅食攻略,
抓婴儿护理细节。

宝宝的护理及发育特点

1岁，是幼儿期的开始，也是走向人生自立的第一阶段。

刚满1岁时教孩子学讲话，调教排便等不太顺利，随着活动的增加，危险也多了起来，此时的父母要多关注宝宝。同时，1岁宝宝的内心世界也更加丰富起来，好奇心很强，只要是眼睛看得到的、手抓得到的东西，都非常感兴趣。

因此父母就要加倍小心看护宝宝，以免宝宝意外受伤。

1岁1月宝宝的身体发育

宝宝满1岁时，身长为出生时的1.5倍，体重为出生时的3倍，约9千克左右。

从1岁半起到2岁这一段时间里，宝宝不仅能行走，而且能蹦蹦跳跳，身体越来越结实。体重增长较慢而个子却长得较快。

1岁1月宝宝的出牙情况

宝宝满周岁时，只长出8颗牙（上下各4颗），等到1岁半至2岁时上下已各长出8颗牙了。虽然有些孩子的牙齿在此时高高低低很不整齐，但2岁以后牙齿长出很多时，就会长得整整齐齐。宝宝4岁以前的牙齿并不很结实，还有点松动，上唇比下唇长得突出些，但到了4岁以后一般都能自行纠正过来。

宝宝的囟门已经闭合

宝宝满周岁时，前囟门已经闭合许多了，等到1岁半时，95%孩子的前囟门已经完全闭合。如果到此时前囟门还未完全闭合，且空当较大，牙齿长得缓慢，可能是骨骼发育不良，需要找

3

小儿科医生看一看。

关于宝宝的运动机能

有的宝宝早在满周岁以前就能单独行走,但绝大多数宝宝要到1岁零2个月或1岁零3个月时才行。开始时大人用手牵着走,逐渐放开,宝宝自己就能独自向前走两三步,但马上就得抓住什么东西以保持身体平衡。虽然这两三步走得摇摇晃晃,但是只要能走几步,就可以一天天多起来。

宝宝的探索精神

1岁宝宝无论在家里还是在户外,都不会安安静静地呆一会儿,总是不停地乱拿东西。1岁宝宝就是这样通过手脚不停地乱动各种东西来逐渐了解客观世界。

此时的宝宝就像一个小探险家,什么都好奇,这也想看,那也想知道。因此,大人要为宝宝提供安全、变化、多姿多彩的环境和体验,以满足宝宝的好奇心和求知欲,同时要时刻盯紧宝宝,以防宝宝发生危险。

宝宝开始模仿了

宝宝一两岁时正是模仿的年龄。宝宝通过模仿,使智力发育更为迅速。妈妈打扫卫生时,他会给你忙上加乱,但不要禁止,应该好好表扬,这样,宝宝的兴趣会更浓,自立的意识也会愈来愈强。

那些模仿较少的宝宝,其发育指数绝不会高。如果自己的宝宝不喜欢模仿,父母就应该引导宝宝,帮宝宝练习练习。

宝宝看见大人刷牙也想动手尝试。父母要充分利用这一时机,让宝宝学会和养成自己刷牙的习惯。

自我意识开始萌芽

宝宝满1岁以后，自我意识开始萌芽，想自己动手吃饭、摆弄东西，到处试验自己的能力和体力。若是受到阻碍或要求得不到满足而又不能用语言表达自己的意愿时，就哭闹、摔打东西，尤其是那些长得健壮的宝宝，更是动不动就躺在地上打滚，甚至踢打自己的爸爸妈妈。

1岁宝宝的语言发育

宝宝说话能力的发育跟环境有直接关系。宝宝满周岁前后，哪怕只会讲一句"要吃"就已经很不错了。宝宝1岁半时有的就能讲有限的几个词。如果1岁的宝宝各种机能发育都很正常，可以经常和宝宝讲讲话。

生活习惯的养成

宝宝1岁以后，父母要培养宝宝用勺子吃饭，用双手捧着杯子喝水，白天要大小便时要告诉大人帮忙，还要让宝宝学着自己脱裤子、刷牙等，慢慢使宝宝养成自立的生活习惯。

▌宝宝的饮食营养

以菜为主

宝宝幼儿期仅次于婴儿期的发育阶段，因此和婴儿期一样，要充分注意宝宝的营养。这个时期，大部分宝宝都能从食物中摄取营养，只是尚不能充分消化这些食物，因此还必须做点适合宝宝吃的东西。

宝宝幼儿发育期需要大量蛋白质、脂肪、淀粉、维生

小·贴士

如何培养宝宝的语言交流能力？

在日常生活中，爸爸妈妈要使用动作和语言并用的方式引导宝宝，比如，爸爸妈妈说"再见"，边说边摆手，帮助宝宝把摆手动作和"再见"一词的意义联系起来。诸如此类的，还有"请""你好""谢谢"等。日常生活中，多通过家庭对话、儿歌、故事等多种多样的活动，增加宝宝的表达和理解能力。此外，即便是宝宝现在表达不清楚、片段化，爸爸妈妈也要保持安静、专注的神色，饶有兴趣地去倾听宝宝的话，鼓励宝宝更有信心地去表达自己的想法和感受，从而养成良好的交流习惯。

素、矿物质等,其中动物蛋白(牛奶、肉、鱼、蛋等)比较重要,因此,宝宝每餐都应该吃一点。豆类及其制品也是很好的蛋白质来源之一。总之,宝宝要多吃菜,每餐应以大人的2/3左右为宜。

宝宝吃的菜饭不要太硬或太生,烧得熟烂些,多放点油。

多喝牛奶

鲜牛奶中含有丰富的蛋白质、矿物质、钙质等,在宝宝骨骼发育旺盛的幼儿期里,鲜牛奶是不可缺少的营养物质。

在这个时期最好每天喝200~400毫升鲜牛奶,即1瓶到2瓶。可以在吃点心时喝,也可以当饮料给宝宝喝,还可以用于煮菜。

关于宝宝挑食

宝宝幼儿期是饮食时多时少、吃饭时爱玩的时期。高兴时就多吃些,不高兴时就吃得少些;今天多吃一点,明天少吃一点;有时只吃饭,有时一天到晚只吃水果;有时只吃这个,有时只吃那个。挑食过度就叫做偏食。作为父母,还是应该让宝宝吃配有淀粉、蛋白质、脂肪、蔬菜和水果的营养全面的饭菜。宝宝不愿吃蔬菜时,可将蔬菜包在煎鸡蛋卷里或混在饭里,这样宝宝就能高高兴兴地吃下去。

点心的量和内容

点心只是在宝宝三餐吃饱,但仍有食欲时才喂。有的妈妈见宝宝三餐饭菜没好好吃,就想喂点点心补补。其实,没有食欲时用不着喂。再说,点心也应该每天定时,不能随时都喂,让宝宝吃吃停停。可以用牛奶、水果、饼干及妈妈亲手做的食物当点心。

点心的量不可过大,以免影响三餐。上午10时喂50毫升果汁,下午3时喂1瓶鲜牛奶和相当于210焦耳热量的点心。

宝宝的日常照料

调教宝宝吃饭

在这个时期，要尽量让宝宝自己动手吃饭。宝宝还不太会用勺子，刚开始时吃起来很不顺利，容易把饭菜撒到桌子上，或已经送到嘴边又全撒了。这时妈妈就应该帮忙喂。喂了一会儿，宝宝也许又想自己动手吃了，则可以将勺子给宝宝拿着让他自己吃。

要调教好宝宝自己吃饭需要花很多时间，更需要耐心，这是使宝宝走向独立的一个过程。只要一直坚持下去，到1岁半宝宝就能熟练用勺子吃饭了。

调教宝宝大小便

宝宝白天大小便时能够知道喊人，这需要到1岁半或2岁左右才能做到，那时的宝宝大脑神经系统成熟，是能控制大小便的年龄。在1岁半以后，如宝宝大便一般都在早饭以后或晚睡以前时，则每天按时让宝宝坐在便盆上或去厕所。

刷牙

吃完饭和吃完甜食后让宝宝喝点茶水可以起到预防虫牙的作用，也可以经常用纱布或脱脂棉沾点水给宝宝擦擦牙。

宝宝穿的鞋和衣服

1岁以后，宝宝经常外出，就需要穿鞋了。最好选

7

购稍大些、平底方口或高腰的鞋，便于宝宝的脚趾在里面能自由伸屈。宝宝正处于发育旺盛的时期，一旦鞋小不能穿时就应马上换新鞋。开始最好穿用毛毡做的柔软的鞋，不过，布鞋、球鞋、塑料鞋同样也可以穿。

当宝宝能独立行走的时候，就要给宝宝穿一些舒服的、便于活动的、有伸缩性的衣服。在天气暖和的时候，尽量穿单衣单裤，以便能让皮肤多晒晒太阳。若裤子容易掉，最好加上背带，便于孩子活动。

培养好的入睡习惯

宝宝最好是单独睡小床，如果没有单独小床，至少要有单独用的被褥，不要与大人同睡一个被窝，这样有利于幼儿的健康，并有助于从小培养独立入睡的习惯。

有很多宝宝入睡困难。有的在睡觉前总要磨人，哼哼唧唧长达半个多小时；有的在睡觉前哭闹；有的不抱着不肯睡。建议制定一个合理的睡眠时间，到时间后陪宝宝一起睡，即使不睡，每天也要按照这个时间躺床上，慢慢养成一

种习惯就好了。睡觉之前，不要和宝宝嬉闹，不要让宝宝看电视、吃东西。可轻轻在盖被上拍拍，轻拍的节奏感会使宝宝很快安静地入睡。

有些宝宝睡觉时喜欢抱着洋娃娃，或是手里攥着东西。如果单是如此，妈妈用不着担心。有些宝宝非抓住妈妈的耳朵，或是非要把手指伸进妈妈的鼻、口、耳朵里去才能入睡，这些坏习惯必须坚决予以纠正。

多带宝宝去室外玩耍

1~2 岁的宝宝除了吃饭、睡觉就是玩。小孩子和大人不同，玩就是学习，也可以说是他们的生活。宝宝通过玩，可使身体的各种机能发达起来，还能学到许多知识，增加社会意识，丰富思想感情。

在大人看来，玩泥巴、玩水是纯粹的孩子气，但对于宝宝来说，这样的体

验是非常重要的。所以要让宝宝在外面尽情地玩耍。当然，1岁多的宝宝出去玩耍时，妈妈应该一直跟在身边，以防发生意外。

宝宝的玩具

玩具是人类智慧的启蒙工具，孩子的生活离不开玩具，玩具也是孩子生活启蒙的一部分。理想的玩具，能够刺激孩子的思维，启发孩子的潜能，对孩子的成长产生正面的影响。

比如拼图、积木、小锹、小桶、小车等，小风车、布娃娃也是宝宝喜欢的小玩具。此外，成人世界一些真实的工具和废旧物品也可以成为宝宝很感兴趣的玩具，如废旧纸箱、空饮料瓶等。

怎样发觉宝宝的疾病与异常

斜视和假性斜视

宝宝出生头几个月，他的眼睛和大脑不能很好地进行同步工作，控制眼睛的能力还不成熟。一些幼儿在1岁以前总有些内斜视（斗鸡眼）。程度轻的称为假性斜视，无须治疗，等到了三四岁时鼻子长高后自然会矫正过来的。但那些真正的斜视如不及时治疗，是不会自然矫正过来的。因此，如果宝宝1岁时眼球依然往中间挤，应该让眼科医生看看。

O型腿和X型腿

O型腿即罗圈腿，脚跟并拢时两膝间的间隔较大，使人感到小腿弯曲得很厉害。X型腿是指幼儿两膝靠拢站立时两踵（脚后跟）依然分得很开的腿形，如将双踵靠拢，则两膝就会前后重合起来。

这两种腿型大部分不用治疗，会自然长直。1~2岁时O型腿较多，2岁以后则X型腿多些。不管是O型腿还是X型腿，如果走路时很容易绊倒或因站在难站的地方肌肉紧而脚经常疼痛，就应请整形外科医生看看。

过敏性皮炎和小儿苔癣

过敏性皮炎就是湿疹，婴儿期多长于脸部和头部，到了幼儿期则多生于脖子四周、肘部、膝内侧。患部长有一粒粒小疹子，很痒，而且全身皮肤显得干燥。

此种湿疹可使用组胺剂或含有副肾皮质荷尔蒙的软膏敷之。1岁以后的幼儿若还有湿疹，则会时消时出，一直持续到上学。此病比较顽固，因而治疗需要有耐心。

小儿苔癣可看作湿疹之一，又称为小儿荨麻疹。皮肤表面出现像被蚊虫叮咬过的红肿，有的也确实是被虫咬了，只要一处被咬，就会出现许多同样红斑，很痒。可用止痒药治疗，主要是抗组胺软膏。此病在10岁以前会经常发作，不过能自然痊愈。

宝宝智能训练的内容和方法

发展宝宝认识能力

教宝宝熟悉各物品名称，在物品出现时反复说出名称，如吃饭时教食物及用具名称等。认识物体形状及性质，一块小石头、一盆水、一堆沙子常常是宝宝最喜欢的玩物，可以在玩中体会这些物品的特点，培养宝宝认识和辨别物品的能力。认识动物时首先要让宝宝知道动物名称，然后再让宝宝了解其习性，模仿其叫声、动作，把语言、动作和感觉结合起来以增加趣味性，吸引宝宝下次再看。

发展宝宝方位知觉

钻桌子、钻父母的双腿中间是宝宝最喜欢的游戏。反复钻来钻去，可以扩大立体视野，发展方位知觉。在成人的配合下把玩具藏起来让宝宝去找，宝宝会玩得更加开心。这种有趣的游戏，用身体动作体验空间位置，是发展知觉的有效办法。

训练宝宝说完整话

1岁的宝宝正是开始学语言的阶段，要根据语言发育特点，结合具体事物、情景、动作，反复地耐心训练。如看到小狗，大人问："这是什么？"回答："狗。"然后大人帮助他补充说："这是小狗。"让其模仿说一遍。如果发音不准，要反复练习。要在有趣的活动中把语言同事物、动作结合起来。短小的儿歌也可以根据宝宝语言发展情况来教。

教宝宝建立数的概念

对1岁的宝宝并不是要教他识数，而是在接触数的同时体会数的概念。如给宝宝水果和玩具时说："给你一个，给爸爸一个。"然后说："宝宝一个，爸爸一个。"令其反复读。

在社交中加强品德教育

不要让宝宝未学会说话先学会骂人，要教育宝宝懂礼貌、守纪律，学会"谢谢""再见"等礼貌用语。

动作训练

训练各种复杂动作，使宝宝更加灵活，以便参加复杂的活动，活动复杂了更能促进宝宝大脑的发育。

培养反应能力

　　当你对宝宝摆摆手示意"再见"时，宝宝会摆摆手作出反应吗？面对宝宝，摇摇头示意"不可以"，宝宝会立即作出停止动作的反应吗？宝宝正在做一件事，成人点点头示意"可以"，宝宝会继续做吗？成人伸出手，宝宝会走向成人吗？宝宝会对成人的身体语言、身体动作出反应吗？这些都是该阶段宝宝反应能力的体现。生活中，成人应做示范动作给宝宝看，让宝宝把惯用的动作学会。宝宝学会了动作，即给予称赞。要多次使用身体语言，让宝宝了解身体语言的意义。如果用身体语言宝宝没有反应时，则用语言进行辅导说明，使宝宝继续反应直到成功时为止，同时及时给予称赞，并逐渐减少用语言说明的次数。

掌握宝宝学步的最佳时机

　　宝宝什么时候学步好呢？一般说来，宝宝在10个月至1岁8个月期间开始学习走路都属于正常年龄范围，但具体到每个孩子身上，这种说法就显得有些笼统了。下面，我们为家长们介绍一种简单的判断方法：

　　宝宝想迈步的时候，一定是在支撑物的帮助下进行的，支撑物可以是妈妈的手，也可以是学步车等等。

　　当宝宝刚刚能够离开支撑物站立时，家长切忌急于求成，让宝宝马上独立行走，而应当让宝宝继续在支撑物的帮助下练习。

　　只有当宝宝离开支撑物，能够独立蹲下、站起并能保持身体平衡时，才真正到了宝宝学步的最佳时机。

教宝宝学习走路

一般宝宝在1岁时就开始学习走路了。对宝宝来说，最初的良好行走体验是非常重要的，所以家长在教宝宝走路时，一定要注意以下几点：

（1）保护好宝宝。最初练习行走的时候，家长一定要注意保护宝宝。父母应该站到宝宝身后，两手托住宝宝的腋窝。不要牵着宝宝的两只手，因为宝宝的关节很娇嫩，容易脱臼。妈妈可以做一条两寸宽的环形带子，套在宝宝身上，从后面拽住带子，帮他行走。待步伐灵活以后，可以撒开手，与宝宝相隔约半米。当宝宝迈出第一步时，要认识到这是非常可喜的一步，标志着宝宝将要走向独立，家长这时要给予鼓励，说一句"宝宝真棒"，这样可以激发宝宝走下去的信心。

（2）练走路时，一定要选择平坦的路面。若是在开始学走路时，宝宝由于路面不平而被绊倒，会挫伤宝宝学走路的积极性，使宝宝害怕走路，不愿离开大人的手。

（3）激发宝宝走路的兴趣。当宝宝能走几步的时候，可让宝宝在地上玩球，当球向前滚动时宝宝自然有追的欲望，完全不会顾及摔倒，可能连续迈出几步，这样就会增加宝宝的信心。

（4）在宝宝练习走路的过程中，不可能一跤不摔。当宝宝摔倒时，家长要鼓励宝宝不哭，勇敢地站起来，这对培养宝宝的坚强意志非常重要。

（5）只要宝宝能走几步，就要让他每天练习一下，走走路，但是走路的时间不能过长。

宝宝赤足行走好处多

宝宝初学走路时，喜欢赤足行走，这令父母着急又害怕。担心宝宝伤着脚，还担心宝宝会养成不卫生的习惯。在干净、安全、温暖的环境里让宝宝赤足行走，是有好处的。

专家们认为，踝关节的柔软对人体健康至关重要。为了提高其柔软性和灵活性，防止宝宝扁平足的发生，赤足行走是一项十分有效的措施。踝关节僵硬，运动时容易跌倒或受伤，不利于足弓的形成。

经医学专家研究证实，赤足行走可调节人体的许多功能，如增强大脑的灵活性，改善大脑皮层对刺激的反应能力，调节和促进内分泌等。脚部周围皮层有着丰富的毛细血管和神经末梢，赤足行走可使脚底肌肉群受到摩擦，改善血液循环和新陈代谢，增强人体对外界环境的适应能力。

1~2岁宝宝的运动机能及可能带来的危险		
年 龄	运动机能的发展	可能发生的危险
1岁1月	能扶着东西走路，手里总是拿着点什么东西	想够高处的东西，有被砸着的危险
1岁2月	自己能独立走路了	注意不要从楼梯上摔下来
1岁6月	会跑了。会用蜡笔、铅笔、粉笔乱涂。能用调羹吃东西，能自己端碗喝水、喝汤。爱乱翻抽屉	跑急了刹不住脚，会摔倒在桌角等物体旁。防止误饮化妆水、药水、滚烫的水或汤。抽屉里的小刀、锥子、药品等物品，有被拿出来玩弄的危险
2岁	可以不扶什么走路，自己能够上下楼梯。能踢大皮球。能一页一页地翻图画书。熟练地使用汤匙。能搭3块积木。喜欢模仿妈妈干活	喜欢往外面乱跑，有发生交通事故的危险。喜欢上、下楼梯，一不小心就容易滑倒。时常摔跟头，不断出现擦伤。对大人使用的器具感兴趣。有钻进电冰箱里的危险。好玩弄电器开关。模仿妈妈的动作，拧灯、煤气开关玩

防止意外事故的发生

1~2岁的宝宝最容易发生事故,其中较危险的有交通事故、溺水、烫伤、误咽异物等。

这个年龄的宝宝还不懂得交通安全,所以,每逢外出,妈妈就得注意来往车辆,抓住宝宝不能放手,否则一不留神宝宝就会挣脱妈妈的手跑到机动车道上去。

溺水事故也经常发生。掉进小水洼、洗衣机、浴缸内也可能致命,因此,洗衣机、浴缸中不要存水。

宝宝烫伤的原因和情况很多,常常是由于家长缺乏生活经验造成的:

(1)洗澡引起的烫伤占小儿烫伤总数的一半以上。往往是家长给宝宝洗澡时,不经意先往浴盆里倒入热水或开水,然后再去取冷水加入,而事故则发生在家长转身取冷水之时。宝宝见盆中有水,便伸手进去玩水,有的则跳入盆中;有的由于平衡差,站不稳而跌入盆中,因此酿成悲剧。

(2)宝宝拉倒热水瓶被烫伤的至少占小儿烫伤总数的1/3。当家长把热水瓶摆放在宝宝伸手可及的地方时,宝宝好奇、口渴、顽皮,伸手碰倒热水瓶,以致开水溢出而被烫伤。所以,注意安全摆放热水瓶是防止宝宝烫伤的重要一环。

(3)冬季天冷时,家长往往选用热水袋给宝宝取暖。由于袋里水温过高,又没有用毛巾隔开,或热水袋胶质老化,宝宝用手玩耍挤压而引起破裂漏水,结果烫伤了宝宝。

(4)宝宝看见东西喜欢吃,抓到手里的东西顺势往嘴里塞,这就极易导致被开水、热汤烫伤口腔、咽喉及消化道等。家长要注意将过热的汤、水放置在宝宝够不着的地方。

(5)家长端汤上桌或端水给宝宝喝时,宝宝常喜欢跑来拉住家长的手,或抱住家长的腿,致使家长失去平衡,往往一下子将汤、水洒到宝宝身上致使烫伤。因此家长在端汤、水时,要特别注意宝宝的突然"袭击"。同时要注意,汤、水不要盛得太满。

宝宝如被烫伤,轻度的如红肿、未起水疱、轻微疼痛,此为皮肤表皮损伤,只要涂上些蜜糖,很快就会痊愈,有的过几天会脱落一层表皮,不留瘢痕。如烫伤损伤到真皮时出现水疱、红肿、疼痛剧烈,可用冷开水轻轻地冲洗一下伤面,将大的水疱用消毒的针在水疱的根基部轻轻刺破,让水流出,涂上紫药水即可;小的水疱不必挑破,让其自己吸收,外用一个鸡蛋清加冰片(中药店可以买到)少许调敷,几日后就好了。一般也不留瘢痕。吃油煎、汤类等食物不小心烫伤了口腔,可用绵白糖(砂糖亦可)敷在口腔烫伤处,即可止痛消肿。烫伤严重应该马上送往医院。

预防接种的错误观念

1. 多多益善

预防免疫针是一种抗原,它可刺激人体产生抗体或淋巴因子,即免疫力。规定的接种次数和间隔,能使人体免疫力达到防病的最佳水平。若无原则地多种,则多种的抗原就可能把人体已产生的免疫力消除,人体反而会失去对传染病的抵抗力。

2. 少种没关系

最常见的是对狂犬疫苗的忽视。狂犬疫苗注射次数多,接种时间长,需要坚持。有的人以为伤口小,已愈合,只接种两三针就擅自中止,这样产生不了足够的免疫力,不乏血的教训。

乙肝疫苗、小儿麻痹糖丸、百白破针也一样,少种难以产生理想的效果。

3. 不按时

最常见于乙肝疫苗接种。接种乙肝疫苗的程序:出生一针,满月一针,满六个月一针。不少家长延误了给宝宝注射第三针的时间,甚至延误数月,则效果也就欠佳了。

4. 年龄大些再种

一些家长觉得宝宝太小,打针"可怜"。殊不知,宝宝一出生,传染病就开

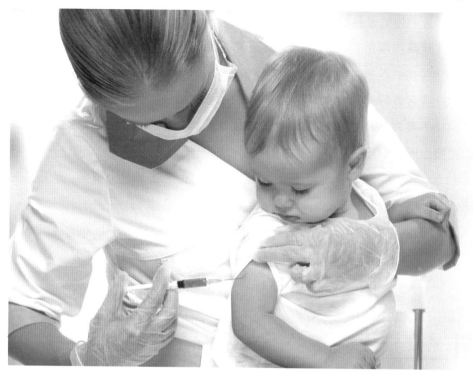

始威胁他，种得太迟，可能已被感染甚至发病。所以要严遵医嘱。

5. 生了病再补种

大多数传染病患者病愈之后自身都有免疫力，防疫针对该病已无必要，对该病已产生的后果（如脑膜炎的神经系统后遗症脊髓灰质炎的跛脚、肝炎转为慢性）也无能为力。因而预防传染病的接种必须在未病之前进行。

宝宝居家安全防范细节

（1）在卧室门上系个铃铛，当宝宝开门时你能听到声音。

（2）安装玻璃门须在与宝宝的眼睛等高处贴上醒目的标志，警示宝宝不要一头撞上去。

（3）在窗子上装铁栏杆，防止宝宝掉下去。

（4）不要把可以爬上去的家具放在窗子附近。

（5）卧室内的家具或架子要固定在墙上，避免宝宝攀爬或攀爬时弄翻。

（6）玩具如果放在箱子里，应在箱子的角上安置橡皮垫，以免挤压手指。

（7）破损的玩具及时扔掉，以免尖锐的棱角伤害宝宝。

（8）宝宝单独在床上时，要挡好护栏并固定。

（9）不要在较小的宝宝床上放塑料袋或塑料布，以防宝宝舞动手臂时，将其盖在脸上而窒息。

（10）当宝宝稍大时，把小床的栏杆放下来，底下放置一个脚凳，方便宝宝下床，以防宝宝冒险往下跳。

（11）卧室中的电插座要用柜子或其他东西遮住，以防宝宝玩弄。

（12）热水瓶放在宝宝拿不到的地方。

新妈妈需要和宝宝多多交流

肌肤按摩交流法

经常对宝宝进行肢体的抚触按摩，不但可以增强宝宝的消化功能和免疫能力，而且能够使宝宝感到身心放松，精神愉快。让宝宝能够触摸到母亲的肌肤，增加宝宝与母亲的直接联系。抱着宝宝的时候，将宝宝的头放到妈妈的左胸上，因为宝宝非常喜欢妈妈的心跳旋律。

语言交流法

宝宝未出生时就已经能够感知外界的声音了，因此在宝宝出生后就应注意和他开展声音的交流。妈妈要经常对宝宝说话、唱歌，让宝宝熟悉妈妈的声音、语调、语气等语言特征。

还要注意对宝宝发出的各种声音作出回应，增加妈妈和宝宝的情感联系，并使宝宝充分感受到妈妈的存在，刺激他的语言中枢，强化其运用语言表达的能力，促进语言功能的发展。

眼神交流法

妈妈应该注意宝宝的眼神，仔细分辨宝宝眼中的需要，满足宝宝用语言无法表达的渴望。妈妈还应该经常用温柔、慈爱、和善、愉快的目光注视宝宝，使宝宝感到亲切、温暖、欢乐、幸福。这种交流可充分调动宝宝身上的积极因素和潜能，使宝宝喜欢用眼睛探求外面的世界，增强视觉功能和思维能力。

气味交流法

宝宝能够分辨出妈妈与其他人之间细微的气味差异，在妈妈的身边，宝宝会觉得很安全、很平静。如果妈妈使用了带有浓烈气味的化妆品，就会影响宝宝的嗅觉，使宝宝觉得远离了妈妈，因而变得十分不安和烦躁。年轻的妈妈应该使用气味不太浓烈的化妆品，让身上自然的气味与宝宝达到默契交流，给宝宝营造一个良好的"气氛"。

妈妈如何培养宝宝的观察力

经专家研究发现，观察力强的宝宝智力发育较好。观察水平的迅速提高，能促进宝宝思维快速发展。

特征,发展其注意力,会对宝宝形成敏锐的观察力大有好处。以下是根据1.5~2岁宝宝发育特点设计的具体训练方案。

(1)有意识指导宝宝理解上下、里外、前后等方位词汇。如吩咐宝宝"把桌子上的玩具拿来",询问孩子"玩具怎么到椅子下面了"。

外出游玩时告诉宝宝"前面有汽车,你坐在妈妈后面"。游戏时可以说"积木在箱子里"。

(2)辨别多少,分玩具给家人,看看谁的多、谁的少。

(3)比较高矮,让宝宝看到爸爸比妈妈高,宝宝比妈妈矮。

(4)用语言指导宝宝观察事物特征。面对着玩具堆,让宝宝按成人的描述从中挑选玩具。外出观察动物,如"小狗在吃什么呀"。

有的宝宝观察事物的能力很差,让他讲述小猫吃鱼,他天上一句,地上一句,说不明白。去公园时,观察动物的特点,回到家里一讲,丢三落四,讲不清楚。因而,宝宝观察力的发展需要父母进行科学的训练和培养。

1. 激发宝宝对观察活动的兴趣

宝宝观察事物时,若观察很短时间就没有兴趣了,这可能是宝宝感到疲劳了。研究表明,人在观察事物时,大脑皮层的相应区域产生优势的兴奋中心,对所观察的事物给予最清晰的反映,而这种集中注意的观察是很疲劳的。因而在宝宝观察时,最好运用富于变化、色彩丰富的观察对象,宝宝自然就会集中精神去观察,不易疲劳和厌倦。

2. 教会宝宝正确的观察方法

宝宝观察东西往往漫无目的,缺乏计划性,分不清主次。因此指导宝宝观察时先提出明确的观察目标,然后做好各种准备,如相关的知识及帮助观察的辅助工具,最后教给宝宝具体的观察方法,如让宝宝看花,宝宝可能只看到"花开了"这一简单层次,此时家长进一步提问:"你看这一棵上共有几朵花?""都是什么颜色的?""花心中间有没有花蕊?"引导宝宝细致、有顺序地观察。此外,家长要教给孩子一般观察顺序,先整体后局部,从上到下,由远及近。

3. 要调动宝宝的多个感官参与观察

多个器官参与观察,可以使大脑从多方面进行分析综合活动。同时,由于宝宝观察的稳定性不强,需要经常变换方式,调动宝宝的视觉、触觉、嗅觉来参与观察,使宝宝的兴奋中心既可不断转移,又不离开所观察的事物。

宝宝营养食品及其实用指南

营养强化食品与营养补充品

1. 营养强化食品

根据营养需要，对一种食品进行深加工而调整这种食品的营养素，使这种食品更能满足婴幼儿身体需要。所强化的营养素为强化剂，通过深加工而制成的食品即为强化食品，被强化的食品通常作为这种强化剂的基质。

营养强化食品的功效：①弥补食品中天然营养成分缺陷。例如，粮食中赖氨酸含量很少，在里面加入赖氨酸，可使之满足婴幼儿身体的需要。②补充食品在储存、加工、运输过程中损失的营养素，如精白米面中添加B族维生素。③使某种食品达到特定营养需要。如用鲜牛奶为宝宝调制含各种不同成分的、能满足婴幼儿不同成长阶段所需的奶粉。

强化维生素A、D的牛奶，强化钙、铁的饼干，强化维生素C的面包和饮料，还有一些强化维生素D和钙质的含乳饮料，都是婴幼儿适宜的食品。

2. 营养补品

为了弥补人类正常膳食中摄入不足的营养素而生产的含特定营养素的食品，即为营养补充品。这种食品不以某种常用食物作为基质，大多数采用片剂、冲剂、胶囊等形式，诸如鱼肝油，维生素A、D油，多种维生素和矿物质复合片剂及钙制剂等。

主要的营养强化剂及其食品中的应用

1. 氨基酸及含氮的化合物

人体合成蛋白质需8种氨基酸，如有一种缺乏就会影响其合成过程。我国居民以植物性食物摄入为主，所以谷类（面粉、大米、玉米粉等）食物仍是目前膳食蛋白的基本来源。但谷类食物含赖氨酸很少。如在面粉中加入0.2%的赖氨酸，在大米和玉米粉中加入0.3%的赖氨酸，可使蛋白质分别由原来的

3.0%、4.5%、3.0%提高到5.3%、7.6%、5.1%。牛磺酸也是人体必需的氨基酸，具有多种生理功能，吃母乳就能保证婴儿的需要，但牛乳制成的婴儿配方食品中几乎没有，因此现在很多婴儿奶粉厂商特制了强化牛磺酸的奶粉。

2. 铁

以谷类和根茎类为主的膳食，铁的吸收率仅为5%左右，即使是在含铁丰富的动物性食品中，铁的吸收率也不过15%左右，同时膳食中的磷酸盐、植酸还要干扰铁吸收，加之有些宝宝有挑食和偏食的坏习惯，更容易发生缺铁性贫血。尤其是6~24个月宝宝发病率较高，因此，应该在婴儿配方、断乳食品等辅食中强化铁。还可做成铁制剂如硫磺亚铁、乳酸亚铁、葡萄糖酸亚铁等。

3. 维生素

目前在我国应用较多的维生素强化剂有维生素A、D、B$_1$、B$_2$、C等。现在国产的婴儿配方奶粉、断奶期配方食品等都普遍强化了维生素，用维生素A、D强化奶防治维生素A缺乏症和小儿佝偻病，取得了一定的效果。维生素C不稳定，在食品的加工过程中易被大量破坏，需要适当强化，主要强化在饮料、果泥、婴幼儿食品中。维生素B$_1$、B$_2$主要强化谷物及其制品和婴幼儿食品。

4. 钙

由于我国的膳食组成以植物性食物为主，含钙量少，且钙、磷比例严重倒置，不利于钙的吸收和利用，同时存在着植酸含量高等多种不利于钙吸收利用的因素，使本来含钙就偏低膳食中的钙更不能很好地利用。因此，在宝宝的食物中补充钙，是改善宝宝钙营养状态的有效措施之一。可制作钙剂，如碳酸钙、乳酸钙、磷酸氢钙、葡萄糖酸钙等，也可把钙加入到各类制品中，如饼干、面包、方便面等，还可加入到饮料或宝宝食品中。

虽然市场上的营养强化食品和营养补充品多种多样，但家长不可盲目听从广告的宣传。应注意这样几个问题：

（1）应该对宝宝在不同时期对不同营养素的需求及需求量有一些了解，并对宝宝常见的营养缺乏病能作出初步判断。

（2）如果有疑惑，应该带宝宝去有能力作出儿童营养状况评价的医院或营养机构做相关检查，然后根据检查结果，在医师的指导下购买相应的营养强化食品和营养补充品。

（3）在选购时，一定要注意产品是否符合卫生及营养学标准，还要注意是否有注册商标、出品地、出产日期、产品标准代号。

（4）很多父母认为，如果宝宝缺了哪种营养素，在补充时可多多益善。这是不正确的，因为摄入过多又会引起中毒，如维生素A、D过量，引起的中毒对宝宝的危害更大，所以要在医生的指导下适量补充。

（5）要注意营养素之间的拮抗作用。如长期大量服锌，就会引起铁、铜的缺乏，所以还须补铁、铜。可购买含复合性营养素的营养强化食品和营养补充品。

（6）营养素之间的搭配，效果是否显著也很重要，如补充铁剂时，同时补充维生素C才能协助吸收利用。

日常生活中，绝对不能用这两类食品代替日常膳食，宝宝生长发育的主要营养来源还需从一日三餐中获取。因为强化食品很多情况下并不像宣传的那么好，另外强化食品通常含糖分多且热能高，影响宝宝食欲，从而影响对其他营养素的摄入。

如何开发宝宝的交际潜能

1岁的发展特征

1岁的宝宝已经有了一点幽默感，他喜欢让别人笑，而且能记得一些社交礼仪，比如"再见"，并且知道和妈妈分别时要亲吻。

这时你如果拿走他喜欢的东西他会很生气。

照顾者的对策：

经常笑出声来赞许宝宝的行为。游戏时多欢笑，讲故事多讲笑话，以此来发展宝宝在社交中的幽默感。

让他多和别的宝宝或者不熟悉的人在一起。有意地演示社交礼仪，比如与别人分别时，要让宝宝与之挥手道别；你要离开宝宝时，一定记住亲吻他，回来时要向他问好。

12~15个月的发展特征

宝宝很喜欢参加社交聚会，他会倾听别人的谈话，同时自己也能说一两个有意义的词，比如"喜欢"等。在各种活动中他试着帮助别人。当听到"不"后能停止自己做的事。

照顾者的对策：

尽量让宝宝参加各种社交聚会，而且要让他感觉到自己是其中的一员。比如聚餐时把宝宝的高脚椅摆放在餐桌边，而不坐在妈妈怀里，各种场合要给宝宝一个看得清的好位置，让他习惯和别人在一起，开始教他说"谢谢"等用语。

15~18个月的发展特征

宝宝对家里人、宠物、玩具等表现自己的爱，喜欢注视大人们的行为并模仿，喜欢社交聚会，在大人做家务时或是穿脱衣服时能帮上点小忙。

照顾者的对策：

让宝宝做些力所能及的小事，培养他助人为乐的本能，尽可能将别的孩子介绍给他，当宝宝对别的孩子、亲戚、宠物及玩具表现出爱和关切时要及时表扬。

18个月~2岁的发展特征

为了引起你的注意，宝宝常会做出一些举动，如抓你的手、撞你、故意做出格的事和不服从你，但他和别的宝宝在一起玩耍时却能改变自私行为，与之和谐相处并很少争吵。

照顾者的对策：

在宝宝寻求你的关注时，及时给予爱的回应，当宝宝拒绝服从时，可采取让宝宝分心的方式避免不愉快发生。

多给宝宝提供与别的宝宝交流的游戏（如团体游戏）机会，及时表扬他与别人和谐相处和分享玩具的行为。

宝宝非智力培养小游戏

游戏1　捉蝴蝶

目的：

（1）培养宝宝勇敢精神及面对挫折的承受能力。

（2）培养宝宝的自信心和克服困难的精神。

（3）培养宝宝走步的能力和平衡力。

内容：

（1）在墙上挂一只纸做的彩色蝴蝶，高度以宝宝能伸手抓到为宜，在离墙2米左右放一条彩带，告诉宝宝这是一条"小河"。

（2）家长对宝宝说："宝宝看，河那边有只很美丽的蝴蝶，宝宝去把它捉住，好吗？"

（3）鼓励宝宝跨过"小河"，继续行走，走到墙壁边，取下蝴蝶。家长要表现出高兴的样子，为宝宝拍拍手："啊！把蝴蝶捉到了。"

（4）让宝宝把蝴蝶带回"家"，鼓励宝宝举着蝴蝶跨过"小河"。

指导：

（1）做游戏时，家长可带领宝宝一起跨过"小河"。如果宝宝有困难，可带领宝宝多练习几次，然后再鼓励宝宝独自跨过"小河"。

（2）待宝宝熟悉以后，家长可以在地上设置其他种类的障碍，如放置一些图画书、玩具等，让宝宝从这些障碍物上一个一个地跨过去。

（3）游戏玩熟后，可将蝴蝶的高度提高，让宝宝踮起脚来捉蝴蝶。

游戏2　宝宝散步

目的：

（1）培养宝宝关心他人的品德。

（2）训练宝宝行走和下蹲的能力。

内容：

（1）准备一个玩具拉车和一个娃娃，在房间的地板上放置一个小提篮，将娃娃放在提篮里。

（2）告诉宝宝："娃娃醒了，宝宝带娃娃去散散步吧！"让宝宝蹲在地上将娃娃从提篮中拿出来，放在玩具拉车上。

（3）让宝宝拉着拉车在房间里四处走动。一段时间后告诉宝宝："娃娃饿了，要回家，宝宝送娃娃回家吧。"让宝宝拉着拉车，走到提篮边，从拉车中取下娃娃，放至提篮内。

指导：

（1）防止宝宝边拉车边回头看车，以致跌倒或被拉车的绳子绊倒。

（2）当车子翻倒时，要让宝宝将车重新装好，并借此鼓励宝宝："娃娃跌倒了，多疼呀！给他掸掸土吧！""娃娃摔倒不哭，真勇敢！"培养宝宝的同情心和勇敢精神。

游戏3　娃娃睡着了

目的：

（1）培养宝宝对主题形象玩具的兴趣和良好的情绪状态。

（2）培养宝宝关心他人的情感。

（3）培养宝宝对音乐的初步感受力。

内容：

（1）教宝宝唱儿歌《摇篮曲》；教宝宝做各种表情动作，如摆摆手，合住两只手放在一侧脸颊边并微微偏头做睡觉状，或将小手绢放在娃娃身上，表示给他盖花被。

（2）告诉宝宝，娃娃困了，让宝宝哄娃娃睡觉，同时播放音乐（或妈妈哼唱歌曲），让宝宝根据歌曲内容做相应动作。如唱到"风不吹，树不摇"时，宝宝摆摆手；唱到"宝宝要睡觉"时，宝宝做睡觉的动作，或将娃娃左右摇晃，拍拍它；唱到"小花被，盖盖好"时，宝宝要给"娃娃"盖上小手绢。

摇 篮 曲(儿歌)

$1 = C \dfrac{3}{4}$

1 - 2 | 3 - - | 3 - 2 | 1 - - | 1 - 3 | 2 - 1 | 2 - - | 1 - 2 |

风不吹 ， 树 不摇， 鸟 儿也不叫 。 小宝
摇啊摇 ， 摇 啊摇， 宝宝要睡觉 。 小花

3 - - | 3 - 2 | 1 - - | 1 - 3 | 2 - 2 | 1 - - | 1 - - ||

宝 ， 要睡觉 ， 眼睛闭闭好。
被 ， 盖盖好 ， 小手放放好。

游戏4 排排队

目的：

（1）培养宝宝的规则意识。

（2）培养宝宝倾听成人说话，按指令完成任务的能力。

（3）培养宝宝对事物名称的记忆力。

内容：

（1）将宝宝的一些动物形象玩具集中起来，放在一起。

（2）父母对宝宝说："今天，小动物想去公园玩，我们先给他们排队，好吗？"

（3）父母念儿歌："小熊、小熊走出来，快快来把队伍排。"让宝宝在玩具堆里把小熊找出来，放在桌上。

（4）父母说出其他小动物的名称，让宝宝找出相应的玩具，排在第一个玩具动物后面。

（5）玩一会儿后，家长告诉宝宝："小动物要回家了，小鸭子先到家。"让宝宝挑出小鸭子，放到玩具堆里，再说出其他小动物的名称，让宝宝依次将玩具放在玩具堆里面。

指导：

（1）宝宝一时找不到父母所指的玩具时，父母可提醒宝宝，告诉他动物的外形特征。如"小兔不见了，让我们找一找。小兔的耳朵长长的，短短的尾巴，红红的眼睛，看，小兔藏在这儿呢！"

（2）宝宝拿取玩具发生错误时，父母可告诉他："现在该小猫排队，小白兔

想插队可不行，先让小白兔回家吧！"趁机教育宝宝要讲秩序。再引导宝宝取出指定的玩具。

游戏5　小剪刀（儿歌）

小剪刀，张嘴巴。

不吃鱼，不吃虾，

爱吃宝宝的长指甲。

目的：

培养宝宝剪指甲的良好生活习惯。

内容：

（1）父母领着宝宝念儿歌。练习几次后，宝宝虽然不一定记住全部，但往往能跟着父母念其中一句或几句。

（2）配合动作，让宝宝理解儿歌的内容。如父母可将食指、中指一张一合，仿剪刀状。

（3）在给宝宝剪指甲时念念这首儿歌。念到"小剪刀，张嘴巴"时，把剪刀口一张一合地给宝宝看；念"不吃鱼，不吃虾"时，把剪刀在空中晃动几下；接着念"爱吃宝宝的长指甲"。给宝宝剪指甲时，通过这样的活动，受到优美的语言刺激，养成良好的生活习惯。

游戏6　藏猫猫

目的：

（1）培养宝宝乐于与人交往的习惯，让宝宝学会与小朋友友好相处。

（2）培养宝宝文明礼貌的行为习惯。

内容：

（1）邀请和宝宝同龄的小朋友来家玩。

（2）让宝宝们玩藏猫的游戏。家长可先引导一个宝宝藏起来，然后带着另一个宝宝寻找。在寻找的过程中，家长可念儿歌："找呀找呀找呀找，找到一个好朋友，敬个礼，握握手，你是我的好朋友。"

（3）当找到藏起来的宝宝后，让两个宝宝做敬礼动作，并握握手，然后再换人去躲藏。

游戏7　比比看

目的：

（1）培养宝宝的竞争意识。

（2）培养宝宝与同龄宝宝做游戏的习惯。

内容：

（1）准备两辆玩具汽车，让两个宝宝各拿一个，在平坦的地上或桌面上进行比赛。

（2）父母发出口令："预备——开始。"让两个宝宝一起将汽车推出去，谁的汽车跑得远谁赢。

指导：

在宝宝与其他小朋友做游戏、玩耍时，要教育宝宝友好相处，让宝宝拿出玩具和食物与其他小朋友共享，帮助宝宝克服自私、霸道的不良习惯。

游戏8　宝宝坐车

目的：

培养宝宝的自我控制能力和规则意识，培养宝宝的勇敢精神。

内容：

（1）准备一把小椅子。游戏开始时，家长对宝宝说："现在妈妈当司机，宝宝当乘客吧！"

（2）家长说："汽车马上要开了，宝宝快上车吧！"抱宝宝坐在椅子上，面对椅背，两腿从椅背下面的空当伸出，手扶椅背两边。妈妈说："汽车开啰！"然后以椅背的两条腿为支点，挪动椅子。

（3）妈妈说："汽车到站了，乘客下车。"然后把宝宝从椅子上抱下来，让宝宝挥挥手，做"再见"样，家长继续挪动椅子。一段时间后，游戏重新开始。

指导：

（1）刚开始妈妈的动作要慢一些，以后逐渐加快。

（2）游戏过程中，宝宝往往不遵循游戏规则，汽车到站后仍坐着不愿下来。这时家长要耐心开导他们,告诉他们:"宝宝到家了,爸爸妈妈都在等着他,看不见他爸爸妈妈会着急的。"

游戏9 走小桥

目的:

培养宝宝勇敢精神,锻炼宝宝的平衡能力。

内容:

(1)准备一块木板(宽25厘米,长1.5~2米),将木板的一端升高到离地面8~12厘米,把它作为"小桥"。

(2)让宝宝沿着"小桥"从下向上走,然后再从上向下走。

指导:

(1)游戏开始时,父母可牵着宝宝的手走上"小桥",等宝宝熟练后,鼓励宝宝不要害怕,独自走上"小桥"。

(2)家长要在一旁保护,防止宝宝发生意外事故。

 第二章

1岁2月

◎ 1月2个月的宝宝需要声音

◎ 怎样对付不肯吃早饭的宝宝

◎ 剖腹产的宝宝应加强哪些能力训练

◎ 让宝宝学会独自游戏

育儿方法尽在码中

看宝宝辅食攻略，抓婴儿护理细节。

1岁2月宝宝的养护

生理发育

体重增加约0.18（女）~0.17（男）千克。

身高增加约0.93（女）~0.9（男）厘米。

精细动作可投一个小丸入瓶。

大动作可完成指令"走过来""捡起玩具"。

抓帽子放在头顶上。

知道烫的东西不能摸。

心理特点

喜欢拿着玩具到处走，尝试参与穿衣、脱衣，双臂随大人做上下运动，拿东西给爸爸、妈妈，搭堆积木、玩套塔。

育儿要点

（1）保证每日供给6种营养素。

（2）推车走、玩玩具。

（3）玩套塔、搭积木。

（4）学认动物、发音、说2~3个字的话。

（5）听钟表声、分辨大小。

（6）用冷水洗脸、洗手脚、擦身。

（7）不失时机地培养宝宝的独立生活能力。

宝宝每日所需的六大营养素

充足而合理的营养是保证宝宝健康成长的物质基础。为了保证宝宝的正常生理功能和满足生长发育的需要,每日必须供给6种人体不可缺少的营养素。

所需营养素名称		每日供给量	主要功能	主要来源
蛋白质		30~40克	构成人体细胞和组织的基本成分	鱼、肉、蛋、大豆、各种谷类
脂肪		30~40克	供热、调节体温,保护神经及体内器官,促进维生素吸收	动植物油、乳类、蛋黄、肉、鱼
碳水化合物		140~170克	活动、生长发育所需热能的主要来源	食物中谷类、豆类、食糖、水果、蔬菜
矿物质	钙	600毫克	骨骼、牙齿生长的主要原料,可调节正常的生理功能	乳类、蛋类、鱼、豆、蔬菜
	铁	10毫克	造血的重要原料	肝、蛋黄、瘦肉、绿叶菜及豆类
	锌	10毫克	促进生长发育,增进食欲	动物性食物、花生、蚕豆、豌豆
	碘	70毫克	合成甲状腺素,与人体新陈代谢、体格生长和智能发育密切相关	海产品、碘化盐
维生素	A	1000~1333国际单位	维持正常生理功能和生长发育	动物肝脏、鱼肝油、蛋黄及黄绿叶蔬菜
	B_1	0.6~0.7毫克		豆类、粗粮,如米糠、麦芽
	B_2	0.6~0.7毫克		乳、蛋黄、肝、绿叶蔬菜
	C	30~35毫克		新鲜蔬菜和水果
	D	400国际单位		鱼肝油及身体皮肤接受紫外线照射
水		每千克体重120毫升	人体最主要的成分之一,维持体内新陈代谢和体温调节等	饮料与食物等

吃哪些食物有助于宝宝长高

（1）蛋白质是构成骨细胞的最重要的物质。含蛋白质丰富的食品首推鲜牛奶、鱼类、蛋类、动物肝脏，豆及豆制品仅次之。每餐如有两种以上蛋白质食物，可以提高蛋白质的摄入率和保证营养。

（2）婴儿期缺锌是影响身材长高的原因之一。牛羊肉、动物肝脏、海产品都是锌的良好来源。草酸、纤维、味精等会影响锌的吸收，孕妇及婴儿不宜食用味精。吃含草酸高的菠菜、芹菜应该先用开水焯一下。

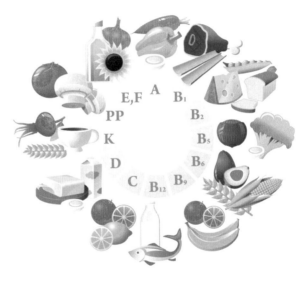

（3）与骨骼生长最密切的矿物质是钙和磷，钙的吸收和利用要通过鱼肝油、蛋黄、乳品中的维生素D以及日光中的紫外线照射才能发挥作用，含钙丰富的食物有鲜牛奶、虾皮、海带、紫菜及豆制品、芝麻酱、深绿色蔬菜。

综上，每天吃富含蛋白质及钙、锌的食物——鲜牛奶、豆类、深绿色蔬菜等，常吃牛羊肉、海产品，每周吃一两次动物肝脏，都有助于宝宝长高。

让宝宝安睡的10条经验

（1）宝宝应该独立睡眠，这样既可以保证爸爸、妈妈及宝宝的睡眠质量，又更加卫生。

（2）宝宝的床铺要铺得柔软，但也不能过软，否则不利于宝宝骨骼的发育，厚度适当就可以了。

（3）刚出生的宝宝没必要枕枕头；宝宝长到3~4个月，可枕1厘米高的枕头；长到7~8个月时，应枕3厘米左右高的枕头。根据发育情况，逐渐调整枕头高度，一般幼儿枕头高度为6~9厘米。

（4）注意宝宝睡眠中的朝向，如发现总侧向一边，要及时用人为方式使其侧向另一边，以免睡偏头。

（5）宝宝睡眠时应该穿宽松的小睡衣，以免宝宝受凉。

（6）冬天不宜给宝宝盖很厚的被子，只要宝宝的小手小脚不凉即可。

（7）睡前应该给宝宝洗澡。冬天冷，如不能天天洗，也要给宝宝洗脸、洗脚、洗小屁股，这样宝宝才会睡得舒服、安稳。宝宝醒后，还要洗脸、洗小屁股，换上便于玩耍的干净衣服。

（8）宝宝的被褥都要有罩，以便随时清洗更换。阳光好的时候，要经常拿出去晾晒。

（9）宝宝（尤其是已出牙的）睡前最好喝几口白水，但不能太多，这样可起到漱口的作用，以保护乳牙。

（10）宝宝卧室的灯不要太亮，如需开亮灯时，要在宝宝眼前挡块布或手绢之类的东西，以减少光对宝宝的刺激。

▌让宝宝哭个够

宝宝的生理发育皆未完善，需借助一定的运动量来促进。新生儿和初期婴儿只能躺在床上舞动四肢，这是远远不够的，还必须借助啼哭加大运动量。

婴儿随着生长发育，特别是哭与笑的分离及随意运动的发展，啼哭的内涵发生变化，其运动成分越来越多。

喂养过量可导致宝宝体重增加过快，新生儿和婴儿初期对此有防御的本能反应，表现为反流和哭闹。反流是将多余的食物排出体外，哭闹是借助啼哭消耗体内多余的热量，以达到全身营养的平衡。

1岁2月的宝宝需要声音

可利用身体的各个部位，发出几种不同的声音（拍手、拍肩、跺脚等），让宝宝按照顺序模仿。还可以躲到另一房间去做，让宝宝根据听到的声音重复动作。

准备两套相同的能发声的物体（日常生活用具或乐器都可以），妈妈一套，宝宝一套，妈妈用自己的那一套发出各种不同的声音，然后让宝宝按照妈妈的发声顺序模仿发出同样的声音。

游戏还可以一步步加深：

（1）妈妈所发出的声音种类可以一次比一次多。

（2）妈妈用妈妈的那套发声物体发声时不让宝宝看，让宝宝模仿。

（3）选择四种或四种以上的物体，让它们同时发出声音，请宝宝听；再拿走一个物体，只用三种物体来发出声音，请宝宝听，让他回答少了哪一种物体的声音。

（4）教宝宝唱一些简短的歌曲，让他记住歌词、旋律和节奏类型。

（5）让宝宝在花园里散步或游戏，同时，用录音机播放一些声音录音，看看宝宝在无意识的情况下，能不能记住录音机播放的声音顺序。

（6）做声音信号和动作联系的游戏，如用拍手声

小·贴士

学会听录音

整个声音世界一般不容易被生动、全面地介绍到家中来，用录音机训练宝宝听力是个好办法。当然，录音机的质量应该比较好，因为质量不好的录音机会使某些真实的声音失真变调，这对宝宝的听觉训练非常有害。需注意的是，我们在训练宝宝听力的过程中应该尽可能推迟使用录音机，我们应该将宝宝的兴趣集中到听真实的声音上来。只有当宝宝经过大量的听力实践，具备了丰富的倾听声音的经验以后，才可以用录音机试着给宝宝做以下一些活动：

（1）制作一些熟人和宝宝的声音录音，然后，再录下他们彼此交谈的声音。之后，把这些声音放给宝宝听，让宝宝从中分辨出每个人的声音。

（2）录下一些家里特有的声音，像妈妈做饭、洗衣服的声音等，放给宝宝听，让宝宝辨别这些声音。多数宝宝都喜欢那些有他

表示跑，铃鼓声表示跳，大鼓声表示停止等。

开始时选用两种信号：跑和停止、跳和停止。然后选用三种信号：跑、停止、坐下，跳、停止、坐下。最后可以将四种信号混合起来用。还可以发明更多的信号交替使用。

宝宝不肯洗脸怎么办

1. 让宝宝自己洗脸

如果洗脸池太高，宝宝自己够不到，宝宝就会失去洗脸的兴趣。可以准备一个结实的双架小梯子，到了洗手、洗脸的时间就架好，把毛巾、牙刷等洗漱用具准备好，然后教宝宝怎样洗。最好和宝宝一起洗脸，并用洗脸水做游戏，以此提高洗脸时的趣味，吸引宝宝下一次愿意再洗。

2. 让宝宝便后洗手

开始训练宝宝坐便盆大便时，就要教宝宝养成便后洗手的习惯。

3. 让宝宝选择用具

让宝宝自己挑选洗盥用品，宝宝用起来会更有兴趣。例如，一两岁的宝宝喜欢印有动物、小人头的毛巾。给宝宝使用无刺激性的香皂，以免刺激眼睛。把用剩下的小皂头切成小片缝在小口袋里，制成一个"自动"香皂器。让宝宝用手指蘸着皂液洗脸，这样宝宝会觉得很好玩。

4. 奖励宝宝

在洗澡间贴一张图表，宝宝每次饭前便后洗完手

们自己声音的录音，所以我们制作录音节目时可以让宝宝尽可能地参与进去。

（3）录下公路上或操场上宝宝比较感兴趣的各种声音，让宝宝自己去倾听和辨别。

（4）做一些与录音声音一致的图片，在宝宝听录音的时候给他看，让他找出其中相应的图片。

后，就在上面画个红色的勾；当宝宝把脸和手洗得干干净净坐在饭桌前时，就可赢得一张笑脸贴在图上；另外，当分数攒够一定数目后，可奖励给宝宝一个他喜欢的玩具或者他爱吃的点心。

5. 妈妈监督

妈妈扮成一位检查官或巡警，宝宝盥洗完毕后就仔细检查。只要妈妈演得很滑稽，宝宝就会对此乐不可支，觉得这件事很好玩。如果宝宝洗得很干净，应该马上表扬他。

6. 进行惩罚

如果宝宝能够独立盥洗却不肯做时，就该让宝宝尝点苦头了。例如，帮宝宝洗脸，给他洗过2~3次后，他就宁愿自己洗了。也可以用过度纠正的方法，比如宝宝有一次不肯洗脸，就监督他洗一遍、两遍或三遍。

怎样对付不肯吃早饭的宝宝

1. 让宝宝效仿你

每天早上坐在桌旁津津有味地吃饭，你的宝宝无疑也会受影响而想吃饭。全家人要愉快地进餐，不要忙忙叨叨。

2. 使早餐变得有趣

让宝宝有充足的时间悠然自得地进餐，使吃饭成为一种消遣，而不仅仅是为了补充营养。宝宝愿意有自己的饭碗和茶杯，喜欢帮着你在烤面包上用黄色奶油画出小人头。

3. 和宝宝一起筹

划早餐

让宝宝帮着计划一周的早餐，或带他去商店购买食材，那么宝宝胃口会更好。当然营养搭配还须把关。

4. 早餐的量少一些

如果宝宝更喜欢午餐，可以让宝宝中午多吃一些，而早晨少吃些，只要早餐提供了充足的热量就行。

5. 食物要多样化

不断变换早餐的食品，防止宝宝厌食。如在苹果上涂花生酱，用奶酪烤土豆。只要营养适当，不必拘泥食品的形式。如果宝宝突然不想吃以前喜欢的食品时，不要强迫他，可放到一边，过一会儿再拿给宝宝吃，或者把它同其他食品配起来吃，不要总是固定给宝宝吃几种东西。

6. 宝宝吃早餐要有伴

不应该把宝宝一个人留在那里吃饭，宝宝会觉得寂寞而无精打采，也无安全感。即使你不能守在旁边，也要经常去看看。你可以给他一个"小伙伴"陪他坐在桌旁，洋娃娃或卡通动物玩具都可以扮演这个角色。

8. 小礼物

和宝宝一起选一种食品，然后根据宝宝的饭量把它分好后重新装在干净的塑料袋里。每一个袋里放上一件小礼物，如彩色粘贴画、参观图书馆的入场券、小装饰品等。宝宝把袋里的食品都吃光了，就可以赢得袋里的小礼物。

9. 计时

用闹钟催促吃饭不用心且速度慢的宝宝加快速度。先按宝宝平时吃饭的速度上好闹钟，鼓励宝宝在铃响之前吃完。然后逐渐缩短时间，每天早上减少一两分钟，直到时间合适为止。

早餐食谱

1. 甜软南瓜米糕

食材清单：米饭、南瓜、鸡蛋1个。

制作步骤：南瓜切小块，蒸熟冷却。辅食机内倒入南瓜块、米饭、清水，搅碎打匀。打一个鸡蛋，搅打均匀。将南瓜米糊倒入打好的蛋液中。模具底部垫上硅油纸，倒入南瓜糊，震出气泡，冷水上锅，盖上一个盘子，中火蒸20分钟。蒸好后，冷却脱模，切成方便宝宝抓握的条状。

2. 健脾养胃粥

食材清单：山楂、小米、南瓜、山药、宝宝粥米（更精细的大米）。

制作步骤：小米提前浸泡1小时，口感更软糯。山楂去皮、籽、底部。山楂、南瓜、山药均切小丁。宝宝粥米、泡好的小米、三种丁一起倒入锅中，加清水，熬煮1小时以上。

感统失调针对性训练小游戏

（1）飞机游戏：由家长仰面平躺，向上伸出胳臂，双手顶住孩子的前肩，并弯曲双腿用脚托住孩子的腹部，孩子则颈部抬高，双臂张开，双腿并拢伸平，做成飞机模样。这时，可做前后左右的摇动。此游戏锻炼前庭平衡功能。

（2）摇摆飞毯：用大毛巾或毛毯将孩子包在其中，由父母各拉一头，左右或上下摇动，也可在摆动时指示孩子向固定目标投球。此游戏锻炼前庭平衡功能。

（3）小手抓抓：根据孩子年龄、能力等特点，自行设计抓、握、捏、扔等游戏，如摆积木，捏橡皮泥，抓握水流、沙子、米粒等。配合自理能力的培养多让孩子自己洗手、擦脸、擦屁股、拿笔、拿筷子、系扣子、系鞋带等。此游戏锻炼本体感。

（4）我是小"话"家：多和孩子交谈、讲故事，鼓励孩子表达自身的需要和感受，逐渐学会准确描述身边的事物。此游戏锻炼孩子本体感。

剖腹产宝宝的能力训练

由于种种原因，更多女性选择剖腹产的方式生孩子。但是，心理学家研究发现，剖腹产的孩子在出生时，没有经过产道的挤压，缺乏必要的触觉和本体觉的学习，虽然智商不受影响，甚至大都很优秀，但是容易出现情绪敏感、注意力不集中、手脚笨拙等问题，此时老师和家长不要训斥和惩罚他们，他们不是故意捣乱，而是需要训练矫正。对于这些宝宝，我们要注意加强以下几个方面的心理训练：

大脑平衡能力的训练

胎位不正、脐带绕颈、体重过大等因素可致胎宝宝剖腹产，而这些因素会造成宝宝大脑前庭功能发育不足，在母体内活动不足，甚至窒息，宝宝出生后必然会影响学习注意力。在宝宝出生后前三个月，要适当摇抱宝宝，或让宝宝躺在摇篮里，训练他们的前庭平衡能力。七八个月时要多训练爬行，不要过早地让宝宝使用学步车。再大一些要训练宝宝走平衡木、荡秋千、做旋转游戏等。

本体感的训练

一些宝宝对自己的身体感觉不良，身体协调性差，动作磨蹭，写作业拖拉，有的还会出现语言表达障碍和尿床等问题。因此可训练宝宝做翻跟头、拍球、跳绳、游泳、打羽毛球等活动。

触觉训练

　　两三岁以前的宝宝爱吃手,可不用限制他,再大一些还有吃手、咬指甲、咬笔头、爱玩生殖器等问题,则是宝宝触觉敏感的反映。这些宝宝爱发脾气、胆小、紧张、爱哭、偏食。可以让宝宝玩水、土、沙子,游泳,赤脚走路,骑羊角球,洗澡后用粗糙的毛巾擦身体,用电吹风微风吹身体,用毛刷子刷身体,用毛巾把宝宝卷起来做卷蛋卷游戏,和小朋友一起玩需要身体接触的游戏等。

■┃引导宝宝说话的方法

1. 宝宝的喃喃自语,爸爸妈妈一定要应答

　　宝宝出生两个月时开始发出"噢、啊、咿"等单个音节的声音,有时是陌生人出现在面前时,有时是睡足吃饱精神状态最好的时候。对宝宝的这种喃喃自语,一定要做出回答。要对他说"噢,你好,小乖乖""快快长吧"之类的话。宝

宝的发音虽然与表达某种意思的语言不同，但是当他对着妈妈发出声音时，就表示已在和妈妈对话了。妈妈对宝宝的话语做出了回答，会使宝宝感受到"说话的喜悦"，会产生再次发出声音的欲望；如果没有人对宝宝的"话语"做出反应，宝宝就无从产生"说话的喜悦"。

2. 宝宝发音时，父母要以行动给以满足

要想宝宝早日学会说话，最重要的是要让宝宝有想发出声音、想说话的欲望。这并不困难，只要在宝宝牙牙学语的时候给予奖励即可。最好的奖励莫过于摸摸宝宝的头，或抱一抱宝宝、亲一亲宝宝之类的肌肤抚爱。与慈爱的妈妈肌肤接触，可以促使宝宝产生再说话的欲望。专家研究发现，公共教养机构长大的宝宝，比在语言环境丰富的家庭中长大的宝宝语言发展要慢一些，原因可能就是由于公共教养机构中人手不足，成人与宝宝单独交流的机会和抚爱鼓励宝宝的机会较少所致。

宝宝开口说话的早晚因人而异，早两个月晚两个月都属正常现象，有的甚至到 1 岁半才开始说话。有了母爱的滋润，宝宝产生想说话的欲望，即使比大多数孩子晚几个月开口说话，后来其流利的程度一点也不会比其他孩子逊色。

3. 妈妈要经常呼唤宝宝的名字

也许有人不理解，呼唤宝宝的名字与发展宝宝语言有什么关系？

半岁以后宝宝开始对自己的名字有所认识，叫他的名字时宝宝会有所反应。宝宝知道了自己的名字，等于意识到自己和别人有所不同，有自我意识的早期表现，这种自我意识常常会激发宝宝产生自我表达及想与别人说话的欲望。经常呼唤宝宝的名字，可以帮助宝宝早点产生自我意识，从而激发其与外界交往的欲望，逐渐意识到自己以外世界的存在，以及自己和外界的联系。

4. 妈妈的声音对宝宝很重要

拥有宝宝的夫妇，真正有为人父母的感觉，是在宝宝出生之后。宝宝第一次呼唤"爸爸、妈妈"，令多少父母激动不已，可见父母是多么渴望宝宝早点学会说话。

宝宝开始会发出的"咿咿呀呀"的声音，是世界上所有宝宝的共同的语言。6个月以后，宝宝进入典型的牙牙学语阶段，七八个月大的宝宝会聆听并模仿成人发出的某个音。为人母者，在这个时期要特别注意多对着自己的宝宝讲话。"来，妈妈抱抱""看看灯灯""噢，爸爸回来了"之类的话要天天说，有些话甚至一天要对着孩子"唠叨"几遍。听过若干遍后，宝宝自然会做出积极的反应。

宝宝的牙牙学语，有时虽然模仿得很准确，但还不是真正意义上的语言，纯粹只是一种模仿，这种模仿是在为真正说出词语做必要的准备，是实战前的演习。父母应尽量用亲切慈祥的语调多与宝宝讲话，给宝宝的大脑多存贮一些语言信息，一旦宝宝开口讲话，这些信息就会源源不断地被提取出来。

小·贴士

各阶段语言正常发育情况

1~6月，对大人发出的声音有反应；

6~9月，发出牙牙的声音；

10~11月，模仿发出"妈妈、爸爸"声，但并不知道是什么意思；

12月，可发出"爸爸、妈妈"声并知道含义，模仿2~3个字的句子；

13~15月，可发出4~7个字和含糊不清的声音；

16~18月，发出10个字的声音，20%~50%含糊的声音能让陌生人理解；

19~21个月，能说出20个字，50%含糊的声音能听懂；

21~24个月，逐渐没有含糊不清的声音。

宝宝能听得懂后如何深入引导

（1）帮助宝宝建立词汇与实物或词汇与动作之间的联系。选择的词汇应是宝宝日常生活中接触最多的，偏向名词一类的，如称呼、人体五官、食品、衣服等。

（2）教给宝宝交流的基本形式。语言是交流的手段，只懂不说的宝宝难以向外界精确传达自己的需求、愿望及感受，也难以让外界知道他是否完全理解了较抽象语言信息的全部含义。因此，父母要教宝宝学会交流。最初可在游戏中用轮流的方法，如轮流扔球、吹泡泡、推小汽车等，在一动一静的玩耍和等待过程中，使宝宝懂得交流的互动性，体会到其中的欢快。在此基础上，逐渐延伸到用语言和外界沟通。

（3）"轰炸"目标词汇。也就是对所教的词汇反复强化，在各种场合强调你想要宝宝掌握的词，例如"帽子""红色的帽子""你的帽子""我的帽子""戴帽子"等。只有这样，宝宝才能把"帽子"保存到长时记忆的仓库里经久不忘。等再看到帽子时，宝宝自然会说"帽子"。这就是强化的效果。

（4）丰富宝宝的语言环境。父母每天要拿出一定的时间，有意识地教宝宝说话。此外，要让宝宝多看书，多给宝宝讲故事。有些家庭不太注意儿童语言的发展，认为宝宝到时候就会说话了，这在由老人照看宝宝的家庭中尤为明显。另外，还要注意方言对宝宝语言发展的影响。如果请保姆照看宝宝，保姆的方言较重，在宝宝学习语言的年龄阶段，会造成宝宝语言的混乱，不利于宝宝语言的发展。

宝宝语迟的原因

1. 智力障碍

智力障碍是语迟最常见的原因之一。有50%的语迟患儿是由于智力障碍造成的，其中30%~40%原因不明。已知的原因有：基因缺陷、宫内感染、胎盘功能低下、孕期服用药物、缺氧、创伤及其他机体疾病。新妈妈应在孕期加以预防。

2. 听力减弱

听力对于宝宝出生后的语言发育非常重要，早期耳聋可导致严重的语迟。耳聋一般分传导性耳聋和感应性耳聋。传导性耳聋常见原因：中耳炎积液造成堵塞，中耳发育畸形或外耳道闭锁等。感应性耳聋原因：胎儿在子宫内感染病毒、核黄疸、脑膜炎、颅内出血、缺氧及染色体异常等。该耳聋治疗困难，且效果不明显。

3. 成熟晚

男孩一般成熟得晚，我们中国人称之"贵人语话迟"，西方国家称"晚开的花朵更美"。这种现象预后良好，家长不用过分担心，只要正确教导，宝宝在上学后，语言会逐渐发育正常。

4. 表达不清

这类宝宝智力、听力和发音均表现正常。由于大脑功能不健全，难以正确用语言表达思想，常借助动作或手势传达意思，弥补有限的语言表达障碍。经过家长和老师的正确语言引导，最终也会恢复正常语言功能。

5. 双语症

"合资"家庭的宝宝在两种语言文化的环境中可以出现两种语言均发育迟缓的现象，但宝宝对两种语言的理解与同龄的宝宝相同，而且宝宝在5岁以前能熟练使用两种语言交流。

6. 人为因素

多见于穷困的边远地区。营养不良，语言教导不当，家庭感情危机及儿童受虐待等负面因素会影响宝宝的语言功能发育，导致语迟。这类人为导致的语迟完全可以避免。

7. 婴儿孤僻症

婴儿孤僻症的病因是由于神经发育异常引起的。此病在3岁前出现，男孩比女孩多3～4倍。表现为重复简单动作和单调发音，没有应有的活力，目光难以凝聚，对拥抱和微笑缺乏反应。这类患儿可以通过儿童心理专家帮助纠正。

8. 选择性缄默症

一般女孩很常见，表现为自言自语，与父母或朋友话多，在学校或遇到陌生人缄默不语。由于平时比较消极、害羞、孤僻和胆小，很大比例发音不连贯。绝大多数是由于家庭过分溺爱造成的，宝宝自理能力差，过分依赖父母，娇生惯养。这种病症可持续数月或数年。

9. 获得性失语症

宝宝对语言的理解能力缺失，对非语言的声音刺激有良好的反应。父母会发现孩子是"不注意听话"而不是"听不到讲话"。孩子的语言发育迟缓,说话稀少、语无伦次、发音模糊。获得性失语症的儿童的发音经常只有父母或非常熟悉他的人才能听懂。这类失语症需儿童语言训练。

10. 脑瘫

语迟在脑瘫的患儿中很常见,特别是手足抽动症型脑瘫最易出现语迟现象。预后最差,目前尚无有效的治疗方法。

治疗语迟需因势利导,因人而异。早期发现,早期语音锻炼,可避免或减缓婴幼儿发育和学习障碍。

▋让宝宝学会独自游戏

(1)培养宝宝养成游戏好习惯。父母要注意观察宝宝喜欢什么游戏活动、什么时间玩,什么时间做游戏注意力最集中等,以便为宝宝安排独自游戏时间和游戏内容。另外,还要安排一些宝宝和父母共处的时间,这段时间,不能随意取消或拖延。只要父母有固定的时间陪玩,宝宝在其他时间就不会要求别人注意他。这些时间应该安排在每天相同的时刻,以便养成宝宝良好的习惯。

(2)家长不要随便介入宝宝的独自游戏。这个年龄段的宝宝需要家长必要的照顾,但不是随意介入。有时宝宝发现了愉快的游戏而独自在玩时,父母却认为宝宝一个人玩得可怜,或是自己有空,就加入到宝宝的游戏里面,这样会夺走宝宝独自游戏的乐趣,如此重复几次后,就可能使宝宝刚刚萌芽的自立能力和忍耐能力枯萎。

(3)家长要采取必要的保护措施。宝宝独自游戏的环境必须是绝对安全的,彻底收拾好危险物品和易碎物品。收拾好硬币、药品、纽扣等宝宝能吞咽下去的物品,宝宝刚开始独自做游戏的时候,家长还要暗中保护,让宝宝在安全舒适的环境下充分体验独自做游戏的乐趣。

(4)控制好独自游戏的时间。宝宝独自游戏的时间:一般1岁儿童30分钟

左右，两岁儿童一个小时左右。刚开始时，时间可稍短一些，如10~15分钟。宝宝开始扔玩具或将玩具扔得很乱，是玩腻了的表现，可以给宝宝换一种玩具或者换一换游戏场地。

怎样培养"多元智能"的宝宝

人的智力是多元的，每个宝宝都有自己的天赋，有不同才能，都有可造就的长处，都是值得去重视和挖掘的。儿童智力可以由以下七个方面组成：

语言智能

语言智能，是指有效地获得和运用语言的能力。"语言是思维的外壳"，这一点相信家长们都很重视。

逻辑数学智能

以数学逻辑为形式的智能被称为科学思维，它是传统智力测验的主要基础，对儿童的思维发展起到很重要的作用。

音乐智能

研究发现，儿童在没有接受音乐专门训练之前，就已经展现出对音乐的强烈反应，而且能很快地跟随节奏或旋律。

身体运动智能

舞蹈家、运动员，或者普通人常常会使用身体动作来表达情绪、情感，或通过身体运动来创造不同的认知活动。

空间智能

水手、棋手在工作时，常常不借助工具而能从不同角度看物体。有的儿童对方向、位置、距离的判断力非常好,甚至会比妈妈更快地识别出该走的路径及方向。

人际关系智能

人际关系智能的核心,是指留意他人,特别是观察他人的情绪、性格、动机、意向的能力。有的宝宝似乎从小就具备"外交"本领,使自己更加人见人爱。

自我认识智能

了解一个人的感情和情绪变化,有效地辨别这些感情,加以标识,作为理解和指导自己行为准则的能力,是自我认识智能的内涵。拥有一个自信、自律的宝宝无疑是父母心中的理想。

培养吃饭好习惯

抓住时机

当宝宝发生以下现象,妈妈就可以着手教宝宝自己吃饭了:

(1)宝宝吃饭的时候喜欢手里抓着饭。

(2)宝宝已经会用杯子喝水了。

(3)当勺子里的饭快掉下来的时候,宝宝会主动去舔勺子。

吃饭技巧

1岁的宝宝喜欢跟成人一起上桌吃饭,不能因为怕宝宝"捣乱"而剥夺了他的权利,可以用一个小碟盛上适合宝宝吃的各种饭菜,让宝宝尽情地用手或用勺喂自己,即使吃得一塌糊涂也没有关系。

若宝宝总喜欢抢着拿勺子,妈妈可以准备两把勺子,一把给宝宝,另一把给自己,让宝宝既可以练习用勺子,也不耽误把宝宝喂饱。同时也要教会宝宝用拇指和食指拿东西。

给宝宝做一些能够用手拿着吃的东西或一些切成条和片的蔬菜,以便宝宝感受自己吃饭是怎么回事。可准备一些土豆、红薯、胡萝卜、豆角等,还可准备一些香蕉、梨、苹果、西瓜(把籽去掉)、熟米饭、软的烤面包、做熟了的嫩鸡片等。

1岁左右的宝宝很难容忍妈妈一边将其双手紧束,一边一勺一勺地喂他,这对宝宝生活能力的培养和自尊心的建立有极大的危害,宝宝常常反抗或拒食。

宝宝并不一定是想要自己吃饱饭,他的注意力在"自己吃"这一过程。如果只是为了训练宝宝自己吃饭,不妨先喂饱了宝宝,再由着宝宝去满足学习和尝试的乐趣。

当宝宝自己吃饭时,要及时表扬,即使把饭吃得乱七八糟,还是应当鼓励他。如果妈妈确实烦感把饭吃得满地都是,可以在宝宝的椅子下铺一张塑料布,这样一来等他吃完饭后,只要收拾一下弄脏了的塑料布就行了。

妈妈做饭时,在放盐和其他调料之前,应该把宝宝的那份饭菜留出来。

立下吃饭规矩

饮食直接关系到宝宝的身体健康,不仅要保证宝宝进餐环境的清洁、整齐、安静、愉快,还要从宝宝刚学习吃饭那天起就培养良好的进食习惯。

培养宝宝对食物的兴趣和好感,尽量引起宝宝旺盛的食欲。

注意不要在宝宝面前议论某种食物不好吃,某种食物好吃,以免造成宝宝对食物的偏见,几乎所有的宝宝都会认为爸爸妈妈认为不好吃的东西一定不好吃。

培养宝宝良好的进餐习惯。如饭前、便后要洗手;吃饭时安静不说话,不大笑,以免食物呛入气管内等。

要适时地、循序渐进地训练宝宝自己握奶瓶喝水、喝奶,自己用勺、筷、碗进餐,熟悉每一件餐具的用途,养成宝宝独立进餐的习惯。

宝宝进餐时间不宜过长,不能养成边吃边玩、边吃边看电视的坏习惯。

饭前不吃零食,尤其不要吃糖果、巧克力等甜食,以免影响宝宝的食欲。

训练宝宝专心吃饭

有些宝宝已经能自己进餐了,但要求宝宝与全家人一起坐着好好吃饭是不可能的。宝宝一定会不停地"折腾",妈妈一烦,干脆喂他——这也是许多宝宝直到上幼儿园才被"逼"学会自己吃饭的原因之一。怎样防患于未然呢?不妨采用以下方法试一试：

给宝宝选择一个自己就餐的座位，让宝宝坐在安静不受干扰的固定地方，不玩、不看电视，以免吃饭时分散注意力。

餐桌上，谈话的内容应该与宝宝吃饭有关，以吸引他的兴趣。

吃饭时最忌责骂宝宝，唠叨不停，给宝宝进行一天行为的"总结"，说宝宝这不好那不好，这样做会引起宝宝反感而不肯吃饭。

允许宝宝吃完饭后先离开饭桌，但不能拿着食物离开，边玩边吃。要宝宝明白，吃和玩是两回事，要分开来做，否则不安全。

宝宝比大人容易饿，但因为能力有限吃得比较慢，所以可以让宝宝先上饭桌吃饭。

经过努力，相信宝宝会学会自己吃饭的。

为宝宝做健康饮食

肉松香饭

取料：软米饭75克，鸡肉20克，胡萝卜和莴笋各10克，生油、料酒、白糖少许。

做法：把鸡肉、胡萝卜、莴笋剁成极细的末放入锅中，加入调料，边煮边用筷子搅拌，使其均匀混合，煮好后放在软米饭上面一起焖。

营养小秘诀：

肉松饭并非肉松所做，其中的鸡肉纤维细、短、味道鲜美，还富含优质蛋白

质。如再辅以鲜亮的蔬菜，就会使这道主食的营养更全面，非常适合作为1~2岁宝宝的正餐。

葱油虾仁面

取料：龙须面50克，虾仁10克，葱白10克，青菜叶20克，植物油、酱油、白糖适量。

做法：把虾仁切成碎末，葱切成葱花，青菜叶斩碎。葱花炝锅炒虾仁末，再加酱油、白糖，略炒几下出锅，在面快煮熟时加入菜叶一同煮片刻，捞入盛有酱油的碗里，将葱油虾仁加入拌匀。

营养小秘诀：

初试饮食的宝宝大多对各种面食有所偏好，因此，这道鲜香可口、易于消化的面食非常适合1~2岁的宝宝作为正餐。

什锦蛋羹

取料：鸡蛋1个，海米5克，菠菜15克，番茄1个，香油少许，水淀粉、盐适量。

做法：将鸡蛋磕入盆内，加盐和100克温水搅匀待用。锅内加水，放在旺火上烧开，把鸡蛋盆放入屉内用小火蒸15分钟，成豆腐脑状待用。炒锅内放入20克清水，水开后放入海米末、菠菜末、番茄、盐，勾芡淋入香油，浇到蒸好的蛋羹上即可。

营养小秘诀：

蛋羹的嫩滑与海米的咸香相配合，还有红绿相间的蔬菜末点缀其间，特别适合宝宝作为早点或加餐。

砂锅鸭血豆腐

取料：豆腐60克，熟鸭血50克，熟瘦猪肉、熟胡萝卜各20克，水发木耳10克，上汤250克，香油、酱油、盐、料酒适量，葱花2克，水淀粉5克。

做法：豆腐和鸭血切成条，其他切丝。砂锅内加入汤，下入所有的食材，烧开后撇去浮汤末，加入调料，改文火慢炖，最后加香油和葱花。

营养小秘诀:

砂锅菜的烹调方法用油少,较清淡,口感爽滑,营养丰富。

宝宝的数字敏感性培养

培养方式1　大与小

目的:

使宝宝明确大与小的概念,让宝宝学习基本的生活常识。

内容:

准备一大一小的两顶帽子,一顶是宝宝的,另一顶是妈妈的;准备一大一小两件衣服,一件是宝宝的,另一件是妈妈的……游戏开始,妈妈拿出两顶帽子,一大一小,妈妈对宝宝说:"一个大(举起大的,一个小(举起小的)。"先把大帽子戴到宝宝头上,不合适,宝宝眼睛都被遮住了,赶快换小帽子,"哎呀真合适"。衣服的游戏也是这样。让宝宝通过游戏渐渐明白大与小。

指导:

游戏开始时,妈妈一定要边说边做动作,这样还能够促进宝宝语言能力的发展。

培养方式2　分果果

目的:

练习分类,为学数做准备。

内容:

妈妈把许多物品混在一起(花生、糖块、苹果、梨、橘子等),妈妈对宝宝说:"宝宝看一看,告诉妈妈,宝宝看到了什么?"宝宝说出后,妈妈又说:"好宝宝,糖果混在一起了,宝宝帮它们分分家。"妈妈拿来几个盘子,和宝宝一起把糖果分分家。一样东西放一个盘子,一边放一边说:"糖块是一家,糖块放一起,花生是一家,花生放一起,苹果是一家,苹果放一起……"分完后,妈妈表扬

"宝宝真聪明,能把糖果分家",亲亲宝宝,使宝宝更加高兴。

指导:

(1)分类的过程是在感知"集合",是学数的基础。

(2)宝宝分类成功后,妈妈可教宝宝把一样的东西放在一起。

培养方式3　认识圆形

目的:

让宝宝认识基本形状"圆形",准确说出"圆"这个词。

内容:

(1)准备一些圆形物体,气球、钟表、小球、圆形镜子、棋子等。

(2)妈妈抱着宝宝,指着圆形的物体说:"宝宝看,这些东西都是圆形的。""圆圆的气球、圆圆的钟表……"妈妈反复地说。然后问宝宝:"这些东西都是什么形状?"引导宝宝回答"圆形的"。练习几次之后,让宝宝说出家中常见的圆形物体,如碗、车轮、盘子、脸盆、锅等。

指导:

(1)这个游戏也可以让1岁3个月的宝宝玩。

(2)必须指着具体物体教宝宝认识圆。

培养方式4　多与少

目的:

让宝宝了解多与少,多的可以变少,少的可以变多。

内容:

(1)准备一些花生豆,一个小塑料碗,一些图画。

(2)妈妈把花生豆放在小塑料碗里,让宝宝用手抓花生豆放在妈妈手上,妈妈把手上的花生豆又放入碗里,多次练习,使得宝宝能够熟练地抓取。然后妈妈对宝宝说:"宝宝卖豆豆,卖给妈妈,好吗?"这样会引起宝宝的兴趣,让宝宝用手抓豆豆并放在妈妈手上。妈妈说:"多了、多了,宝宝应减少些。"宝宝就从妈妈手上拿走一些,家长再说:"少了、少了,多加一些。"宝宝如果做对了,妈妈应该及时表扬宝宝,如此反复几次,每次都要让宝宝"减少些""多加些", 或 "多了""少了"。

宝宝熟练掌握后, 妈妈拿出图画问宝宝: "哪幅画上的花生多, 哪幅画上的花生少?"

指导:

(1)妈妈要向宝宝说明:把花生豆从手上拿走一些就减少了, 添上一些就变多了。

(2)游戏需要反复做, 加深宝宝对 "多与少" 的认识。

培养方式5 红、绿分开

目的:

(1)训练宝宝认识红色、绿色。

(2)给颜色分类, 为学数做准备。

内容:

(1)准备红色的、绿色的物品。

(2)妈妈把准备好的红的、绿的物品放在桌子上, 然后问宝宝: "哪些是红色的, 哪些是绿色的?" 先让宝宝认一认, 回答妈妈的问题。宝宝没有说到的物品, 妈妈及时补充, 比如: "这也是红色的。" 宝宝完全能分辨物品, 妈妈就把图片放在宝宝面前, 让宝宝把绿色和红色物品的图片分开, 同时说: "红的和红的在一起, 绿的和绿的在一起。" 分完后再让宝宝说: "这些是红色的, 这些是绿色的。" 游戏反复进行, 直到宝宝自己能独立完成分类。

指导:

(1)选用的红色、绿色的物品宝宝应熟悉。

(2)对宝宝没有说到的物品, 妈妈及时补充说明这些物品是什么颜色。

培养方式6 排队

目的:

让宝宝练习排顺序, 为学数做准备。

内容:

(1)妈妈准备积木、宝宝的小动物玩具、动物排队的图画。

（2）妈妈指着图画对宝宝说："看，小动物要去公园，它们正在排队，排队就是一个跟着一个，要排得整整齐齐。现在，我们来给玩具排排队。"妈妈把玩具放在桌面上，和宝宝一起排队，妈妈边说边示范："排队就是一个跟着一个（把玩具摆成横队），两个玩具和两个玩具之间不能挤在一起，也不能离得很远，不能像洋娃娃和小熊一样，挤得太紧（妈妈故意把洋娃娃和小熊放得比较近，以引起宝宝注意）。"妈妈做完再让宝宝做。宝宝排得不错，妈妈说："我们用积木排火车。"妈妈拿出积木，让宝宝自己练习排队。

指导：

（1）妈妈选取的玩具应该是宝宝喜欢的。

（2）教宝宝用玩具排队，开始数量要少，3~5个玩具较适宜。

（3）妈妈要讲一些宝宝能够理解的情节，如"小动物要去公园""小动物要去上宝宝园"，以引起宝宝的兴趣。

培养方式7 学认三角形

目的：

（1）发展宝宝的形状知觉。

（2）训练宝宝认识三角形。

内容：

（1）准备一块三角形的蛋糕、一个三角形的盒子。

（2）宝宝一边吃蛋糕，妈妈一边说："宝宝看，宝宝吃的是三角形的蛋糕。"在吃蛋糕前，让宝宝沿着蛋糕边沿画一遍，在宝宝感知三角形的形状后，再让宝宝在纸上用色彩鲜艳的笔画一个三角形，并让宝宝指着图形说："这是三角形。"反复练习。妈妈最后指着三角形的盒子问："这是什么形状？"宝宝回答正确后表扬宝宝说："宝宝真聪明，认识了三角形。"

指导：

（1）妈妈指着蛋糕和三角形盒子说"这是三角形"，多次重复。

（2）在让宝宝认纸盒时，妈妈首先示范。因为这时宝宝对三角形的认识模糊，示范后可达到强化效果。

（3）认识活动应该在日常生活中反复进行，直到宝宝能够准确地分辨出三角形。

培养方式8　套杯子

目的：

（1）加深宝宝对"大的""小的"概念的理解，并在实际中运用。

（2）培养宝宝的动作技能。

内容：

（1）准备形状、大小不同的杯子（纸的或塑料的均可，如一次性纸杯）。

（2）妈妈说："宝宝和妈妈来玩套杯子。"妈妈把杯子放在宝宝面前，宝宝会拿着杯子乱摆弄，妈妈这时不要阻止，待宝宝玩一会儿后，拿起一大一小两个杯子对宝宝说："两个杯子比一比，哪个大？哪个小？"然后让宝宝拿大杯子往小杯子里套，套不进去，再让宝宝拿小杯子往大杯子里放，放进去了。妈妈应该马上说："大杯子往小杯子里套，套不进去，小杯子往大杯子里套，是能套进去的。"让宝宝继续套杯子，宝宝这时已有经验，能套进杯子；套不进去的，妈妈再强调，然后让宝宝再套进去。妈妈应及时表扬鼓励宝宝，游戏反复进行。

指导：

（1）让宝宝分清大的、小的，才能做游戏。

（2）第一次套杯子时，妈妈要说明方法，并且给宝宝示范。

（3）开始时，杯子大小要明显，宝宝会套了，再逐渐缩小差别。

（4）能力强的宝宝，可让宝宝一次套三个大小不一样的杯子。

培养方式9　学数数

目的：

教会宝宝学数数。

内容：

（1）准备一部玩具电话，或用家中的电话。

（2）妈妈对宝宝说："宝宝给妈妈打电话，妈妈的电话号码是"1"，让宝宝

在数字1上压一下。反复练习几次,然后对宝宝说:"宝宝给爸爸打电话,爸爸的电话号码是1、2。"让宝宝压数字1、2,边按边数1、2。同样练习几次,再说:"宝宝给奶奶打电话,电话号码是1、2、3。"让宝宝压数字1、2、3,边按边出声数1、2、3。反复多练习几次。

指导:

(1)宝宝每拨对一次号,妈妈都要表扬宝宝,以引起宝宝的学习兴趣。

(2)在中间可插入一些话,如宝宝拨完数后,可让宝宝说:"喂、喂。"妈妈答:"喂、喂。"

(3)游戏应该在日常生活中反复进行,因为宝宝的学习能力有限,接受需要一定的过程。

(4)再次按相对应的数时,要边按边让宝宝数1、2、3。

第三章

1岁3月

◎ 1岁3月是宝宝早期教育的起点

◎ 影响宝宝智力发展的生活因素

◎ 宝宝急性喉炎的防治

◎ 为宝宝选购食品的要点

育儿方法
尽在码中

看宝宝辅食攻略，
抓婴儿护理细节。

1岁3月宝宝的养护

生理发育

体重增加约0.18（女）~0.17（男）千克。

身高增加约0.93（女）~0.9（男）厘米。

能向前方抛球。

会用四块积木排火车。

会指出红色。

大小便时会及时找便盆坐下。

心理特点

喜欢独自行走，把空盒子、小桶等容器装满，模仿成人的动作，玩球。

育儿要点

（1）保证每日必需的四大类食物及数量。

（2）放手让宝宝活动。

（3）让宝宝抛球、装球，玩大积木。

（4）让宝宝听指令做动作。

（5）让宝宝认识圆，学说简单话。

（6）让宝宝便前自己找便盆坐下。

（7）保护宝宝的视力。

宝宝每日所需食物种类和数量

为了满足宝宝每日营养素的供给，要保证四大类食物：奶、鱼、肉、蛋类，大豆、豆制品类，粮食类，蔬菜和水果类。这样的膳食才比较合理和接近平衡膳食。

宝宝一日食物参考表		
食品种类	食品名称	每日用量（克）
谷类	面粉、米、玉米面、小米、挂面、饼干等	150~180
豆制品类	豆腐、豆干、豆粉等	20~30
肉类	鱼、鸡、肝、瘦肉等	40~50
蛋	鸡蛋、鹌鹑蛋等	40
蔬菜、鲜豆	青菜、小白菜、胡萝卜、柿子椒、油菜、芹菜、西红柿、大豆、扁豆、豌豆等	150~200
水果	柑橘、苹果、梨、香蕉等	50~100
白糖		10
植物油		10
牛奶或豆浆		250~500（毫升）

注：1. 以上进食量基本上能满足宝宝每天所需要的各种营养素。

2. 将上述食物的数量分配到早、中、晚各餐。总热量分配为：早餐20%~25%，中餐30%~35%，晚餐20%~30%，午点10%~15%。

1岁3月是宝宝早期教育的起点

教育专家对早期教育的起点有不同的说法，但从零岁（不满一岁）到三四岁前为最佳期，这是比较一致的认识。

从脑量来看，新生儿的脑量约为成人的三分之一，三四岁时可达成人的三分之二。这个时期是宝宝脑发育最快的时期，同时说明婴幼儿具备了接受早期教育的生理基础。

这个时期，家长适时合理地给予宝宝教育和训练，就能促进宝宝大脑的健康发育，为宝宝智力发展奠定良好的基础，同时能加速提高宝宝的智力水平。如果这个时期缺乏科学适时的教育，或进行不良的教育，即使宝宝具有很好的条件，也会影响其大脑的健康发育，甚至造成难以弥补的损失。

家庭教育的14个正确理念

（1）向宝宝学习。

（2）教育宝宝的前提是了解宝宝。

（3）尊重宝宝的权利。

（4）没有信任就没有教育。

（5）赏识导致成功，抱怨导致失败。

（6）"听话儿童"是问题儿童。

（7）让宝宝依赖自己。

（8）让宝宝对自己的过失负责。

（9）以"群"治"独"。

（10）莫给宝宝"吃偏饭"。

（11）教子应有平常心。

（12）为确保宝宝充足的睡眠而奋斗。

（13）给宝宝一个劳动岗位。

（14）给宝宝自主支配的时间。

影响宝宝智力发展的生活因素

除了遗传、疾病、营养和环境等条件外，一些生活因素对宝宝的智力发展也有很大影响。

睡眠不足

睡眠是让大脑休息的最主要的方法。宝宝睡眠不足，可使脑神经细胞的兴奋和抑制平衡遭到破坏，大脑的发育和正常功能的发挥受到影响，对宝宝的智力发展极为不利。

忽视早餐

宝宝整个上午体力和脑力的消耗能否得到补充，与早餐的质与量有很大的关系。少吃或不吃早餐的宝宝，其智能的发展会受到限制。

运动不足

运动可以促进血液循环和新陈代谢。运动不足，则大脑供血欠佳，脑细胞和智力的发展受到影响。

爱吃甜食

许多宝宝特别爱吃甜食，如果吃甜食过量，其大脑发育就变得迟缓。

经常便秘

经常便秘，宝宝会出现思维迟钝，注意力不集中和记忆力下降等智力发育障碍的表现。

头发过长

头发所需的营养全部来自脑部。头发过长，消耗的营养必然增多，脑部便会出现营养危机，大脑的正常活动受到限制。

宝宝的智商后天可以提高

专家通过对领养儿童多年观察研究发现，人的智商并不完全取决于遗传因素，后天的良好教育和悉心培养同样可以大幅度提高弱智儿童的智商。

智商也称为智力商数，是对某人语言、乐感、数学逻辑、时空概念、运动感觉等方面的综合测试参数。如果一个宝宝的智龄与实际年龄相等，则其智商为100分，说明宝宝智力中等；智商在120分以上则表示宝宝聪明；在80分以下则表示宝宝弱智。过去人们一向认为儿童的智商是遗传因素造成的，后天因素根本无法改变。对此，心理学家和遗传学家进行了大量研究，他们选择了65名4~6岁有代表性的领养儿童作为研究对象，这些孩子均出生在虐待孩子或对孩子漠不关心的家庭，在被领养之前，他们的智商全部在80分以下。通过对这些儿童跟踪观察，科学家们发现，这些孩子的智商都有了不同程度的提高，尤其是他们的时空概念比领养前有了明显进步，其中被社会经济条件好的家庭领养的孩子智商平均提高了19分，其他孩子的智商平均提高了8分。科学家证实，领养家庭对孩子感情投入的多少和其智商提高成正比。

宝宝的好奇心与智商

父母的任务在于帮助宝宝学习，无论这种学习是认知、情意方面还是技能方面，父母都必须先唤起宝宝学习的求知欲和好奇心，以使宝宝产生持久的学习活动。父母愈了解宝宝的经验、能力、发展和兴趣，便愈能将其所学的知识和所需要的动机贯穿起来。如何激起宝宝的好奇心与学习动机呢？下面是父母应注意的几点要求：

幽默感

对宝宝不要摆出像法官般的模样，也毋须扮演命令、威胁、说教或斥责的角色，因为这些角色会使宝宝产生恐惧感而畏缩。给宝宝温暖和安全感，然后发现问题并协助宝宝解决问题。

尊重宝宝的个别差异

每个宝宝天生有其不同的兴趣和爱好，强迫学习往往会事倍功半。

关爱而非溺爱

现代的宝宝，父母都给他们吃最好的、穿最好的、玩最好的，这种行为是溺爱并非关爱。面对宝宝，父母首先要了解你要给宝宝的是他所需要的，而不是他所要求的全部。

善用沟通技巧

宝宝的好奇心与学习动机会常常在你愿意注意地看他，面带微笑、专心倾听以及富有同情心的语言沟通中被引发出来。

宝宝急性喉炎的防治

什么是急性喉炎

急性喉炎是喉部（包括声带）发生弥漫性炎症，中医称"喉锁风"，常常发生于寒冷的冬春季节，以1～3岁的婴幼儿多见。由于它可梗阻喉部而引起严重的呼吸困难，所以对宝宝的生命安全威胁极大，儿科医师常把它作为危险急症来处理。

急性喉炎有哪些症状

典型者为先有轻微的感冒症状，可能不伴有发烧，或仅有轻微发烧；患儿咳嗽特别厉害且很有特点：声音"哐哐哐"，特别像小狗叫声，因此被称为"犬吠样咳嗽"，同时出现声音嘶哑。一般白天病情较轻，夜间加重，夜里常常因喉头炎症迅速发展而出现喉头水肿，从而发生急性喉

部梗阻。患儿可因呼吸困难而憋醒，声音会嘶哑得更厉害，呼吸时鼻翼煽动，吸气时出现"三凹征"，即出现锁骨上窝、胸骨上窝及上腹部陷，宝宝面色苍白，同时伴高烧、烦躁不安、多汗等症状。

急性喉头水肿可危及宝宝生命

喉头是人体呼吸空气的必经之路，婴幼儿器官组织尚未发育成熟，因此喉头特别狭窄，且喉头组织疏松；然而组织中的淋巴管和血管却很丰富，当喉头发生炎症时，淋巴管和血管中的大量炎症液体就会渗入到疏松的喉部组织内，导致喉部迅速发生充血水肿，使原本狭窄的喉腔更为狭小，甚至完全消失，患儿很快因缺氧发生窒息而死亡。

当宝宝刚开始出现具有特征性的咳嗽声时就要马上去看医生，以便控制喉头炎症而使病情不往严重方向发展；一旦出现口周发青、面色苍白及呼吸困难等症状，应争分夺秒地送往医院救治，不得有一点延误。

急性喉炎的防治和护理

1. 治疗

因急性喉炎致病菌主要是溶血性链球菌、金黄色葡萄球菌，因此在发病一开始即可选用磺胺或青霉素类药物；疑为金黄色葡萄球菌感染时可给予红霉素或氨苄青霉素，病情重时必须去医院快速静脉滴液，同时一定要加用激素，以协

同抗生素消炎及减轻喉头水肿。宝宝烦躁哭闹不止时,可酌情给予适量的镇静剂,但应该在医生的指导下服用;一旦出现极度呼吸困难,马上去医院做气管切开术。

2.居家护理

(1)设法让宝宝保持安静,如呼吸困难时可吸氧和服用镇静药。

(2)多给喝开水,室内温湿度要适中,通常为20℃,并需每天定时换气以保持空气新鲜。

(3)高热时可遵医嘱服退烧药物,或采取物理降温法。

(4)严密注视宝宝的病情,尤其是夜间,出现病情恶化要及时治疗。

(5)遵医嘱按时用药。

3.预防

(1)平时注意让宝宝做增强体质的锻炼,如空气浴、日光浴及水浴,以提高耐受寒冷的能力。

(2)科学合理喂养,让宝宝身体合理摄取各种必需营养,以防发生贫血、佝偻病及其他营养缺乏病等。

(3)定期做预防接种。

(4)寒冷季节要注意给宝宝保暖,少带宝宝出入空气不流通的场所。

(5)室内不要吸烟,保持良好的空气。

宝宝的尿为什么像淘米水

有些妈妈无意中发现宝宝的尿在便盆中像淘米水似的,而经医生检查后却说这是一种生理现象。

正常宝宝的尿液是清白色或稍黄一些,看起来比较透明。为什么有的宝宝会出现以上情况呢?因为宝宝处在生长发育旺盛期,特别是吃了菠菜、苋菜等绿叶蔬菜,或者是香蕉、苹果和柿子等水果后,尿中的草酸盐和磷酸盐增多,排出体外后遇冷就会结晶,因而使尿液混浊看起来像淘米水一样。

一般这种情况对宝宝的健康没什么影响，但有时"淘米水"可能是病态，主要多见于以下两种情况：

（1）当尿道感染时，因尿中有大量蛋白质和脓细胞，而使尿呈乳白色并很混浊，但它往往伴有发烧、尿频、尿痛等症状。

（2）胸导管有炎症，或是有丝虫病引起淋巴管阻塞，致使淋巴管扩张破裂时，淋巴液溢入尿道而出现乳白色尿。

那么，怎么鉴别"淘米水"是否正常呢？

（1）用便盆收集小儿尿液，1小时内放在煤气灶上加温，煮沸后倒入等量开水，如果尿液变得清亮则说明是草酸盐或磷酸盐结晶析出。

（2）在"淘米水"尿中滴入少许醋酸，尿液马上澄清而不再混浊，这也表示不是病理性的。

（3）如果经以上做法尿液仍是淘米水样，就应及时带宝宝去医院做进一步检查。

宝宝尿呈淘米水样时，多给宝宝喝白开水，口服维生素C片，几天后尿液就会变得清亮。

宝宝整天不吃东西怎么办

宝宝天生具有非凡的生理本能，能为自己的生长摄入足够的食物，看那些生长在大自然中的小动物就知道了。

除了疾病外，"宝宝不好好吃饭"的原因很可能就是家长"太想让宝宝吃饭了"，甚至超过宝宝的需要量而造成的，如同拔苗助长。

宝宝的胃口有大有小，但都各自能保持自己的生长。家长切莫同其他的宝宝比较。

宝宝饮食需注意

（1）要做到细、软、烂。面条要软烂，面食以发面的为好，肉菜要斩切成碎末，鸡、鱼要去骨刺，花生、核桃要制成泥、酱，瓜果去皮、核。含粗纤维多的食材、油炸食品、刺激性食品不要给宝宝吃。

（2）要小和巧。小巧食物的外形美观、花样有趣，这样的食品通过视觉、触觉等感官作用，可刺激食欲、促进消化和吸收。

（3）要保留食物营养素。蒸和焖的米饭要比炒饭少损失蛋白质和维生素；蔬菜要新鲜，先洗后切，急火快炒，蔬菜切完再烫洗，可损失99%以上的维生素C；炒菜、熬粥都不要放碱，以免水溶性维生素被破坏；吃肉时要喝汤，这样可获得大量脂溶性维生素。

妈妈眼中没有"肥胖儿"，总看自己的宝宝瘦已成大多数家长的通病。

情绪和身体状况对宝宝吃饭有很大影响，俗话讲，小宝宝是"猫一天，狗一天"，也就是说小孩不可能每天都有同样的食欲和食量。比如，宝宝在某一段时间非常喜欢吃蛋炒饭，可过一段时间却对这种饭厌恶起来。

宝宝具有对强迫进行反抗的天性，也有对不爱吃的食物产生厌恶的本能。比如很苦的药，无论如何宝宝也不喜欢接受。小孩原本爱吃的东西吃得就多，可家长仍觉吃得不足，不断让宝宝吃，甚至是逼迫或祈求，可谓软硬兼施，结果使宝宝对喜欢的食物产生厌恶，所以说宝宝不好好吃东西，很大程度上是由好心的家长造成的。虽说这不是唯一的原因，却是普遍的问题，也是严重问题。家长们可从以下几方面避免或改变宝宝厌食或偏食的问题：

欲擒故纵

不要把"太想让宝宝多吃饭"的想法以各种方式昭示给宝宝，让宝宝觉得吃饭是一种负担，是为了某种目的，比如"你把饭吃了，就带你看小动物去""你多吃就给你买小汽车""你不吃饭，妈妈就不喜欢你了"等一些许愿、祈求、逼迫等，使宝宝由此而逐渐厌食。在宝宝吃饭时少提或不提"吃饭问题"，如果讨论也应是："这饭味道不错，宝宝喜欢吃吗？"让宝宝感到吃饭是一种乐趣，是在品尝美味佳肴。

愉快进餐

宝宝吃饭的时候，不谈论关于宝宝吃饭的问题。

不能因宝宝这一餐吃多了就喜形于色、倍加鼓励，吃少了就唉声叹气、一脸愁容甚至愤怒，让宝宝把吃饭当成负担。要想让宝宝愉快进餐，首先给宝宝做喜欢吃的食物，在保证营养的前提下，尽量不强迫宝宝吃不喜欢吃的食品。每个人都有不同的口味，哪能千篇一律。在平静、祥和、愉快的氛围中进餐，不但能增加宝宝的食欲，也能促进消化、吸收。

让宝宝自己动手吃饭

这是培养宝宝进餐兴趣的好方法。不要担心宝宝弄脏衣服，弄脏小手，当宝宝能自己吃饭的时候，千万不要因为宝宝把饭碗弄翻或把菜汤弄洒而责备宝宝，或耐心教，或不理会，慢慢宝宝就会娴熟起来，给宝宝更大的自由，可免除家长更大的烦恼。家长对宝宝吃饭问题不那么"神经兮兮"，就是对宝宝最好的促食方法。如果宝宝确实不好好吃饭，要记住，要改变不良习惯需要时间和耐心，让宝宝消除一切与吃饭有关的不愉快的联想。如果宝宝确实患了厌食症，则应到正规医院找医生确诊治疗。

宝宝最常见的六大健康问题

普通感冒

在出生的一二年内，大多数宝宝会患8~10次感冒，感冒最初表现为流鼻涕、打喷嚏、食欲不振、咳嗽、咽喉痛等症状。大多数宝宝的感冒并不严重，但感冒可能造成支气管炎、哮喘或肺炎，发展到这一地步宝宝会出现烦躁不安、发高烧、咳嗽、呼吸急促、食欲不振等症状，非常痛苦，肺炎严重时可能危及生命。因此，父母们看到宝宝有感冒症状时应及时给宝宝服感冒药，防止感冒引起支气管炎、肺炎等。

腹泻

腹泻可由病菌引起，也可能由消化不良、受惊引起。当宝宝出现腹泻时，父母们要回忆一下宝宝在发病前饮食是否干净,是否吃得过多或过少,是否饮食不易消化,是否受凉等。如果自己辨别不出,就要挑取大便,到医院检验科做化验,明确病因。腹泻时不要给宝宝吃果汁及其他甜味饮料,因为糖分会加重腹泻。再就是不能给宝宝吃肉类、油炸的食品,因为宝宝肠胃虚弱,难以消化的饮食会使腹泻不易好转。在此时期,可给宝宝煮米汤,米汤有收敛作用,可保护胃黏膜。宝宝腹泻严重时,可在米汤中加一点盐,保证体内的电解质平衡。同时父母要鼓励宝宝大量喝水,防止脱水。

发热

发热本身并不是病,而是机体抵抗感染的一种自然反应。当小宝宝发热时,家长要了解轻重缓急。有些宝宝在出牙时期、运动后、吃奶后出现发热,这种发热一般在37.5℃左右,无须到医院处理。体温超过38℃时,要引起注意,要观察宝宝是否感冒、是否腹泻、是否出皮疹,如果由以上因素引起发热,应先控制疾病才可退热。

体温若是持续半个月以上低热(体温为37~38℃),也应引起注意,检查发热原因。体温达到或超过39.5℃,要及时给予退热药,防止抽搐,并送医院就医。发热时给宝宝多饮水,这样既有利于退热也有利于补充体内丢失的水分。

皮疹

宝宝最易出现尿布疹。尿布疹是由长时间包裹湿尿布引起的皮疹,家长很容易判断。只要常换尿布,小屁股经常用清水清洗就能预防。湿疹也较易发生,通常在脸上出现一小片红色突起。一般喝牛奶的婴幼儿常见,对健康影响不大。其他类型的皮疹自己不好判断,需经医生诊治。皮疹并不会对宝宝造成危害,但当皮疹合并高热时就应引起注意,应马上就医,因为这表示有更为严重的感染发生。出现皮疹时不能用肥皂清洗,也不能用过热的水来洗,防止局部皮肤受刺激,病情加重。

气喘

宝宝气喘并伴有呼吸急促通常是支气管炎的症状,支气管炎是肺部小呼吸通道被感染的疾病。父母应保证家居无香烟烟雾。如果空气干燥，应使用加湿器，因为空气干燥会使鼻腔内分泌物结痂，不易排出，使呼吸困难进一步加重，容易引起喉痛。宝宝的唇或指尖若是出现蓝色改变，表示宝宝缺氧，应马上就医。

呕吐

呕吐要同溢乳区分开。出生不久的宝宝最易发生溢乳现象，这是由于宝宝喝奶时吸进了大量空气，空气排出时带出部分奶汁所致。溢乳通常发生在进食后不久，奶溢出后，宝宝无痛苦表情；呕吐则可以发生在任何时候，呕吐时宝宝表情痛苦，精神萎靡，呕吐物可为吃进的食物、胆汁（为黄绿色）、血液（新鲜血为红色，陈旧性血为咖啡色）。有时宝宝因为进食过多、噎食或进食后跑跳等出现呕吐胃内食物，这些情况不用去就医，观察一会儿就可以，但当宝宝呕吐并伴有精神不振、腹痛等症状时需要及时去就医，预示有更为严重的疾病。

宝宝的沐浴方法

日光浴

将小床或床垫放在户外选择避光避风而又清洁的地方，让宝宝躺在上面，全身大部分暴露在日光中。第一次仰卧和俯卧各1分钟，以后，每隔2天增加仰、俯卧照射时间各1分钟，最后，1~3岁的宝宝可延长至10~15分钟，3岁以上20~30分钟。通常，做满6天停止

1天,当做满4周时可休息10天。以后可接着进行第二个周期。做日光浴的最佳时间为上午9—12时,下午3—6时,气温以20~24℃为宜。如果宝宝不喜欢静卧,可以让宝宝在阳光下散步、玩耍,但不能太剧烈。

做日光浴时,宝宝出现出汗太多、头晕、头痛则应停止锻炼,或减少日光浴的时间。宝宝皮肤出现灼伤、脱皮、皮疹等情况,也应立即停止。

水浴

1. 健康作用

水温较低的水可使宝宝全身体温调节机能反应加快,经过长时间冷水锻炼,宝宝对外界环境气温的变化适应能力就会增强,比空气浴对体温调节的影响更大。

2. 水浴的方式

(1)温水浴:宝宝出生后,脐带脱落且创面长好就可进行温水浴。应该在20~21℃室温及37~37.5℃的水中做半温水浴,每次7~12分钟。夏天每日2次,冬天每日1次,注意保持水温。每次浴后,可用较凉的水(33~35℃)冲洗宝宝,洗后擦干并马上用毛巾被包裹起来。

(2)冷水擦浴和洗脸:这是一种比较柔和的锻炼,身体较弱的宝宝也可

做。6~12个月的宝宝最初水温应为33~35℃，较大的宝宝还可再低些。应该选择在清晨进行，选用吸水性泡沫海绵块，蘸取35℃的水依次擦洗宝宝的四肢、胸部、腹部和背部，每次摩擦5~6分钟。水温每隔2~3天下降1℃。6~12个月的宝宝水温可降至25℃，学龄前的儿童可降至20~22℃。6个月以内的宝宝皮肤娇嫩不宜做，即使给6个月以上的宝宝做擦浴也要动作轻柔，以免擦破宝宝的皮肤。

冷水洗脸适用于1岁半至2岁的宝宝。洗脸时不仅要洗脸和手，还要洗颈部和腋窝。先稍加热水，然后慢慢把水温降低到15~16℃，洗后用干毛巾把宝宝擦干。

（3）冷水冲淋：冷水冲淋使宝宝全身皮肤同时受到冷水及水流机械压力的刺激，作用较强，因此应该在宝宝2岁时开始。用冲淋喷头和比擦浴用水高1~3℃的水，让宝宝站在有温水的盆中，先冲淋背部，然后依次冲淋胸、腹及四肢，但不要冲淋头部。每次冲淋20~30秒，水温要逐渐降至26~28℃，冲淋的喷头不应高过宝宝头顶40厘米，冲淋完毕后，用干毛巾给宝宝擦身，直到擦得身体发热和轻度发红。最好在宝宝早饭前或午睡后进行。

（4）自然水浴锻炼：宝宝适应了水、风和光的作用时应该开始学习泳浴。泳浴时气温应在20℃，水温也不可低于20℃。开始时只学1~2分钟即可，再逐渐加长时间。先让宝宝沾湿头和胸部，然后再全身浸水，但不能让宝宝在水中停留太久。注意勿让宝宝空腹泳浴，以免引起低血糖。锻炼开始后不宜中断。

小·贴士

水浴注意事项

（1）宝宝身体不适时不要进行水浴。

（2）宝宝身体有汗时必须擦干后再入水。

（3）宝宝水浴时出现身体发抖、嘴唇发青时应立即出水，擦干身体，用毛巾被包裹好。

（4）宝宝出水后先擦干身体，然后再做柔软运动以保暖，不要进行日光浴。

（5）冷水擦浴锻炼如果短期中断而重新开始时，水温应比中断锻炼时高1~2℃。如果中断时间过久，则应保持一开始做泳浴锻炼时的水温。

为宝宝选购食品的要点

天然成分的食品最好

制作的材料若取自新鲜蔬菜、水果及肉蛋类，不含人工色素、防腐剂、乳化剂、调味剂及香味素，则是最好的食品。

适龄适性

宝宝的消化功能是在出生后才逐渐发育完善的，不同的阶段胃肠只能适应不同的食物，尤其是在周岁以内。如3个月以内除吃乳品外，只能喝果汁，4个月后按月龄增加依次添加米糊、菜泥、肉泥等，如果妈妈给一个很小的宝宝买了大孩子的食物，宝宝吃了就会消化不良，甚至腹泻，给宝宝带来痛苦。因此妈妈选买之前最好向营养保健人员进行咨询，或向售货人员请教，以便买到适合宝宝年龄的儿童食品。

经济实惠

许多妈妈以为价位高或进口的食品一定是最好的，给宝宝选择食品时常常求贵贪洋。虽然有些食品价位高，但营养不一定优于价位低的食品，因为食品的价格与其加工程序成正比，而与食品来源成反比。加工程序越多的食品营养素丢失的越多，但是价格却很高。

很多国外产品价格高是由于包装考究、原材料进口关税高、运输费用昂贵造成的，其实营养功效与国内产品差不多。妈妈要根据不同年龄宝宝的生长发育特点，从均衡营养需要出发有针对性地选择，这样花不了多少钱就会收到很好的效果。

少用膨化食品

近年来膨化食品在市场上层出不穷，如油炸薯条、鸡片、虾片等，包装夺目,十分吸引宝宝,商场里出售的儿童大礼包,里面也是清一色的膨化食品。妈妈常常选购它,作为宝宝礼物相送。这一类食品富含糖、盐、味精及香味素,而蛋白质、纤维素、矿物质含量却极低,宝宝吃了不但无营养,还可能引起肥胖症和高血压,因此少选为佳。

慎用补品

有的妈妈认为给宝宝吃补品会促进宝宝生长发育,提高宝宝的智力,因此选购各种营养滋补剂,如含有人参、鹿茸、阿胶、冬虫夏草、花粉等的营养品。这些补品对成人可能有益而无大碍,但宝宝食用却能引发很多不利的后果,如食欲下降、性早熟。因为这些补品中含有激素和微量活性物质,对宝宝正常的生理代谢有影响。如果宝宝身体确实比别的孩子弱,也应该在医生的指导下辨证使用,不能随意去给宝宝选用,否则只会适得其反。

选择天然果汁

天然果汁中不含有香精、食用色素及防腐剂,维生素大部分保存尚好。而配方饮料如果茶、汽水、配制型果汁等,在消毒贮存过程中,维生素被消耗得所剩无几,因此不仅没有营养,而且进入人体内

会引起免疫力下降,刺激胃黏膜,加重肝脏负担,经常食用会损害宝宝娇嫩的肝脏,影响宝宝的正常生长发育。

正确选用强化食品

强化食品是指把宝宝容易缺乏的几种营养素加到食品中制成的一种新食品。它可以改善和提高食品的营养价值,更适合各年龄段宝宝的生长发育需

要。妈妈在选购时，首先要根据不同年龄层的宝宝生长发育特点选购所需的营养和适宜的食品种类。其次，注意营养强化量是否合理，如维生素D的强化量为400国际单位，维生素A为1000国际单位，钙强化至800毫克，铁强化至15毫克，锌强化为10毫克。不可强化量过大，否则会引起中毒，也不可强化量太小而不能起到预防宝宝营养缺乏病的作用。

巧克力、糖果及含咖啡因的饮料不宜多选

巧克力质地细腻光滑，有一般糖果所不能及的浓郁香味，所以宝宝爱吃。但宝宝吃了它却会不易消化，并且由于巧克力味道浓厚，还会降低宝宝味觉的敏感性，使得宝宝食欲下降而不愿吃饭。同时，巧克力如和咖啡因一同用，会使宝宝大脑兴奋而难以入睡。咖啡因还可抑制宝宝大脑细胞的修复，导致细胞突变，从而引起发育障碍。

糖果类食品口感好，种类又多，宝宝们非常喜欢。但其糖分高，热量大，易导致宝宝龋齿和肥胖。

食品的安全和卫生

很多宝宝食品包装中夹带着小玩具，有些并不是食品级塑料制成的，对人体有害，这些小玩具容易被宝宝吞食下去，发生很严重的后果。因此，妈妈在选购时注意看包装上的提示，是否夹带玩具，以保证宝宝的安全和健康。

注意有效日期

正规商家在食品的外包装上一定标有清楚的保质期限，妈妈选买时应该认真看一下。如果是真空密封的食品，若想知道是否有空气在包装内，按盖顶部，有"噗"的声音则说明空气入内，千万不能购买。

食品标签上的小常识

很多宝宝食品的香甜气味是来自化学调味素，商家经常在包装上用一些很吸引人的名称，如"草莓"等让消费者以为真是天然的成分。

此外，人们在食品标签上也经常会看到以下名称：

（1）稳定剂：掺入它可使食物更加香郁可口，是鸡蛋的廉价替代物。

（2）乳化剂：能改善食品的质及使它有更多的空气，通常用来取代鸡蛋或奶。

（3）色素：它们可以使食品看上去既新鲜又漂亮。

宝宝发展检查指标

13~18个月的宝宝

（1）会向后退着走。

（2）能扶着栏杆上下楼梯、台阶等。

（3）在大人的帮助下能够跨过障碍物。

（4）能够堆高四块方形积木。

（5）会用手指表示1。

（6）能把瓶里的小球倒出来。

（7）能够短时间集中注意力。

（8）能够认识常见动物及日常物品。

（9）喜欢参加集体游戏。

（10）能够指出或说出图画中的简单物体。

（11）开始使用动词和礼貌用语。

（12）具有初步的自我服务能力。

（13）白天能够控制大小便。

18~24个月的宝宝

（1）会自如地跑。

（2）独自迈过障碍物，一手扶栏杆上下楼梯。

（3）会一页一页地翻书。

（4）知道常见物品的用途。

（5）认识常见的水果和蔬菜。

（6）会说自己的名字，喜欢听故事。

（7）认识红、黄、黑等基本颜色。

（8）会说完整的句子。

外国新妈妈育儿方法

我来自澳大利亚，我的丈夫是中国人，我们共同生活、工作在北京。2000年11月22日，我们可爱的宝宝出生了。在养育他的过程中，我自己有许多想法和做法，与身边的中国妈妈们存在着差异，虽然也谈不上孰优孰劣，但我愿意与大家交流一下育儿的经验。

自己带宝宝

我休了3个月产假，这期间没有请保姆，一直是自己带宝宝。我不想让别人住进我们家，不愿因为多了一个宝宝而改变家庭的生活习惯。身为母亲，我必须学会自己带宝宝，我是妈妈，我的责任就是养育宝宝长大成人，不需要别人来做这件事。

重新工作后，保姆也只是在我上班的时间里照料宝宝，一回到家，我就立刻从职业女性变成专职妈妈了。

带宝宝出门不怕早

刚从医院出来，我就特别想见见朋友，想去外面吃饭，而且带着宝宝一起去。把出生才两三个星期的小宝宝带到外面吃饭，这在好多中国妈妈看来是个疯狂的举动。其实没有那么可怕，只要给宝宝穿好了，早一点出去对他有好处。我的宝宝从没有感冒过；对别人还特别友好，因为他见的人多，平时他一出来大家都来抱，他也知道人家喜欢他，所以不怕陌生人；同时还能解放妈妈，困了，我就把两张椅子并在一块儿让他躺下，他能睡二三个小时，我该做什么就做什么。

宝宝刚满月，我就带他坐飞机回澳大利亚过圣诞节。在首都机场办手续时，海关人员还劝了我半天，说这么小的宝宝还是不要带了。但我心里有底，只要在飞机降落时给他喂水或喂奶，他的耳朵就不会受到伤害。后来我们在澳大利亚过完圣诞节，又回中国过了春节。

抱宝宝的习惯也不同

平时带宝宝外出，我喜欢用抱带，可是经常会在大街上碰见好心人对我说："你这样做妈妈可不行，宝宝长大后会腰疼的。"我不太相信这个说法，他就在我的身上，会有什么危险呢？每个妈妈都和自己的宝宝有同样的感觉，宝宝要是不舒服我会感觉到的。我确实认为抱带是非常科学、实用的，它能解放妈妈的两只手，宝宝又能直接靠在妈妈身上，听到妈妈的心跳，获得安全感。等他长大一点了，还可以让他面向外，这样宝宝就能看到许多人和事，大开眼界。

我还发现所有的中国妈妈一开始都是横着抱宝宝，医生也是这么教的，但我的宝宝一出生就是竖着抱。这样对他的颈部有帮助，使他的头很早就能够直立。我们小区里的宝宝每天都出来晒太阳，别的妈妈都说，我的宝宝很好抱，比较结实，因为他的头总是直立着。

让宝宝自己睡

宝宝要有单独的房间，从一出生就应该这样。宝宝睡觉时可能会有一些小问题，但应该让他自己调节，也要相信他有这个能力。其实，当宝宝真有解决不了的问题时，他会哭、会向妈妈求助，而妈妈肯定能够感觉到、听到。这也有利于妈妈的睡眠。最重要的是，他以后不会太依恋母亲，生活中遇到困难，也会自己想办法解决的。

宠物帮忙

万一睡觉时听不到宝宝的动静，我们家的猫也会来把我叫醒的。

怀孕时，有人劝我把猫送走，怕它影响胎儿的正常发育。我请教了医生，医生说只要给猫喂冷冻过的食品，它就不会染上弓形虫，也就不会影响胎儿了。小动物也是家庭成员，不能因为宝宝打破原有的家庭秩序，而且，宝宝和小动物一起长大，就要学会尊重小动物，学会许多事，对宝宝的成长有好处。我第一天从医院抱着宝宝回到家，猫就上来闻，他们一定会成为朋友的。

宝宝打妈妈的应对方法

分析宝宝的发展时期

2岁前的宝宝，其认知发展阶段处于感知运动时期，宝宝的语言能力刚刚萌芽，正在牙牙学语，掌握的那几个有限的词汇不足以帮助他们很好表达自己的感受和要求，与外界交流主要是通过自己的感觉和动作。你的宝宝生气时打自己的头、用头撞墙撞门、揪你的衣服或打别人等，都是在用动作来表达自己的愤怒，这正是这个年龄阶段宝宝的特点。宝宝个性越强，表现的就越充分一些，只是这些动作不太恰当，不是伤害自己，就是伤害别人。若任其发展下去，会给宝宝的身体造成危害，也会影响宝宝和别人的交往。

选择这些动作作为表达愤怒的方式并不是宝宝的过错，1岁多的宝宝没有能力去鉴别哪些动作是有害的，哪些又是无害的，更不会知道这样的动作可能给自己带来什么样的危险。这些是非对错的判别需要成年人去教给宝宝，只要教的方式符合宝宝的年龄特点，宝宝是有能力接受的。

认真想好对策

既然不能做到不让宝宝生气，又不能让宝宝生气时打自己或打别人，那就应该在限制宝宝不好的行为的同时教给宝宝怎样做才是好的。可以尝试以下方法：

1. 替代物

可以让宝宝打枕头、沙袋之类的软的东西，或是买一些小的气球让宝宝去踩等。

2. 讲道理

待宝宝气消后一定要对宝宝说："以后生气时不能打自己的头，打多了小脑瓜会变得不聪明的；也不能往墙上和门上撞，那样头会破，会流血，小脑瓜会受伤，人就会变傻了；也不能打妈妈或是别人，别人也会疼的，会不高兴的，以后该不爱和宝宝一起玩了。"说的时候可以做出很疼的样子，给宝宝一个直接的经验，加深宝宝对别人疼痛的理解。

3. 训练语言能力

随着宝宝年龄增长，语言功能逐步完善，应训练宝宝通过言语来表达感受和需要，告诉宝宝有什么要求和不快就说出来，和妈妈共同解决。

4. 成人注意自己的行为

在训练和改变宝宝的不合适的行为过程中，需要提醒的是，宝宝周围的成年人要注意自己生气时的表达方式，不能动手打宝宝或是打别人。1岁的宝宝已经有很强的模仿能力，许多行为很可能就是从周围成人那里学来的。对宝宝从别的渠道，如电视或同伴处看到的不合适的行为，要予以否定，告诉宝宝这样做是不对的，妈妈不喜欢这种行为。

宝宝"能说会道"并不难

多元智能理论中，语言智能被解释为"运用于听、说、读、写中的智力，主要与言语的运用有关"。或许这样说更清楚明白：语言智能发达的人，能通过口头或书面的言语有效地与他人进行沟通，擅长语言的理解和

小·贴士

让自己的宝宝快乐是天下所有妈妈的心愿，当宝宝的需求得到满足时，宝宝自然是快乐的。只是有些妈妈以为让宝宝吃好的、穿好的就可以了。吃穿只是宝宝成长和发展的基本需要，除此以外，儿童还有许多心理发展需求。尤其对于3岁以下的宝宝来说，安全的亲子依恋关系是健康自我发展的关键。早期自我能否健康发展取决于亲子交往的质量。父母对宝宝充满爱心，给宝宝以安全感；一以贯之地对宝宝的需要作出敏感的反应，使他享受满足感；热情地鼓励孩子的进步与努力，使他体验成就感；合理地安排和组织好宝宝的生活环境，让宝宝感觉到周围环境的规律性及环境变化的可预测性。这些都有利于积极健康的自我发展。

运用。

从以上定义中，我们了解到语言的两种形式：书面语和口语。对于妈妈们最关注的宝宝语言智能的发展，口语是更为重要的方式。科学工作者曾做过一个统计，在成年人的世界里，人与人的交往差不多90%是通过口语沟通的，只有约10%是用书面语进行交流的。由此可见口语的重要性，更何况宝宝尚不懂得舞文弄墨呢！

科学家的研究结果表明，宝宝1~3岁，是发展口语的全盛时期，是学习的最佳时机。要是错过了这段时间，会对宝宝的语言和智力发展造成不可弥补的损失。语言的学习是具有连贯性的，前一阶段的发展必然会影响到后一阶段的发展。也就是说，宝宝的口语发展是不是良好，会直接影响到以后的书面语形成，语言又是宝宝学习知识和发展人际关系的基础，如果语言发展不良，对宝宝的认知能力和社会生活能力都会产生不利影响。

那么，如何打造一个"能说会道"的宝宝呢？

1. 1岁之前是宝宝的语言准备阶段

宝宝出生时的第一声啼哭就是宝宝向这个世界打的第一声招呼。宝宝出生后，就会用声音、表情、身体动作来表达需要和感觉。宝宝从出生到1岁，是他们学习语言的准备期，这个阶段中，宝宝学习发音、进行许多声音游戏和发音练习，如对妈妈发出"da-da"的声音，并且能对妈妈的逗引进行回应。与此同时，宝宝还会努力地学习理解成人的话语、表情和举动，并且模仿成人的声音。大多数妈妈都有体验，当对着六七个月的宝宝皱眉头时，宝宝也会慢慢地不那么调皮了；当你的笑脸绽开时，宝宝也会慢慢微笑起来。这些都是宝宝在学习沟通的技巧，而这又是宝宝学习口语的基础，所以妈妈要给宝宝足够的逗引和回应。

2. 1~1.5岁是训练宝宝单词句的阶段

经过差不多一年时间的"养精蓄锐"，宝宝终于开始可以说话了。宝宝到了1岁以后就开始可以说出别人能逐渐听懂的话了。这个阶段，宝宝说话有两大特色：用重叠的单音字在不同的情况下表达不同的意义，比如他叫"妈妈"，除了叫妈妈之外，还可能包含"妈妈抱我""妈妈给我吃奶""妈妈快来"等多种与妈妈有关的事情；另一大特色是以声响代替物体的名称，比如把狗说成"汪汪"。这一阶段的宝宝实在可爱，需要妈妈具备"心有灵犀一点通"的悟性！

3. 1.5~2岁是培养宝宝多词句的阶段

1岁半的宝宝很有天资了，他们的词汇量迅速增长。科学工作者经大量研究发现，宝宝在12~15个月期间，词汇的增长速度大约是1岁时的6倍，到了两岁左右，几乎是1岁时的100倍。这时，宝宝说的话已经有了更多的动词和形容词，比如"苹果，大，香香""妈妈抱，街街"。妈妈此时要做的就是多和宝宝说话，让宝宝最大限度地获得更多的词汇。

宝宝记忆、思维、创造力的培养

培养方式1　配对子游戏

目的：

培养宝宝认图的能力和思维力。

内容：

妈妈可以自己画一些简单的图，也可以找现成的图剪成小卡片让宝宝学习，找出两张完全相同的图让宝宝配对子。比如，宝宝在一堆图片中抓起一个小狗图片，然后又在大堆图当中找到另一个小狗图片。当宝宝开始认汉字和数字以后，可把字卡混入图片当中，让宝宝玩字卡配对。

指导：

宝宝在最初玩此游戏时，家长一般准备三四对图片即可。随着宝宝知识经验的增加，再逐渐增多。

培养方式2　回家

目的：

培养宝宝的再认记忆能力。

内容：

宝宝经常随妈妈或爸爸在家门口出出进进，渐渐学会认路。宝宝最先学会认识走回家的路途。宝宝会记住楼前的店铺或广告牌，农村宝宝会记住某棵树或者某个山坡。家长可以在每次回家时让宝宝走在前头"带路"，锻炼宝宝从经常去的菜场或常去的任何附近的地方认路回家。刚开始先从胡同口让宝宝"带路"，再在大街口或在公共汽车站试着让宝宝"带路"，以后去奶奶家或姥姥家也可让宝宝"带路"。宝宝有喜欢记公共汽车站牌，转弯之前的店铺，橱窗上的东西，旁边的大广告或楼房的特点，大人可以替宝宝找出可识认的标志，下次再来时就可请宝宝"带路"。宝宝很喜欢记认和带路，甚至在公共汽车上也喜欢学习背诵各个车站的站名，记住到哪一个站下车。

指导：

在日常生活中应该有意识、有目的地进行此活动。最初宝宝主要是通过周围的环境，如房子的形状等学习再认。在开始训练时，家长应该多让宝宝注意观察周围的环境，进行形象记忆。

培养方式3　看电视

目的：

通过视、听觉的刺激来培养宝宝的记忆力。

内容：

（1）宝宝和妈妈坐在一起看电视，电视的内容一定要选择宝宝爱看的节目，比如少儿节目《大风车》等。

（2）看电视节目要定时，比如坚持在每天傍晚18：30看中央电视台《大风车》节目，渐渐宝宝就会对这个节目产生兴趣，并且知道每个栏目的下一栏目是什么，锻炼宝宝的记忆力。

指导：

（1）宝宝看电视的时间不宜太长，以免影响宝宝视力。以15~20分钟为宜。

（2）宝宝看电视时不宜离电视屏幕太近。

（3）电视的声音不能太大。宝宝听觉器官还未发育成熟，耳膜还比较薄弱，过大的声音会刺激宝宝耳膜产生疼痛。

培养方式4　宝宝搭桥

目的：

进一步培养宝宝的操作能力和想象力。

内容：

宝宝会用积木搭高楼和火车之后，可以教宝宝用三块积木搭桥，在搭桥的基础上让宝宝学搭三块积木的金字塔。搭桥及金字塔的要领是要宝宝把积木分开留出一定的空隙，将另一块放到两块积木的空隙之上。空隙留得要合适，如果太宽上面的积木就不稳。宝宝要自己试几次才能学会搭桥，会搭桥之后才可进一步学搭金字塔。

指导：

妈妈在教宝宝搭桥、搭金字塔时，只要教给宝宝要领即可，不可全盘包办。

培养方式5 认识汽车

目的：

训练宝宝的观察力与记忆力，培养宝宝对图画的兴趣，教会宝宝看图画。

内容：

妈妈带宝宝到马路上观看来来往往行驶的汽车，并指着汽车对宝宝说："看！汽车嘟嘟。"让宝宝学说"汽车"名称。在家中，用小汽车玩具和宝宝一起玩开来开去的游戏，口中说："嘟嘟——汽车开了。"妈妈把汽车藏起来后问宝宝："汽车开到哪儿去了？"在宝宝找汽车时，妈妈将用红色蜡笔画的汽车图画拿出来说："看！汽车开来了。"给宝宝看图画并教宝宝学说"汽车"，然后，妈妈拿着汽车图片和宝宝"开着"玩。

指导：

此游戏可以推及其他方面。在日常生活中，妈妈可以让宝宝多次重复看其他实物与图形，说出名称，如狗、猫、火车、飞机等实物（或模型）和图像。

培养方式6 过家家

目的：

（1）训练宝宝的记忆能力。

（2）训练宝宝的想象力和语言表达能力。

内容：

妈妈准备一把小匙、一个小碗、一个布娃娃。让宝宝抱着布娃娃,妈妈说:"让我们来喂娃娃吃饭吧。"此时宝宝可能会出现用匙子从碗中舀一匙,然后喂到娃娃口中的动作,这是宝宝对个别动作的机械重复模仿。这种情况下,妈妈可用语言启发诱导宝宝:"妈妈喂你的时候说什么了?""娃娃吃饭了,抱起来拍拍,别忘了给他擦嘴。"这些话可以激活宝宝的记忆(重现),启发他的想象,帮助他由对单个动作模仿过渡到对整个活动的模仿。同时,在游戏中与宝宝交谈还可发展宝宝的口语表达能力。

妈妈还可以引导宝宝给娃娃换衣服、看病、打针,哄娃娃不哭、睡觉等。

指导:

妈妈在游戏过程中要以儿童化的口吻同宝宝交谈,积极启发诱导宝宝记忆、思考,而不是全盘包办。

培养方式7　玩沙子

目的:

(1)培养宝宝的感知能力。

(2)在游戏中,宝宝通过手的动作来体验创造的快乐,发展创造力。

内容:

妈妈领宝宝在户外活动的时候,找一堆沙子,让宝宝自由地玩。在玩之前,妈妈要耐心地告诉宝宝不要扬沙子,不要用沾沙子的手去揉眼。

印脚印:妈妈和宝宝在沙堆上印脚印玩,比一比谁的脚印大,谁的脚印小;也可以让宝宝把小脚印印在妈妈的大脚印里,引起宝宝对该活动的兴趣。

做"馒头":妈妈和宝宝一起把沙子装入各种形状的小碗或其他器

皿内,拍硬后倒扣在地上,轻轻地拿走容器,"馒头"就做成了。

挖挖、堆堆:用铲子或其他器具堆一座小山,插上一些小树枝、小花,或者挖一个洞,建一座桥,盖个房子等。在挖和堆的过程中让宝宝用手感知沙的特性,并在此过程中培养宝宝的创造力、想象力。

指导:

(1)喜欢玩沙是宝宝的天性,但有许多妈妈因怕宝宝弄脏衣服而不让玩,这其实是非常错误的做法,并且错过了教育的良机。科学家们把宝宝玩沙、玩水的游戏称为"感知运动游戏",认为在这种游戏中宝宝能够很好地锻炼感知觉,并可发挥丰富的想象力和创造力,可使宝宝在自由的游戏中获得无限的乐趣。

(2)妈妈在放手让宝宝玩沙子的时候,也要留意沙堆的质量,即沙堆是否清洁,是否混有尖锐的物品,如钉子、碎玻璃等,并予以清除,保证宝宝的安全。

(3)如果同时有几个宝宝一起玩沙,要提醒宝宝不要往对方的脸上扬沙子。

(4)假如宝宝没有机会玩沙子,妈妈可以将大米作为替代材料放在盆里或纸盒内让宝宝玩,这也是饶有趣味的一种活动,也能达到同样的教育效果。

培养方式8 想一想,分一分

目的:

训练宝宝的观察力、想象力,提高宝宝分析问题的能力。

内容:

(1)妈妈可准备爸爸、妈妈、宝宝的衣服各一件,裤子各一条,鞋子各一双。妈妈把这些东西铺开放在床上(鞋子放在地上)。

(2)准备就绪,开始游戏。妈妈告诉宝宝:"这是爸爸、妈妈、宝宝三个人的衣服和鞋子,请宝宝把它们分开。"

(3)宝宝开始发挥自己的记忆力,想一想哪件是爸爸的,哪件是妈妈的,哪一件是自己的。这需要宝宝运用自己的观察力、注意力,加上记忆力,并且细加分析,以锻炼宝宝的综合能力。

指导:

宝宝如有出错,妈妈应及时纠正并告诉宝宝出错的原因。

妈妈育儿有方法，
宝宝健康做"加法"

为了帮助你更好地阅读本书，我们提供了以下线上服务

快 来 学

- 【宝宝辅食攻略】　花样辅食学着做，宝宝营养又健康
- 【宝宝疾病预防】　面对问题不焦虑，做好预防少生病

跟 着 做

- 【婴儿护理手册】　日常护理有参照，抓好生活小细节
- 【亲子益智游戏】　亲子互动手指操，玩出聪明宝宝

来 分 享

- 【育儿交流群】　育儿过程有困难，宝爸宝妈来帮忙

 微信扫码，添加智能阅读向导
对照【身体指标】，了解宝宝发育情况

PART ②

1岁4月至1岁6月

　　此阶段的幼儿已经能够控制自己的大便了，在白天也能控制小便，即使来不及尿湿了裤子也会主动示意。

　　他们喜欢规律的生活，对所有的突然变化都会表示排斥。行走能力也已经达到一定的高度，可以倒退走、跑，还能扶着栏杆一级一级地爬上台阶，可却还是喜欢四肢并用地爬台阶。

　　随着他们活动范围和活动花样越来越丰富，宝宝开始认真地学习语言，翻动书页，选看图画，能够叫出一些简单物品的名称。开始能够有耐心和兴趣去学数数、听妈妈念儿歌，会眼看妈妈的节奏说出每句儿歌的最后一个押韵的音。这个时期是教孩子说话的好机会，妈妈不要错失良机。

育儿方法
尽在码中

看宝宝辅食攻略，
抓婴儿护理细节。

第
一
章

1岁4月

育儿方法
尽在码中

看宝宝辅食攻略，
抓婴儿护理细节。

1岁4月宝宝的养护

生理发育

体重增加约0.18（女）~0.17（男）千克。

身高增加约0.83（女）~0.8（男）厘米。

摆动双臂随大人做4个方向的运动。

用4块积木造塔。

会脱袜子。

宝宝的心理特点

喜欢室内追逐打闹，拖着物品行走，模仿成人的语言和动作，指眼、耳、鼻、口、手，到室外环境中活动。

育儿要点

（1）制定宝宝一周食谱。

（2）学习社会交往。

（3）登高跳下，跨障碍物。

（4）捡豆，在纸上涂画。

（5）逛动物园，学认动物。

（6）学藏猫儿。

（7）宝宝衣着与穿衣能力训练。

宝宝的食谱制定

1~1岁半宝宝一周食谱				
时间	早餐	午餐	点心	晚餐
星期一	牛奶 鸡蛋羹 面包片	米饭 肉末炒油菜 豆腐汤	水果 面包片	肉末黄花菜面
星期二	牛奶 肉末豆干菜粥	米饭 鸡丝炒青椒	水果 煮鸡蛋	肉菜饺子 菜叶汤
星期三	牛奶 肉末青菜豆粥	米饭 清蒸鱼肉 炒碎菜	水果 饼干	肉菜包子 西红柿鸡蛋汤
星期四	牛奶 面包片 荷包蛋	米饭 炒猪肝 炒碎菜	水果 枣泥粥	千层糕 肉末白菜豆腐汤
星期五	牛奶 肉末青菜面条	米饭 肉末豆腐丸子	水果 代乳粉	面片 鸡蛋炒菠菜
星期六	牛奶 玉米面小米粥	米饭 鸡丝炒青菜 碎豆腐干	水果 蛋糕	馄饨 鲜肉末胡萝卜
星期日	牛奶 茶蛋 馒头片	米饭 烩鱼泥豆腐青菜	水果 豆沙酥饼	花卷 炒青菜 肉末西红柿

宝宝的饮食方法

（1）将一天应食入的食材均匀地分配到三餐和点心之中，每餐多种食物混吃。

（2）将一天应食入的优质蛋白质（动物类和豆类）均匀地分配到三餐中。午餐应略多于早、晚餐。

（3）安排每日蔬菜种类和数量，其中橙绿色蔬菜必须一半以上。

（4）注意膳食的多样化。菜肴每天三餐应不同，最好三天内不重复。如条件有限，同种食物可采用多样化的烹调方法。

（5）要根据季节、市场供应情况和宝宝口味及时调整食物种类。

宝宝的衣着

1. 便于穿脱

1岁宝宝可以逐渐培养自己穿、脱衣服的习惯。宝宝的衣服不要有许多带子、纽绊和扣子，内衣可为圆领衫，外衣可钉2~3个大按扣，使得宝宝容易穿脱。

2. 不影响活动

（1）上衣要稍长，以免宝宝活动时露出肚子着凉。

（2）衣着不宜过于肥大、过长，使宝宝活动不便，也不宜太瘦小，影响动作伸展。

小·贴士

原则性+灵活性

1岁以后的宝宝已有自己选择食物的倾向，所选的食物也常常适合自己的生理需要，而宝宝每日或每餐的食欲和成人一样也会有所波动。这种"顺其自然"的择食方法，可在较长一段时间里使饮食中的各种营养素自动达到平衡。妈妈强迫宝宝吃不喜欢的食品，甚至责骂他，易使宝宝引起逆反心理或进食畏惧，导致宝宝食欲不振。妈妈安排宝宝食谱和饮食时，既要有原则性，也要讲灵活性。

（3）衣领不宜太高太紧，以免影响宝宝呼吸，限制头部活动。

（4）女孩不宜穿长连衣裙，最好穿儿童短裤，以免活动时摔跤。

避免宝宝淘气与受气

（1）要教宝宝学会分享，知道好的玩具和别的小朋友一起玩更有意思。3岁以下的宝宝玩的时候，妈妈要参与，带着宝宝一起玩，因为3岁以下的宝宝只会自己玩，不会和别人进行合作游戏，一旦发生冲突，便会不知所措。

（2）当宝宝的东西被别人抢去了，应立即对抢东西的宝宝说："你想和我们一起玩对吗？"接着，把被抢的东西拿过来，并招呼自己的宝宝一起重新开始游戏。这样不露痕迹地制止抢东西的行为，既没有吓着抢东西的宝宝，也让自己的宝宝看到了如何应付这样的场面。

（3）当宝宝需要拿回自己的东西时，不能让宝宝去抢回自己的东西，也不能指望3岁以下的宝宝独自通过语言要回自己的东西，一则他们的语言表达能力有限，二是别的宝宝不合作时，他便没有了应对方法，从而怀疑这种方法的有用性。最好的办法是，牵着宝宝的手，一起去对抢东西的宝宝说："你是不是特喜欢这个东西，下次我们一起玩！现在先把东西还给我们好吗？谢谢！"最好是妈妈说一句，让自己的宝宝也说一句。面对妈妈的压力，抢东西的宝宝一般是会合作的。妈妈的言行就成了宝宝观察学习的范例。

（4）当自己的宝宝抢别人的东西时，要及时温和而耐心地制止，不能打，也不要大声呵斥。要指出抢别人的东西是不好的行为，爸爸、妈妈不喜欢，被抢的小朋友会很难过、会哭，别的小朋友也不欢迎。接着，要求宝宝先归还东西，并对宝宝说："现在先把东西还给别人，如果你真的很喜欢，下次可以请他借给我们，或是邀请他和我们一起玩。"如果条件允许，也可承诺为宝宝买一个。

带宝宝出行旅游

确定出行的人选

应该让爸爸和朋友一块出行，这样，如果遇到问题也可帮着出主意或协助照料宝宝。

安排最佳出行时间

搭乘飞机或乘车的时间最好选在宝宝容易睡着的时候。

给宝宝做一次体检

只要是足月的宝宝便可携带外出。这样不但会使宝宝的运动量增加而促进食欲，并能安抚宝宝的情绪而减少夜啼，满足宝宝好奇爱动的需要而促进智力发展。但出行前最好做一次体检，以确定宝宝的身体状态，同时应该向医生请教行程中容易发生哪些疾病及其应对策略。

提前订餐

飞机上的标准餐可能对宝宝并不适宜，因为菜里含有较多的盐，主食通常也是营养价值不高的甜点。所以，应在起飞之前24小时预定宝宝特餐。

特备摇篮

带2岁以下的宝宝乘飞机，要事先通知航空公司，并询问能否为宝宝准备一个睡觉的摇篮，或先去航空公司查询一下哪一次班机乘客少，或许能有空座位给宝宝用。

预订座位

稍大一点儿的宝宝，妈妈也一定要声明自己是带着一个小宝宝，搭乘飞机

时最好预订各区段第一排的座位，并询问飞机上是否有婴儿专用台或婴儿床，千万不要接受长排座中间的座位，否则无论是对你还是对旁边的旅客都不方便。乘坐火车时要求预订下铺，这样在行程中宝宝就会有较大的活动空间。

预订旅馆

预订有婴儿床的房间，这样照料宝宝时十分方便。

国外旅行

妈妈应该先去定点国际旅行卫生保健中心门诊进行咨询，了解当地的卫生情况，是否有疫情，应怎样预防。并在医生的指导下带上保健药盒，如准备一些解热止痛药、防晕药、抗菌消炎药、防蚊虫药和外用绷带等。

列出物品清单

食品：

（1）如果宝宝尚在哺乳期，妈妈则无须专门为宝宝准备什么。应当为自己多准备一些水，因为旅途中会觉得口渴。如果给宝宝喂的是奶粉，则应当用瓶装水冲奶粉。

（2）大点的宝宝，妈妈应当为其随身携带两餐食品及一些健康小零食、酸奶等，以应付意外的耽搁或宝宝拒绝吃饭的情况。

衣服：

（1）妈妈应至少为宝宝携带两套衣服，以便能迅速更换。

（2）妈妈应该为晕车的宝宝带两个大塑料袋，做成口兜，套在宝宝脖子上，以便处理呕吐物。

（3）妈妈应该为宝宝带上足够两天甚至更长时间使用的一次性纸尿裤，以免到时麻烦。

（4）如果是往水边去，妈妈应该准备一个适合宝宝的救生衣。

（5）给宝宝戴上一顶帽子，涂上防晒油，还应为刚会走的孩子戴上太阳镜。

（6）关注一下目的地的天气情况，带上相应薄厚的衣物。

装备：

（1）妈妈带上宝宝的"宠物"，如一条宝宝特别喜欢的毛毯或毛绒玩具。

（2）为宝宝带一个可洗的外套或毛巾。

（3）为宝宝带上轻便儿童车。

（4）前置式婴儿兜可解放你的双手，并且使陌生人的细菌不接触宝宝的面部。带有扣带的后置式婴儿兜最适于刚会行走的宝宝。

（5）带上换纸尿裤时用的垫子和湿纸巾，随时给宝宝换纸尿裤和清洁小屁股。

（6）准备一些宝宝经常使用的卧具，比如一条毯子或一个小枕头。

（7）可密封的塑料袋能派上许多用场，它们可用来装食品、脏纸尿裤、脏衣服等。

（8）带上宝宝惯用的洗护用品。

（9）随身携带的医药箱里应有退烧药、温度计、防晒油、抗生素、红花油、创可贴、用于清洁鼻腔的盐水滴鼻液和滴球及镊子等。

宝宝支气管炎的防治

什么是急性支气管炎

急性支气管炎为1~3岁宝宝常见疾病，大多是继发于呼吸道感染后。引起上呼吸道感染的病毒都可成为支气管炎的致病菌，少部分支气管炎是在病毒感

（1）患急性支气管炎的宝宝一般不像肺炎那样气急和口唇发绀。

（2）可发烧也可不发烧，稍大的宝宝症状大多较轻。

（3）患喘息性支气管炎的宝宝发病年龄以2岁以下的多见，主要症状为发烧、咳嗽和喘息。与支气管哮喘不同的是，它是由呼吸道感染引起的支气管炎症，所以以抗感染治疗为主要措施。支气管哮喘的发病年龄大多为4~5岁以后，一般无发烧和咳嗽症状，仅是喘息很厉害，通常有家族史和婴儿湿疹史。它是因花粉、粉尘、虫螨等过敏引起的，治疗上主要是解除过敏原，控制哮喘发作。

染后继发了细菌感染引起的，营养不良、佝偻病也可以是支气管炎的诱发因素。

急性支气管炎的表现

咳嗽是急性支气管炎的主要症状。一开始为干咳，逐渐有痰并咳嗽加剧。可以是一声声的咳嗽，也可以是阵发性的咳嗽。痰液增多时，由于宝宝不会咳出，往往咽入胃内。在宝宝呼吸时可听到气管中痰的呼噜声。通常，痰为黏液状，如果咳出黄白色的痰则表示已继发了细菌感染。

关于喘息性支气管炎

有些宝宝除了有以上急性支气管炎症状外，还可出现独特的特征——喘息，这种情况多见于2岁以下体形虚胖的宝宝。喘息可以是阵发性的，也可以是持续的，容易反复发作。有此症状的宝宝常为过敏性体质，曾患过湿疹或有其他过敏史，因此称它为喘息性支气管炎。

喘息性支气管炎的表现以刺激性咳嗽和喘息为主要症状，宝宝不咳嗽时常能在喉部听到痰鸣，当宝宝哭闹、烦躁时，咳喘会加剧，出现呼吸困难，并且喘鸣音变得很响，就像拉锯发出的声音，尤其是夜间较明显。由于易反复发作，部分患儿日后转变为支气管哮喘（与喘息性支气管不同的一种过敏性气道炎症）。

支气管炎的防治和护理

（1）没有并发细菌感染时应以中药和对症治疗为主要措施，即服用清热解毒的冲剂或草药。体温38.5℃以上，要遵医嘱服用退热药，如果宝宝服用后仍不退热可采用酒精擦浴。一旦有脓性痰或化验血白血球升高时，赶快加用抗生素，疗程一般为5~7天。

（2）服用止咳祛痰药。干咳痰少时用咳必清，咳嗽痰多的宝宝可用必嗽平，咳嗽伴气喘用咳喘平，中药半夏露、枇杷叶、小儿珍见散都可止咳祛痰。

（3）频繁咳嗽或夜咳影响宝宝睡眠时，可给少量镇静剂，如非那根片，但应该在医生指导下使用。

（4）给患喘息性支气管炎的宝宝使用平喘药、抗过敏药及止咳平喘的祛痰中药。

喘息性支气管炎很易反复发作，并有发展为哮喘病的可能，因此在治疗时间上一定要长些，以彻底治愈。不可当宝宝喘息时就赶快求医用药，而病情一好转就过早地停服平喘药。

护理：

（1）让宝宝卧床休息，多喝开水。室内空气不要干燥，湿度以60%～65%为宜；温度也不要过高，以20℃为好，这样可防止痰液黏稠而不易排出。

（2）经常调换宝宝躺卧的体位，或经常拍拍宝宝的后背，以利痰液的咳出。

（3）宝宝痰稠不易咳出时，可支气管雾化吸药。

预防：

寒冷季节避免宝宝上呼吸道感染，一旦感染应该积极进行治疗，以防感染向下发展而引起支气管炎。

培养宝宝当助手

宝宝那双会走路的小脚可以让他畅行无阻了。他的探索之旅绝无禁区，每一天都充满新奇的发现。模仿父母和身边的同龄小伙伴，是宝宝学会独立的一个重要途径。

你操持家务时，宝宝跟着你走来走去，俨然一副忙碌的模样。你的一举手一投足，不经意间就被宝宝学会。而穿衣脱鞋、擦桌子、扔垃圾、搬小凳、递纸巾等这些日常家务对宝宝也是很好的手眼协调锻炼，更可以促进语言理解和记忆能力。

所以，妈妈要不失时机地多让宝宝有这样的一些服务的机会，让宝宝充当小助手。宝宝一定会非常乐意为你效劳，高高兴兴地跑来跑去。当孩子完成指令，妈妈要说"谢谢"，并给宝宝一定的夸奖，让宝宝感受成功的喜悦。

当宝宝玩得无聊时

当宝宝玩得无聊时，父母可以帮助宝宝改变玩的花样，使游戏多元化，让宝宝重燃玩的兴致。不妨试试以下方法：

（1）利用玩具或物品做一个不寻常的动作（如把杯子放在头上），隔了几天，看看宝宝是否还能记得这件事。

（2）"藏起来找出来"的游戏，是最能启发宝宝好奇心与智慧的亲子游戏，除了变化情境与内容，玩时用儿语和鼓励的语调，会让这个游戏更加好玩。

（3）改变玩具的摆设位置或操作方式，看看宝宝是否能察觉；当玩具有破损时，可以引导宝宝试着去修复，或以其他的方式来替代，如此能增加宝宝解决问题的能力。

（4）鼓励宝宝将不同的玩具或游戏进行整合。例如，让玩偶与积木一起作为盖城堡的材料，以故事接龙的方式教宝宝，使盖城堡的活动更加趣味化。

（5）将宝宝的游戏空间定期整理，或更换物件（原则上每周可更换一次），不同的组合方式可以激发宝宝更多的创意。

车里为宝宝安放安全座椅

大型的商场里会购买到儿童汽车安全座椅。并不是所有的车都能安装安全座椅（比如赛车、跑车），也并不是所有的宝宝都能使用汽车安全座椅，"座椅说明"会对宝宝的体重及身高做要求，购买时要考虑宝宝的自身情况，向销售人员咨询。

注意：

（1）只有符合体重、身高的宝宝才能使用。

（2）不能确定是否固定好了安全座椅的座席不能给宝宝使用。

（3）在汽车安全座椅卡扣打开的情况下不能使用。

（4）肩带不能在宝宝肩部以外的位置使用，发生撞击或急刹车等情况时有可能勒紧宝宝的脖子或头部等处。

（5）宝宝汽车安全座椅仅供一人使用，不能同时让两个宝宝乘坐。安装肩带、腰带时不能有拧在一起或松弛的现象。

（6）位于上下通路的座席不得安装安全座椅，防止发生撞击等紧急情况时里面的人出不来而造成重大事故。

（7）在行车过程中，不要进行儿童汽车安全座椅的操作，如带子的调节、斜躺的操作。

（8）在宝宝半蹲、站立、跪坐的情况下不能使用儿童汽车安全座椅。

（9）在使用汽车安全座椅时，不要让宝宝独自留在车内。

（10）儿童汽车座椅应避免日光直射，特别是停车时。由于卡扣易变热，有可能造成宝宝烫伤。为防止烫伤，请在确认卡扣不热后再让宝宝乘坐。

（11）在使用汽车安全座椅时不要让宝宝接触卡扣按键，如果卡扣被打开，有可能发生危险。

（12）不要在儿童汽车安全座椅下面放垫子、座垫等，因为在行驶中座垫会移动，易造成危险。

（13）安全带卡扣不能安装于儿童汽车安全座椅的棱角处，否则行驶中有可能由于带子松懈而发生危险。

（14）肩带、胯带上有损伤、烤焦等情况时不能使用，因为在急刹车或发生撞击时这些有破损的地方有可能断裂。

（15）在汽车上安装安全座椅后，即使宝宝不乘坐时，也要固定好，防止发生撞击或急刹车时移动并撞到车内外的人。

（16）不要将果汁等洒到安全带卷曲装置或卡扣上。

（17）大人要以身作则，上车后系好安全带。同时让宝宝养成上车后必须先在汽车安全座椅上坐好的习惯。

宝宝上厕所训练法

准备

开始入厕训练时，宝宝准备越充分，训练就会越顺利。但不能订立最终期限，使宝宝受到不必要的压力。

如果宝宝能做到以下几点，他就可能准备好了：

（1）能够模仿妈妈的行为，包括妈妈在入厕时的习惯。

（2）宝宝开始把东西放在该放的地方，并有兴趣在自己周围的世界中创造秩序。

（3）宝宝能做出想控制自己，而不是被别人控制的表现，以表明其独立性（如说"不"）。

（4）在宝宝需要排泄的时候会先告诉你。

（5）能够表现出对入厕训练的兴趣，并喜欢跟着妈妈到卫生间去。

（6）宝宝能够定时、可预见地排便。

（7）宝宝能够提起或脱下自己的裤子。

（8）理解湿和干的含义，会用言语表示小便和大便。

（9）能够走去卫生间，并准备好坐在便盆上。

开始训练之前，以上技能并不需要宝宝全部具备，只要发现有一般性的就绪趋势即可。

步骤

入厕训练是一个非常直接的过程，包括许多步骤。如果妈妈能等到宝宝准备好时才开始，那么训练将可能进行得非常顺利。在宝宝完成每个步骤后，要记住用表扬来巩固成果。

（1）买一个便盆座。许多宝宝都感到坐在便盆座上比坐在马桶上更安全，因为他们的双脚还牢牢地踩在地上，不用害怕会掉进去。但是，如果宝宝害怕坐便盆，不要强迫他去用，而应给宝宝时间来习惯便盆。

（2）让宝宝熟悉便盆。在尝试使用之前，让宝宝观察、触摸并适应便盆，让宝宝知道，这是属于他自己的。

（3）将便盆座放在一个对宝宝来说方便的地方。不必仅限于放在卫生间里，可以把它放在游戏室、院子或宝宝玩耍的随便什么地方，在他想要的时候就能够得到它。

（4）开始时，让宝宝每天在便盆上坐一次，穿齐衣服，只是坐坐。还要让宝宝随时可以离开便盆，千万不要强迫宝宝长时间坐在上面。

（5）当宝宝穿衣坐在便盆上感到舒服以后，要他不穿衣服坐在上面，这样有助于宝宝习惯于脱裤子解便。

宝一天中成功地用几次便盆时，或许就该穿内衣了。开始时，仅让宝宝在一天中的部分时间里穿内衣，因为纸尿裤使宝宝有安全感，不要急于要宝宝除去纸尿裤。

（8）与宝宝的其他照管人协作。一定要白天与宝宝在一起的人协助你，使他们明白训练宝宝使用便盆是十分重要的。

（9）对宝宝意外排泄有思想准备。偶尔的意外排泄和憋尿或憋大便是正常的，是学习过程中的一部分。如果宝宝经常憋大便，有可能造成便秘，这样会使得上厕所成为一件痛苦的事情。

（6）当宝宝在纸尿裤里排便后，让他观察妈妈将大便倒入便盆中，使他能够看见便便应当去什么地方，向宝宝解释那里是大小便的地方。

（7）耐心并持肯定态度。像所有的新技能一样，宝宝需要时间来进行入厕训练。

影响幼儿智力的不利因素

环境中的铅、铝

隐藏在生活中的铅、铝对幼儿危害极大。研究证实，幼儿体内只要达到每10毫升血浆含铅5~15微克的水平，就能造成发育迟缓与智力减退，年龄越小大脑受损害越严重。那么，铅是怎样潜入幼儿体内的呢？主要通过以下途径：妈妈用含铅化妆品涂抹乳房，致使幼儿吃奶时吸入；幼儿舔食含铅颜料的玩具；用聚乙烯塑料袋或彩色报刊包装幼儿食品；常给幼儿吃皮蛋、爆米花、罐装食品或罐装饮料；用含铅自来水管流出的水烧开后冲泡奶粉；让幼儿经常在马路边玩耍，吸收大量的汽车尾气；大人时常当着幼儿的面吸烟；室内燃煤通气不佳等。

在损伤幼儿智力方面，铝与铅实为一丘之貉，在侵入途径上也与铅有不少相似之处。如饮用明矾处理的自来水，食用铝制炊具烧煮的饭菜（平均每人每天可从铝制炊具上摄入约20毫克铝），常吃油条、面包、蛋糕、粉丝等含铝膨松剂的食物等。

断绝上述有害元素的侵入渠道，多给幼儿吃新鲜水果、蔬菜或富含钙铁及维生素C的食物，以促进侵入体内的有害金属及时排出体外。

一氧化碳

一氧化碳是一种有毒气体，当它在空气中的浓度达到百万分之三十五时，大脑细胞的新陈代谢就会直接受到抑制，由此妨碍大脑的发育，造成宝宝智商低下。

更糟糕的是我们（包括宝宝）经常要和它打交道，如普遍使用的管道煤气燃烧时就会产生一氧化碳；直排式燃气热水器，直接将废气排在室内；室内生煤炉取暖或做饭，也可使一氧化碳达到有害的浓度；家用煤气灶具、管道设备损坏未能及时修理而导致一氧化碳泄漏等。加上一氧化碳无色无味，且能与空气充分混合，致使幼儿在不知不觉中受害。

家居环境减少产生一氧化碳的来源，另外室内要定期开窗换气。

意外伤害

意外伤害常可扼杀宝宝的智力。这是因为宝宝的大脑组织非常娇嫩，与豆腐差不多，稍一疏忽大意，就可使大脑受到震动和损伤。

粗鲁逗宝宝

许多父母或亲朋好友逗幼儿玩耍的做法粗暴，如让幼儿大笑以至发生瞬间窒息，使得头部短暂缺血而损伤大脑；往空中高抛小婴时，由于婴儿头部较重，颈部肌肉软弱，高高抛起后易使婴儿头部受到震动，同样也可累及脑组织；和婴儿玩"坐飞机"游戏，一手抓住婴儿的脖颈，一手抓住婴儿的脚腕，用力往上一举，这样，很可能使婴儿的脑神经受损伤。

环境噪声

研究人员实验表明，高强度的噪声可在数小时内使小鸡的脑细胞受损。持续接受噪声48小时，与耳朵连接的神经细胞开始萎缩甚至死亡。由此提示噪声可损害脑功能，进而降低脑智力。这一点也得到了德国科学家的验证，据他们观察，生活在电唱机声、喇叭声或争吵声等嘈杂环境中的宝宝，模仿大人姿势的能力，对大小、距离和空间的理解力及口头语言能力，均明显低于安静环境中的同龄儿。

要尽量给幼儿营造一个安静的生活环境，如室内室外养花养草以吸收噪音。

身体肥胖

肥胖容易使幼儿生病，而且可扼杀智力。儿童保健专家将超过正常体重20％的肥胖儿与同龄正常儿比较，发现其智商尤其是操作智商与后者相差悬殊。前者的视、听感觉与接受知识的能力均处于低水平状态。神经解剖学家的解释是：肥胖儿由于大量脂肪进入脑内，挤压脑的沟回，阻碍了神经纤维的增生，致使大脑皮层平滑，神经网络活动简单，医学上称为肥胖脑。

肠道蛔虫

据德国与牙买加医生报告，蛔虫等肠道寄生虫不仅掠夺幼儿的营养，而且还损害幼儿智力，它严重影响儿童的听觉与记忆发育，招致阅读困难、回忆能力削弱。一旦打尽蛔虫，上述症状即可减轻或消失，9个星期后智力恢复正常。

长期厌食

澳大利亚墨尔本大学一个研究小组观察神经性厌食症病人，发现这些人的体重较同龄健康人低30％，注意力、记忆力、学习和计划能力等智力指标较低。他们的大脑形态也有一定萎缩，即使经过治疗使体重恢复，但大脑功能和形态的损失已无法补救。

饮食不当

父母要求幼儿与大人"同吃"，疏忽了幼儿身体的特殊性，同时也"株连"智力发育。

例如味精，对成人是安全的，但对幼儿例外。因为味精的主要成分谷氨酸钠易与锌结合成不易溶解的谷氨酸钠锌，使得机体无法吸收，从而造成幼儿缺锌而影响脑发育。

再如吃素食对成人很有利，可以防止多种"富贵病"（高血压、糖尿病、冠心病等）。但幼儿正处于脑发育的高峰期，脑的发育离不开脂肪，特别是一些特殊脂质（如二十二碳六烯酸等，又称脑黄金）只在肉类等荤食中最丰富。因此，幼儿像大人一样吃素将会影响脑组织的发育而降低其智力水平。

如果为迎合幼儿的口味而滥给幼儿吃甜食，可改变幼儿血液的弱碱性正常状态，使其变成酸性体质的人。酸性体质不利于大脑发育，由此可导致幼儿智力发育不良。

尽量让幼儿少吃味精和甜食，食谱结构力求平衡，荤素要搭配，鱼、禽等健脑食物适当多安排些。

大便秘结

如果幼儿患了便秘，应该及时进行纠正。否则，大便不能及时排出体外而淤滞于肠道中，其中的吲哚、硫化氢等毒素就会被肠道黏膜重新吸收入血，它们对幼儿脑细胞有很大的毒害作用。

膳食中多安排水果、蔬菜等高纤维素食物，平时让幼儿饮足量的温白开水，并且多做运动，保持大便通畅。必要时请医生处理。

宝宝注意力、观察力的培养

培养方式1　学走路

目的：

（1）培养宝宝正确地走路，训练宝宝走步的稳定性。

·小·贴士

宝宝吃多甜食的危害

（1）会导致营养不良。甜食的热量高，当摄入甜食过多的时候，会影响了其他营养素的摄入量，导致营养不均衡，同时也会导致宝宝出现龋齿，影响咀嚼食物能力，久而久之阻碍了正常的生长发育。

（2）会导致内分泌系统的疾病。宝宝甜食摄入过多会增加胰腺的负担，当身体长时间处于高血糖状态，身体内环境会发生不平衡，导致血糖分泌过多，可能会出现小儿糖尿病，特别是有糖尿病家族史的孩子，一定要减少甜食摄入量，多进行运动。

（3）发生近视。糖分的代谢需要大量的维生素B_1来帮忙，进一步降低体内钙的含量，维生素B_1和钙都具有保护视神经的功效，长期缺乏孩子会出现近视。

（4）会降低免疫力，影响睡眠质量。吃糖类过多降低人体血液的白血球吞噬病菌的能力从而降低身体的免疫力，影响睡眠

107

质量。

（5）导致性格变得孤僻。糖类摄入过多，宝宝容易好动，注意力不集中，糖类代谢物在大脑里面大量的积存，会让孩子性格变得异常或者孤僻。

（2）培养宝宝身体动作的协调性和表现能力。

（3）培养宝宝的观察力、模仿力和想象力。

（4）培养宝宝愉快的心境。

内容：

（1）妈妈可选择一些比较特别的走路方法来告诉宝宝走路姿势都有什么不同，如爷爷是怎样挺着肚子走路的，奶奶是怎样拄着拐棍走路的，家里的小狗是怎样走路的，动物园里的大象是怎样走路的，电视里的米老鼠是怎样走路的。

（2）妈妈继续问宝宝："宝宝会不会学他们走路呢？"妈妈可以和宝宝一起总结他们都是怎样走路的。妈妈可先让宝宝根据自己平时的观察，模仿一下他们的走路姿势，然后对宝宝的模仿进行评价，再总结出他们的走路特征：爷爷手抄后，腆着肚子往前走；奶奶拄着拐棍，身子前倾，颤巍巍地往前走；小狗跟着主人，漫步式地往前走；大象迈开四条柱子腿，"咚咚咚咚"往前走；米老鼠吹着口哨，两手大幅度摆动，大踏步往前走。

（3）妈妈总结出他们的走路特征之后，可让宝宝再模仿一次。随后，妈妈问宝宝："宝宝是怎样走路的？"让宝宝走一走，妈妈予以肯定："对，宝宝走路应该是抬头、挺胸，迈步走。"

指导：

（1）游戏时，妈妈先提出几种人和动物名称，让宝宝自己去观察，模仿这些人或动物是怎样走路的，再加以纠正或强化。

（2）游戏结束时，妈妈应该强调宝宝正确的走路姿势，避免不正确走路姿势对宝宝造成不良影响。

培养方式2　看影子

目的：

（1）培养宝宝注意力，训练宝宝在父母的提醒下集中注意力达3~5分钟。

（2）培养宝宝的观察力，使宝宝满怀兴趣地观察新奇的事物。

（3）培养宝宝追踪事物的能力。

（4）使宝宝情绪愉快。

（5）满足宝宝的好奇心。

内容：

（1）妈妈事先准备一面镜子。选择一个大晴天、阳光充足的时候进行游戏。

（2）游戏开始，妈妈拿着小镜子站在阳光能够照射到的地方，朝屋内阴暗的地方晃动。可先对准家中的白墙，光斑落在墙上，妈妈拿着镜子一晃一晃的，墙上的光斑也一晃一晃的，能够较快地吸引宝宝的注意力。

（3）宝宝发现了墙上的光斑以后，可以引导宝宝去捕捉光斑，妈妈可到处晃动，使光斑落在不同的地方，引导宝宝四处活动去捕捉光斑。

（4）游戏结束，在宝宝休息时，妈妈可做使光斑出现并晃动的动作，引导宝宝去观察为什么会出现光斑。若宝宝不明白，可进一步向其解释。

指导：

（1）游戏开始时，为了吸引宝宝的注意力，妈妈可把镜子的反光先反射到宝宝的身上（但不能照到宝宝眼睛上），吸引了宝宝注意力后再照向别处，引导宝宝去捕捉。

（2）妈妈还可让宝宝站在阳光下，让宝宝自己拿镜子照射到屋内阴暗的地方，培养宝宝游戏的积极性。

培养方式3　宝宝开汽车

目的：

（1）教宝宝学唱歌曲，让宝宝学会唱《小汽车》。

（2）训练宝宝注意力，延长宝宝注意力的集中时间。

（3）培养宝宝的记忆力。

（4）培养宝宝懂得欣赏音乐，训练宝宝的审美意识，陶冶宝宝的情操。

内容：

（1）妈妈准备一大一小两张椅子，一张给宝宝，一张给自己，同时准备录音机、《小汽车》歌曲带。

（2）游戏开始，妈妈对宝宝说："我们一起来玩开汽车的游戏吧！"妈妈拿出一张大椅子和一张小椅子，对宝宝说："妈妈和宝宝都来当司机。"然后，妈妈跨坐在大椅子上，手搭在椅子背上："开汽车喽！开汽车喽！"宝宝看到妈妈的动作，就会细加观察，并且模仿妈妈的动作也跨坐到小椅子上，和妈妈一同"开汽车"。这时，妈妈可放开录音机，妈妈跟着录音机一同唱歌，让宝宝模仿成人边玩边学着唱。

指导：

（1）通过与周围环境的接触，宝宝已逐步能被玩具和周围事物所吸引。以后带宝宝散步看小汽车时，妈妈可以唱歌，加深对歌曲的印象。

（2）游戏时，让宝宝主动去模仿妈妈的行动，而不要妈妈提醒。

培养方式4　方和圆

目的：

（1）培养宝宝的观察力，训练宝宝积极地观察物体和现象。

（2）培养宝宝的思维能力，训练宝宝分析问题的能力。

（3）训练宝宝的注意力，使宝宝能够较长时间专注于一个游戏。

内容：

（1）游戏前先找一个方的和圆的金属罐，在每个罐里放上几粒小石子，把罐口封住，做成两个带响的金属罐。

（2）妈妈选择一个较缓的坡地，让宝宝同时把两个罐推下去，看一看哪一个跑得远。妈妈问宝宝："哪一个罐跑得远？"宝宝回答。妈妈接着再说："对，圆罐滚得远，方罐滚得近。我们再来滚一次。"

（3）在平地上也可做这个游戏，这时就需要用脚踢了。每次妈妈都要问宝宝："哪个罐子跑得远？"

指导：

（1）妈妈在制作带响的玩具时，可让宝宝参与，提高宝宝的积极性。

（2）虽然宝宝说不出道理，但是，玩久了，哪个罐好玩，哪个罐不好玩，宝宝还是能感觉出来的。这就是宝宝最初的思维。

目的：

（1）培养宝宝的注意力，增强宝宝对图片集中注意力的程度。

（2）培养宝宝的颜色知觉，提高宝宝对颜色的分辨能力。

（3）训练宝宝的观察力。

（4）培养宝宝的思维能力。

内容：

（1）妈妈事先绘制几张卡车图案，将卡车分为车头和车厢两部分，每辆卡车的车头都有和它颜色相同的车厢。可绘制几种颜色的卡车，比如红色的车头、红色的车身，黄色的车头、黄色的车身，绿色的车头、绿色的车身等。将车头和车身零乱地搭配在一起。

（2）游戏开始，妈妈对宝宝说："宝宝看，这里有这么多的大卡车，可是，车头和车身都分开了，这可怎么办呀？宝宝帮助车头找到车身好不好？"

（3）宝宝最初可能不知道该如何搭配，妈妈可给宝宝做一个示范，把红色的车头和红色的车身连在一起。宝宝通过观察就会明白，要把颜色相同的车头和车身连在一起。

指导：

（1）妈妈在做示范的时候，避免语言提醒宝宝，只是让宝宝通过观察来理解应该如何搭配。

（2）游戏中的车不应只有简单的几种，妈妈应多绘制一些，如救护车、消防车等。

目的：

（1）培养宝宝注意力，训练宝宝开始有意识地注意事物，培养宝宝对于物体永久性的认识，让宝宝逐渐明白东西不见了并不是不存在了，知道一个物体

111

可以从一个地方移到另一个地方。

（2）提高宝宝的语言能力。

内容：

（1）事先准备几样宝宝熟悉、喜爱的玩具（比如玩具汽车、布娃娃、小熊、小狗等），妈妈一个一个地出示给宝宝看。比如拿起玩具汽车，问宝宝："这是什么？"得到回答后接着说："今天的游戏要用玩具汽车。"再把其他几样玩具以同样的方式展示给宝宝。

（2）妈妈把玩具放在不同的地方，但是让宝宝看到，把玩具汽车放到床下，布娃娃放在枕头边，小熊放在沙发上，小狗放在茶几上。

（3）妈妈让宝宝坐在沙发上，妈妈开始藏玩具，一定要让宝宝看到妈妈藏的过程，妈妈要把每样玩具都换个地方。

（4）妈妈对宝宝说："所有的玩具都藏起来了，宝宝认真地找一找，我们一起和玩具做游戏，好不好？"

指导：

（1）妈妈可让宝宝自己放置玩具，以强化宝宝记忆。

（2）妈妈藏玩具的时候，一定要让宝宝看清楚，藏的范围不宜太大。

（3）宝宝每找出一样玩具，妈妈都要及时给予鼓励和表扬。

培养方式7　跟我学

目的：

（1）训练宝宝的观察力，训练宝宝学会观察成人的动作并努力模仿。

（2）训练宝宝的精细动作能力。

（3）培养宝宝的竞争意识，增强宝宝的社会性。

内容：

（1）家长和宝宝相对而坐。妈妈对宝宝说："宝宝，我们来玩一个'跟我学'的游戏，请宝宝注意爸爸的动作。妈妈和宝宝一起跟着爸爸学，妈妈和宝宝来比一比，看看谁学得又快又对。"

（2）爸爸坐一边，妈妈和宝宝坐在另一边。

爸爸做动作：

爸爸拍手：××、×××、××、×××。

爸爸竖起两个大拇指晃一晃（左右各三下）。

爸爸把两个小拇指勾在一起左右拉一拉。

爸爸把自己的两只手握在一起，用力握一握。

爸爸把两只手臂一起向后伸展，做扩胸运动。

指导：

（1）爸爸的动作不能过于复杂，并且做的过程中应该让宝宝看清楚。

（2）妈妈在模仿的时候要做得慢一些，以鼓励宝宝。

（3）爸爸可以做很多种动作，动作从简单到复杂。

（4）在宝宝模仿较为疲倦时，爸爸可和宝宝进行共同游戏，以调动宝宝的积极性。

第二章

1岁5月

◎ 让宝宝从小养成良好的卫生习惯

◎ 培养宝宝的安全意识

◎ 当心春季过敏症带给宝宝病痛

◎ 幼儿具有哪些不良行为应看心理医生

◎ 关于宝宝呼吸道疾病

育儿方法
尽在码中

看宝宝辅食攻略，
抓婴儿护理细节。

1岁5月宝宝的养护

生理发展

体重增加约0.18（女）~0.17（男）千克。

身高增加约0.83（女）~0.8（男）厘米。

模仿画道道。

放三角形木块入三角形板穴内。

看图指物4种。

说出自己的小名。

心理特点

喜欢玩水，让大人牵着上楼梯（两足一阶），替大人拿东西或移动物品，玩追赶游戏，玩大积木。

育儿要点

（1）吃易消化吸收的食物。

（2）让宝宝当你的小助手。

（3）扶栏上下楼。

（4）学穿珠、脱鞋帽、当"医生"。

（5）认识三角形。

（6）说出自己的名字。

（7）给宝宝建一个专用卫生角。

宝宝饮食的要求

1岁多的宝宝，消化能力逐渐增强，饮食已从以奶类为主转向以混合食物为主，但其消化系统仍未发育成熟，因此根据宝宝的生理特点，妈妈要明确孩子的膳食要求。

（1）宝宝的胃容量小，1岁半以前，以每日3餐加2次点心为宜，吃点心时间可安排在下午和夜间。1岁半以后，每日3餐加1次点心，吃点心时间安排在下午。点心不要吃得过多，距午餐时间不要相距太近，不能随便给宝宝吃点心或零食，否则影响宝宝正餐的食欲和进食量，久而久之，会造成宝宝营养失调或营养不良。

（2）除主食外，鲜牛奶或豆浆仍为宝宝最基本的食物，每日至少保证250~500毫升。豆浆的营养价值与鲜牛奶相近，且价格便宜，可与鲜牛奶轮换食用。

（3）粮食不要过精，宜粗细搭配，多给宝宝吃点粗粮，以免出现维生素B_1缺乏症，最好每餐将多种谷类混合一块吃，以提高营养价值。

（4）水果和蔬菜能给宝宝提供大量的维生素C和矿物质，是宝宝不可缺少的食物。宝宝每日蔬菜用量的一半应为橙绿色蔬菜，常见的橙绿色蔬菜有胡萝卜、柿子椒、油菜、芹菜、菠菜、小白菜等。水果不能代替蔬菜。

（5）肉类、蛋类和谷类主要供给宝宝蛋白质。优质蛋白（肉和豆类）要占总蛋白的1/2，豆类蛋白质要占总蛋白的1/4~1/3。

（6）宝宝对食物的适应力较差，不要给宝宝吃有刺激性的、过硬的、过油腻的、油炸的、黏性的、过甜的食物，少吃凉拌菜和咸菜。不要突然变换食物种类，否则易引起宝宝呕吐、消化不良、腹泻等胃肠疾病。

（7）食物应该软、碎，烹调上讲究色、香、味、形，以适应宝宝的消化能力。烹调时可采用不同颜色的食物搭配和同一种食物采用不同的烹调方法，避免食物的单一化，促进宝宝的食欲。如可采用土豆丝+青椒丝+胡萝卜丝，鸡蛋+黄瓜丁，豆腐+西红柿，虾仁+黄瓜丁+胡萝卜丁等搭配方法；鱼可制成氽鱼丸、红烧鱼、清蒸鱼、炖鱼汤等；鸡蛋可采用炒蛋、蒸蛋糕、荷包蛋、蛋汤等不同的烹调方法。

让宝宝从小养成良好的卫生习惯

培养宝宝良好的卫生习惯

此期间宝宝能主动参加一些洗盥活动，学习积极性很高。因此，从这时起妈妈要逐渐让宝宝知道良好卫生习惯的内容，逐步培养宝宝自己动手做好清洁的习惯。

良好卫生习惯的内容

（1）保持皮肤清洁。让宝宝知道早餐前要洗手洗脸，手随脏随洗，饭前便后必须用肥皂洗手；睡前洗脚、洗屁股；定期洗头、洗澡，夏天每天至少一次，春秋季2~3天一次，冬季至少每周一次；勤剪指甲，勤理发。

（2）保持口腔卫生。1~2岁的宝宝饭后要喝些温开水，以清洁口腔。2岁以后开始培养宝宝饭后漱口、早餐前刷牙的习惯。

（3）教宝宝用手帕擦手、擦脸、擦鼻涕，不要让宝宝把鼻涕擦在衣袖上，不随地乱吐，不随地大小便，经常保持整洁卫生的习惯。

操作方法

（1）洗手：让宝宝挽好袖子，打开水龙头，湿润双手，擦肥皂，搓洗手心，两手互搓手背，洗手指，用水清洗二三遍，擦干。

（2）洗脸：让宝宝闭上眼睛，用湿毛巾从眼睛到额头到嘴唇轻轻擦洗。清洗毛巾，擦洗耳廓、耳后、脖子、颈部。清洗毛巾，擦干。

（3）洗屁股：先洗会阴部（小便处），后洗臀部（大便处），以防引起泌尿道和阴道感染。

（4）擤鼻涕：用手绢或卫生纸盖住宝宝鼻子，先按住一个鼻孔，让另一个鼻孔轻轻出气，排出鼻涕，然后用同样办法擤另一个鼻孔。

（5）教养方法：

从配合开始：盥洗时先让宝宝配合妈妈的动作，使宝宝熟悉程序。

激起兴趣：用愉快、轻松的语言或儿歌诱导宝宝的活动，在游戏中让宝宝理解语言，学会技巧，培养能力，养成习惯。如在宝宝洗手时边洗边唱儿歌："搓搓手心一、二、三，搓搓手背三、二、一，手指头洗仔细，小手腕别忘记。"

耐心细致：对于每个内容妈妈都要反复提醒、督促、练习，不怕麻烦，不怕弄湿衣服，让宝宝在愉快的情绪中形成较牢固的清洁卫生习惯。

（6）注意事项：

洗手、洗脸应该用流水，洗手、洗脸后的水不能再用来洗屁股。

给宝宝洗脸时不能用肥皂，以免刺激到宝宝的眼睛而不愿再洗脸。

宝宝盥洗用具和卫生角

盆：洗脸盆、洗澡盆、洗脚盆、洗屁股盆；

毛巾：洗脸毛巾、擦手毛巾、浴巾、擦脚巾；

其他：漱口杯、牙刷、梳子。

把宝宝的各种用具放在固定的取放方便的一个角落内，使它成为宝宝卫生专用的一个角。宝宝虽然不完全会使用盥洗用具，但为宝宝做这些准备的目的是：

小贴士

妈妈应该选择大小、形状和花色不同的各种盆和毛巾，以便宝宝辨认。在给宝宝盥洗时要提醒宝宝识别和使用自己的用具。各种盆、毛巾不宜混淆、替代，也不可以堆在一起，应分开放置。各种毛巾每天用肥皂分别搓洗一次，每周分别蒸或煮沸15~20分钟后晒干。卫生角要经常打扫。

（1）让宝宝知道，一切盥洗用具和一些贴身衣裤均不能与别人共用，以形成良好的卫生习惯，防止传染疾病。

（2）建立适合宝宝年龄特点的专用卫生角，这样方便安全，便于宝宝学会和掌握自我服务的本领。

（3）便于清洗、消毒、保持卫生。

培养幼儿的安全意识

尖锐物品要远离

妈妈在使用刀、剪、针或其他锐利的物品时，不要忘了反复、适时地告诫幼儿：这种东西不是玩具，因为它很危险，会把人的身体刺伤扎伤，流很多的血，还要去医院治疗，有时甚至会危及生命，所以只有大人们才能使用，小孩子不要靠近它。同时告诫幼儿：如果把筷子、雪糕棍往嘴里放也会有这样的危险，尤其是在走路或奔跑时。

电不能触摸

电源、电线、电器都对幼儿充满了吸引力，然而这些东西又都很危险，稍有不慎便会酿成大祸。只是把它们藏起来让幼儿看不见还不够，还应该在大人们使用电器时，不断地提醒幼儿乱动电器有何危险后果，不能把铁钉、铁丝等物品插入电源插座小孔里，更不要在大人不在时自己去拔电源插头，或玩接电的家用电器。待幼儿稍大一些时（4岁以上），要教幼儿一些简单的、正确使用电器的方法，并允许幼儿在大人的指导及看护下使用。可能一开始没什么用处，但逐渐就会有成效的。如此进行启蒙，会使幼儿在长大后对危险物品的使用保持谨慎认真的态度，因此会受益终生。

爬高很危险

幼儿1~2岁时，随着运动能力的发展，特别喜欢登高爬上，这时妈妈要不厌其烦地告诉幼儿不要随便往高处爬，如爬窗台，从小床往下跳，扒着阳台的栏杆往下看，以及自行打开窗户的插销等。幼儿年幼不懂事，妈妈也许每天要说这样的话无数遍，不要因为幼儿暂且没有懂就认为这样做无用，它终究会在幼儿的头脑中打上烙印，使幼儿对危险有所认识。待幼儿日后运动能力和活动范围更大时，头脑中烙下的安全意识会对幼儿的行为有所约束，因此可减少意外事故发生。

走在街上应注意什么

妈妈带幼儿出外上街时，要一边走一边给幼儿讲交通常识，如在街上走，要随时留心车辆，过马路时要选择车辆稀少的时候，而且一定带幼儿走人行横道。经常告诫幼儿不可以一个人独自过马路，不可以在马路上及马路边玩耍。要给幼儿讲红黄绿灯及各种路标的各自功能，并告诉幼儿一定要严格按照交通规则去做，在红灯亮了的时候，即使没有车辆也不能通过。还要让幼儿了解在车辆高速行驶时，马路上乱跑的人是多么危险。

不要乱吃东西

3岁以下的幼儿对任何事物都充满好奇心，什么东西都想放到嘴里尝尝，因此容易发生意外。大人要经常不厌其烦地告诉幼儿，哪些东西可以吃，哪些东西不能吃。在外面玩时，绝对不能吃陌生人的食品，捡到的食品更不能吃，也不可把不知名的东西放入嘴里。妈妈时常告诉幼儿具有毒性的物品，其容器上注明"有毒"的含义，提醒并教育幼儿认识这种东西的危险性。

开车出行防意外

幼儿坐在汽车里的安全座椅里时，妈妈要告诉他为什么要这样做；待幼儿稍大些，有必要教他如何开车门，以防被意外困在车里；开车的大人一定要按照要求系好安全带，做个身传言教的好榜样。

宝宝不可以玩火

大多数幼儿都喜欢玩火，无论是火炉，还是烧着的木柴、火柴、打火机，幼儿总喜欢摸一摸，因而引起的烧伤和火灾事故真是不少。所以爸爸妈妈在生活中首先要以身作则,如吸烟时,务必养成马上熄灭烟蒂的习惯,绝对不可以在床上吸烟;由于厨房处最易着火,一定要准备灭火器。这样做会无形地影响幼儿,逐渐使得幼儿对火引起的灾难有一些了解,从而听从妈妈的话不去玩易燃物品。

当心春季过敏症带给宝宝病痛

春天是万物复苏的季节,也是各种过敏症状高发的季节。除柳絮外,一些花粉、昆虫都会给幼儿娇嫩的皮肤带来麻烦。

这些疾病大致可分为三类:

1. 病毒感染引起的疾病(主要指多形红斑)

表现:主要分布于宝宝的面部和四肢内侧的水肿性红斑、丘疹、水疱。特征性皮疹是,红斑的中央色暗或中央呈水样,很像猫的眼睛,俗称"猫眼疮"。另外,风疹也多在春季发作,它是由风疹病毒引起的,表现为面部至躯干迅速出现密集的暗红色斑疹,不痒,伴有耳后淋巴结肿大。

措施:病毒性疾病大多可以自愈,但是为了避免其他并发症的发生,最好带宝宝去医院诊治。

2. 日光照射引起的皮肤病(主要是多型性日光疹——一种对日光过敏造成的皮肤病)

表现:暴露部位如手背、前臂、面部等处发生丘疹、红斑、水疱等多形态皮疹,瘙痒明显。

措施:可以在医生指导下给宝宝适当服用脱敏药,如扑尔敏、苯海拉明、息斯敏、克敏能等,外用安抚止痒作用药物,如炉甘石洗剂。当然,最重要的治疗和预防方法是避光,可在进行室外活动时在暴露部位处涂防晒系数(SPF)15~30的霜剂,以不过敏为宜。

3. 丘疹样荨麻疹

表现:惊蛰一过,各种昆虫就复苏了,它们中有许多叮咬人体后,会在叮咬处形成水肿性风团样梭形或多角形丘疹,大小不一,中央部分多有小水疱,瘙痒剧烈，抓破后易造成感染。该皮疹常在1~2周内消退，留下暂时性色素沉着，并不断有新皮疹出现。

措施：给宝宝口服脱敏药有较好疗效，同时可外用炉甘石洗剂及激素药膏，消炎止痒。本病在婴幼儿及儿童中普遍发生，很难根治。但只要注意个人及环境卫生，消灭臭虫、虱及其他昆虫，就可以大大减少宝宝丘疹样荨麻疹的发生。

宝宝不爱吃蔬菜怎么办

有些宝宝不爱吃蔬菜，妈妈当然很着急，担心宝宝维生素摄入量不足，便使劲让宝宝吃水果，认为水果和蔬菜的营养成分差不多，都是补维生素的。果真如此吗？

水果毕竟不是蔬菜，两者还是有很大差别的。就以红富士苹果为例，它的钙含量为3（指每百克内所含毫克，下同），磷为11，铁为0.7，维生素B_2为0.01，维生素C为2。而普通青菜钙含量为96，磷为11，铁为1.4，维生素B_2为0.09，维生素C为12。

水果和蔬菜虽然都含有维生素C和矿物质，但是从上面含量的比较可以看出，水果中维生素和矿物质的含量比蔬菜要少，特别是与绿叶菜相比要少得多。所以，吃蔬菜与吃水果所获得的维生素并不是等量的。

水果所含的碳水化合物多是葡萄糖、果糖和蔗糖一类的单糖、双糖，吃到嘴里都有不同程度的甜味；而大多数蔬菜所含的碳水化合物都是淀粉一类的多糖，吃到嘴里感觉不到什么甜味，这也是有些宝宝偏爱水果的原因之一。

从人体的消化吸收和其他一些生理机制来看，葡萄糖、果糖和蔗糖在进入小肠后，人体只需稍加消化或完全不加消化就可以直接将它们吸收入血液。而淀粉不同，它需要体内的各种消化酶在消化道内不停地工作，直到将它们消化水解成为单糖后，才能缓慢地吸收进入血液。水果中的葡萄糖、果糖和蔗糖，很容易在肝脏转变为脂肪，如果宝宝本身不爱运动，就容易发胖。相反，多吃蔬菜的宝宝就不易长成"小胖墩儿"。

科学工作者经过多年的调查发现，在盛产水果的地方，当地人由于水果吃得多，蔬菜吃得少，因此平均寿命短；而其他地方的人，由于蔬菜吃得多，平均寿命就长一些。这个调查告诉家长们，只有在日常膳食中及时给幼儿补充一定量的新鲜蔬菜，才能保证幼儿生长期间全面的营养供应，水果和蔬菜是不能互相替代的。

幼儿上感的防治

哪个阶段的幼儿容易患上感

上感是我们平时通俗的叫法，全称是上呼吸道感染。婴幼儿患上感与年龄有关。出生后6个月以内的婴幼儿患病较少，他们出生时从妈妈体内获取了很多免疫抗体，抗体可以使呼吸道抵御外来的致病菌。母乳喂养的幼儿因母乳中含有高浓度的免疫球蛋白，如IgG、IgM、IgA，这种抵抗力则更为明显，因而患上感的概率更低，这也是大力提倡母乳喂养的重要原因。

婴幼儿在6个月后，由妈妈体传的抗病物质逐渐消失，抵抗力开始下降，患上感的次数也开始增加，但这也是幼儿对外界环境变化的一种适应表现，通过对空气中不同致病菌的感染而刺激自身产生多种抗病物质，因此，幼儿到了3岁以后患上感的次数开始逐渐减少了。待继续长大，身体的防御功能随之跟着完善，待建立起顽强的抵御防线时，就很难被致病菌击溃，这也就是成年人比幼儿抗病能力强的所在。

幼儿患上感的表现

主要表现为流水样鼻涕、打喷嚏、鼻子不通气，这点在一两个月大的婴幼儿中非常明显。他们会因鼻子不通气而张口呼吸，有时会因口腔及咽喉部的分泌物增多，加上鼻咽部气道变得狭窄而发出"呼噜呼噜"的声音，尤其是在吃奶时，因嘴被堵塞住，呼吸会更困难。可伴有轻微咳嗽，大一点的幼儿会诉说自己嗓子疼，有的幼儿还伴有发烧，发烧可以是低烧，也可以是39~40℃的高烧，甚至因高烧而发生抽风。发烧持续的时间也不一样，有些幼儿只烧几个小时，有些却烧好几天。很多幼儿同时伴有腹痛、腹泻和呕吐等胃肠道症状，致使妈妈一开始以为孩子患了消化不良或胃肠炎，给孩子服用治消化不良或胃肠炎的药物。

上感治疗和护理

引起上感发生的致病菌90％都是病毒，只有少数为细菌。目前，还没有能直接杀灭细菌的药物，在治疗上主要采取充分休息、对症治疗、预防并发症的中西医结合方法。也可积极调动身体防御抵抗系统的机能，产生一种叫抗病毒抗体的物质，共同消灭入侵的病毒。

1. 中药治疗

可服用小儿感冒冲剂、板蓝根冲剂、银翘散、清热解毒冲剂（或口服液）。如能请中医医师辨证下药则效果会更好。

2. 对症治疗

发烧38℃以下不需用退烧药，38℃以上时要给予小儿退烧药物解热镇静，以免引起惊厥，影响脑细胞的功能。发烧39℃以上可给肌肉注射柴胡注射液。

有些幼儿发烧到37℃便出现抽风，因此，有这种病史的幼儿在发烧时应及早请教儿科医生。

鼻塞厉害时用5％的麻黄素给幼儿滴鼻，可使黏膜肿胀减轻、鼻腔内的分泌物减少，还在吃奶的幼儿最好在喂奶前使用，这样既可使吸乳顺利进行，又可避免因鼻塞而引起的吐奶、呛奶发生。

但是，不要为了让幼儿减轻鼻塞症状就频繁地滴入或每次滴入过多量的麻黄素滴鼻液，否则会引起反跳性鼻黏膜血管扩张，反而使鼻塞加重，一定要按医嘱适当使用。

3. 抗生素治疗

主要在以下几种情况时使用：

（1）细菌引起的上感，如化脓性扁桃腺炎。

（2）病毒上感后继发细菌感染，如淋巴结炎。

（3）由上感发展为肺炎。

抗生素的使用一定要在医生指导下进行，不要在幼儿刚有病时马上就给服用。过早滥用抗生素，非但无效果，反而会引起菌群失调，增加细菌对抗生素的耐药性，当真正患了细菌感染时抗菌效果却不佳。

4. 护理跟进

上感的护理十分重要，而且越小的幼儿越应加强，这样可大大加快痊愈的时间。

让幼儿适当休息，限制玩耍时间，不要活动过多，发烧时最好卧床。轻症上感的患者越早注意休息，身体就恢复得越快，反之病程常常会拖长。

室内一定要通风，但避免过堂风吹向幼儿，要保持适当的温度和湿度，室温20~25℃，湿度60%~65%较为理想。

不要为了让幼儿发汗而让他穿很多衣服，盖很多被子，这样不利于皮肤散热，只会使幼儿的体温升得更高。

宜给幼儿易消化的清淡食物，吃奶的小幼儿要减些奶量。发烧时要多给幼儿喝温开水，因为发烧时，水分由皮肤蒸发加速，胃口不佳进食又少，因而身体内缺水。但须注意喝水必须适量，如果给幼儿拼命地喝水，会造成"水中毒"，引起很多不良结果。只要幼儿尿量不少，尿色不黄，与正常时排尿所差无几就说明体内已不缺水。

婴幼儿发烧时可洗温水澡，水温应比体温低2~3℃。用退烧药热度不退时，可用35%的酒精给幼儿做擦浴，方法为：将浸透酒精溶液的小毛巾拧至半干，缠在手上呈手套状，先擦额头，然后分别从双颈侧沿上臂外侧擦至手背，再从腋窝沿上臂内侧擦至手掌，擦毕用大毛巾擦干皮肤；双下肢先从胯骨开始沿大腿外侧擦至足背，再从腹股沟沿大腿内侧擦至脚心；最后从腰窝、后膝窝擦至脚跟，擦毕也用大毛巾擦干皮肤。

上感的预防措施

日常生活中有意识地训练幼儿做日光浴、空气浴、水浴，可提高幼儿对外界

小·贴士

酒精擦浴注意事项

禁止用酒精给幼儿擦前胸区、腹部、颈后、足底，以免刺激引起末梢血管收缩而影响散热。同时擦浴时要避免过多暴露幼儿，以免受凉。如果在擦浴过程中幼儿出现发抖、面色苍白应立即停止，给喝些热饮料。

幼儿在发烧时便秘，可用小儿通便剂进行通便。有时，幼儿在排便后会很快退烧。

环境的适应性和耐寒力，以及对致病菌的抵抗力，这是预防呼吸道感染非常有效的方法。

在呼吸道感染流行的冬春季节，不要带幼儿去公众场所；家中也要经常开窗通风，室内不要有人吸烟。

妈妈及照看幼儿的人如果患了感冒，最好与幼儿暂时隔离；在打喷嚏、咳嗽时切不要对着幼儿，请用手帕遮掩住；照顾幼儿时要勤洗手，或从外面回来时要先洗净双手，因为你的手上有打喷嚏、咳嗽时以及在外面触摸各种东西时沾上的致病菌，它会污染幼儿的身体、衣物和用品，由此侵入幼儿的口鼻。

进行科学喂养，防止幼儿患营养不良、贫血、佝偻病，因为患这些病的幼儿更易患呼吸道感染。

经常性呼吸道感染有危害

宝宝是不是经常伤风、感冒、咳嗽、发热？严重时还会整天不吃、整夜啼哭、高烧不退、剧咳不止，没办法，就得三天两头往医院跑？这种症状称之为经常性呼吸道感染。伤风感冒，对成年人来说可能是小毛病，对婴幼儿来说却万万不能掉以轻心。由于婴幼儿的呼吸道与其他呼吸器官距离短，病毒很容易从上呼吸道进入耳部、支气管、肺部，从而引起中耳炎、支气管炎、病毒性肺炎等并发症，若病毒随血液进入心肌细胞，还将引起病毒性心肌炎。这些并发症对婴幼儿的危害性很大，对婴幼儿的健康成长会有严重影响。

经常性呼吸道感染如果治疗不及时、不恰当，常常会向慢性化发展，如慢性鼻窦炎、慢性咽炎及慢性扁桃体炎，又可诱发慢性肺炎，使病情加重。

经常性呼吸道感染还可造成婴幼儿营养不良。婴幼儿经常存在发热、咳嗽、喘憋等症状，再加上长期服用抗生素及其他药物，必然对婴幼儿的正常生理活动产生不良影响。尤其是长期不能有效治疗，营养供应不足，使得婴幼儿蛋白质代谢呈负平衡而导致营养不良。这又与反复感染互为因果，形成恶性循环，孩子的生长发育就会受到极大影响，甚至导致佝偻病等严重后果。

经常性呼吸道感染还将对婴幼儿免疫系统构成危害。婴幼儿的免疫系统长期受到细菌与病毒的侵扰而出现疲惫状态，引起婴幼儿继发性感染，使病情继续恶化，难以治愈。

经常性呼吸道感染对婴幼儿的影响是全身的，甚至是终生的，父母千万不能忽视。要注意让婴幼儿到户外晒晒太阳，要经常打开门窗让室内空气流通，在季节交换、传染病流行时尽量不带孩子去人多拥挤、空气不洁的场所。如果父母患了传染病，与婴幼儿接触时更要特别注意。

春季常见病的饮食治疗

感冒

中医将感冒分为风寒感冒和风热感冒，请医生辨证后可采用不同疗法：

1. 风寒感冒——选用温热、疏散风寒的食物

香菜黄豆汤：鲜黄豆10克，加适量水煎煮15分钟，再加鲜香菜30克同煮15分钟，去渣留汤。一次或分次服用。

姜糖茶：生姜10克洗净后切成细丝状，入锅加水150毫升，再加红糖15克煮沸后，一次温服。适用于3岁以上的小儿。

有咳嗽者可取橘饼30克、大蒜15克切碎，加水适量煮沸后，去渣留水，分两次服用。有散寒止咳化痰的作用。

2. 风热感冒——选用散风清热食物

菊花茶：菊花5克，开水冲泡后饮用，一日多次。

萝卜汤：白萝卜250克，洗净切片，加水300毫升，煎煮至200毫升，分两次服用。

有咳嗽者可取鲜橄榄4个洗净，切开后加水适量，再加冰糖15克，煮沸出味后，一次或分次饮用。有清热止咳祛痰的作用。

风疹

1. 出疹早期饮食疗法

香菜粥：鲜香菜30克，大米30克，分别加水适量煮熟后再拌匀，分2~3次食用，连用2天。

白菜粥：鲜白菜250克，切成细丝煮熟烂，分2~3次服用，连用3~4天。能发汗透疹。

2. 出疹期饮食疗法

菊花萝卜粥：白菊花10克，白萝卜60克，洗净加水适量煮半小时，去渣取汁后再加大米30克煮粥。分2次服用，共用3天。

胡萝卜炒荸荠：胡萝卜、荸荠各60克，洗净切薄片同炒，熟烂后分次食用，连用3天。有清热解毒的作用。

鲫鱼豆腐各250克，共入砂锅加适量水煮烂成羹，分2~3次服用，连用3天。

3. 风疹恢复期饮食疗法

荸荠汤：荸荠250克，洗净加水煎汤，多饮，连用3天。

甘蔗汁：青皮甘蔗100克去皮后榨汁，每日2次，每次半杯，连服3~4天。有生津养阴的作用。

水痘

竹笋鲫鱼汤：鲜竹笋50克，活鲫鱼一条，加水适量共煮汤，分2~3次服用，连用3~5天。有利于水痘透发。

薏米粥：薏米仁和大米各30克，加水适量煮粥，再加白糖或冰糖少许，分次服用，连用3~5天。有清热利湿作用。

红豆汤：红豆30克，加水适量煮至豆烂后再加一点冰糖食用，连吃3~7

天。有清热利湿作用。

流行性腮腺炎（又称"痄腮"）

1. 腮局部外用治疗方法

白萝卜糊：白萝卜一个，切碎捣烂如泥，包在纱布内，敷于患处，直至消肿。具有凉血消肿的作用。

米醋绿豆糊：生绿豆研成细末，用米醋调匀成糊状，敷于患处，连用4~5天。有清热消肿的作用。

2. 内服治疗方法

两豆汤：绿豆100克，黄豆50克，加水适量煮烂，再加白糖30克搅匀，分2~3次服用，连用4~5天。具有清热、解毒消肿的作用。

黄花菜汤：鲜黄花菜50克（干菜20克），加水适量煮熟，吃菜喝汤，每日一次，连用4~5天。具有清热利尿消肿的作用。

麻疹

1. 出疹前期的饮食治疗方法

生丝瓜或香菜、鲜虾煮汤频服。可透发麻疹。

2. 出疹期饮食疗法

豆腐鲫鱼汤：豆腐250克，鲫鱼两条，加水适量煮汤，多饮。可清热解毒。

另红皮甘蔗和荸荠适量煎水代茶饮，能治疗麻疹期的咳嗽。

维生素A必不可缺

研究证明，维生素A与感染特别是与呼吸道感染关系密切。维生素A缺乏可以引起呼吸道上皮细胞角化，从而增加感染的概率和危险性，而反复感染又增加了维生素A的消耗，使维生素A更为缺乏，因此形成一个恶性循环。医生曾对反复呼吸道感染的幼儿进行血清维生素A测定，发现大约70%幼儿血清维生父母一定要清楚维生素A虽然是一种营养素，但是长期大量服用可以导致中毒，一定要在医生的指导下服用，绝不可自行随便乱用。定期大剂量增补维生素A只是短期的改善措施，日常膳食中妈妈要注意给宝宝提供富含维生素A的食物，如动物肝、胡萝卜、绿叶蔬菜及奶油；提供母乳喂养，及时按月龄添加适宜的辅食；孕妇在怀孕期间也要多吃富含维生素A的食物。

素A水平低于正常，其中一小部分为严重的维生素A缺乏，可见问题的严重性。为什么维生素A缺乏会导致幼儿呼吸道反复发生感染呢？原因如下：

（1）维生素A是人体不可缺少的营养素之一，在人体的生理功能中起重要作用，缺乏时视紫红质形成不良，可致夜盲症，甚至失明。

（2）研究表明，维生素A可以维持人体上皮细胞的正常分化，特别是呼吸道、消化道上皮。当维生素A缺乏时，这些部位的上皮细胞的组织结构就会受到损伤，因而分化不良，防御病菌的能力下降，使病毒和细菌趁虚而入。

（3）维生素A是维持身体的正常免疫功能必需的。维生素A缺乏时，即使是轻度缺乏，也可使患儿体内的免疫球蛋白功能受损，增加对感染的敏感性，因而抗病能力下降；还可降低幼儿的细胞免疫能力，削弱身体抵抗细菌和病毒的能力，使幼儿的发病率和病死率大大增加。

幼儿哪些不良行为应看心理医生

1. 吮吸手指

这是婴儿时期一种常见的现象，但宝宝到2~3岁以后，这种现象就会明显减少，并且随着年龄增长会逐渐消失。如不消失，则为一种不良的行为偏差。

2. 咬指甲

这是幼儿时期很常见的不良行为，男女儿童均可发生。程度轻重不一，重者可引起局部出血，甚至甲沟炎。这种幼儿常伴睡眠不安、抽动。

3. 屏气发作

当婴幼儿受到刺激哭闹时，在过度换气之后出现屏气，呼吸暂停，口唇青紫，四肢强直，严重者可出现短暂的意识障碍。短则0.5~1分钟，长则2~3分钟。多见于2岁以内的宝宝。

4. 口吃

说话时言语中断、重复、表达得不流畅，这是幼儿期常见的语言障碍。有这种疾患的幼儿多在5岁前发病。

5. 言语发育延迟

表现为口头语言出现时间较同龄正常儿童迟缓，而且发展得也比较缓慢。18个月时不会讲单词，30个月时还不会讲短句。

6. 选择性缄默症

这是指已获得语言能力的幼儿，因精神因素影响出现的一种在某些场合保持沉默不语的现象，如在幼儿园里不讲话，但在家里讲话。多在宝宝3~5岁时起病。

7. 遗尿症

5岁以上的幼儿还不能自己控制排尿，夜间经常尿湿床铺，白天有时也尿湿裤子。男孩多于女孩。

8. 抽动症

幼儿身体某一部位的一组肌肉或两组肌肉出现抽动，表现为眨眼、挤眉、皱额、咂嘴、伸脖、摇头、咬唇和模仿怪相等。多见于5岁以上的幼儿，男孩多于女孩。

9. 入睡困难

幼儿在临睡时不愿上床睡觉，即使是躺在床上，也不易入睡，在床上不停地翻动，或反复地要求父母讲故事，直到很晚才勉强入睡。

10. 夜惊

· 小·贴士

儿童心理障碍与哪些因素有关

儿童心理障碍是指儿童心理发育偏离了正常范围。这类孩子粗看起来都很正常，实质上与正常儿童相比存在着性格脾气、情绪行为、注意力等方面的这样那样的不同。儿童心理障碍所包括的范围很广。调查结果表明，儿童心理障碍的发生一般与下列因素有关：

(1)在家庭中，如存在父母关系不和或离异，父母教育方式以打骂为主或任其自流，父母双方教育态度不一致等状况的，儿童心理障碍发生比例较高。

(2)儿童处在教育质量较差的学习环境中，未经受专业、科学、高素质的教育经历，有心理障碍的较多。

(3)另外，分娩时有脐带绕颈史或窒息史，有脑外伤或脑部疾病患者，也易发生心理障碍，称生物因素。

幼儿在睡眠中突然惊醒，瞪眼坐起，惊慌失措，表情痛苦，常伴哭喊、气急、出汗等症状，多半发生在入睡后2小时内，醒后不能回忆。以5~7岁的幼儿最为常见。

11. 夜行症

睡眠中突然睁眼，坐起凝视，下床走动。大多发生在睡后2小时内，醒后不能回忆。可见于各种年龄的幼儿，以5岁以上的幼儿居多。

12. 梦魇

从噩梦中惊醒，能生动回忆梦中的内容，并使幼儿处于极度紧张的焦虑状态。多半发生在后半夜，学龄前儿童较多见。

13. 偏食

不喜欢或不吃某一种食物，是一种不良的进食行为。这种行为在幼儿中很常见，在城市儿童中约占25%左右。

14. 拔毛癖

常常无缘无故地拔自己的头发、眉毛、体毛，多见于4~5岁以上的幼儿。

15. 依赖行为

对于父母过分依赖，这种依赖表现得与年龄很不相符。如果父母不在，便马上表现焦虑或抑郁。

16. 退缩行为

胆小、害羞、孤独，不敢到陌生环境中去，不愿与小朋友们玩。这种幼儿常常表现出对新事物不感兴趣，并且缺乏好奇心。

17. 神经性尿频

幼儿每天的排尿次数明显增加，但尿量不增加，尿常规化验也正常。排尿次数可以从正常的6~8次增加到20~30次，甚至每小时十几次，每次排尿量很少，有时仅几滴。以4~5岁的幼儿为多见。

18. 神经性呕吐

幼儿反复经常发生的餐后呕吐，但不影响食欲及体重的增长。常常具有癔症性格，以自我为中心，暗示性强，往往在明显的心理因素作用下发病，以女孩为多见。

19. 性别识别障碍

幼儿对自身性别的认识与自己真实的解剖性别相反，如男孩行为特征像女孩，或持续否认自己具有男孩特征。多见于3岁以上的幼儿。

20. 孤独症

这是一类以严重孤独，缺乏情感反应，语言发育障碍，刻板重复动作和对环境奇特反应为特征的疾病，多见于男孩，男女比例为（4~5）：1。

无论自己的宝宝多大，只要出现上面所述的各种情况，应尽早去看儿童心理医师，接受心理治疗，这样才会取得较好的纠偏效果。

训练宝宝的手

1~2岁宝宝的手比较小，骨骼、肌肉均未发育成熟，加上神经调节机能差，因此手腕活动不够灵活，5个手指也不容易单独伸直或者分开。有些幼儿学小鸟飞翔、小鸭游水总学不好，有些幼儿不会用手指搭玩具或编成小狗的形状，还有的幼儿怎么也学不会系鞋带等。

手指的灵活性差，可以先从生理上找原因，如手指发育不成熟等，有些幼儿比较胖，手部肌肉肥厚，就更显得手指短而且粗，手指动作不灵活。此外，对幼儿手指灵活性进行针对性训练不够也是造成幼儿手指灵活性差的一个重要原因。

针对幼儿手指活动能力差，父母可以采用下面的游戏方法加以训练提高。

小小手指有名字

幼儿天天用双手做游戏，却未必能准确地说出每个手指的名称。妈妈可以教宝宝认识自己的手指，先让宝宝猜下面的谜语：

（1）十个小朋友，你有我有，大家都有；

（2）十个小朋友，五个在左，五个在右；

（3）十个小朋友，只会做事，不会开口。

然后让幼儿一个一个地伸出手指，告诉宝宝每个小朋友（手指）都叫什么名字。

数数都谁"睡觉"了

妈妈先让幼儿把右手五指伸直，教他念儿歌：

小不点睡了。

二愣子睡了；

大个子睡了；

你睡了；

我睡了。

妈妈边念边让幼儿依次将小指、无名指、中指、食指、大拇指弯曲。妈妈还可以试着让幼儿用左手练，最终做到左右手一块练习。

我的小手最有劲

可以为幼儿专门设计一些练手指力量的游戏。让幼儿将两个大拇指勾起来，其余八个手指张开，指尖触桌面，使手掌悬空，八个手指向左右活动，学螃蟹走路。

让幼儿敲击玩具钢琴键，学妈妈的样子拉奏手风琴或模仿成人演奏其他乐器等，也能达到训练幼儿手指力量的目的。

我是小小编织家

妈妈教幼儿练习用手指编织各种小动物和一些生活中常见物品，比较常见易学的有小鸟、小兔、花篮、眼镜、手枪、小狗等。

小手变出"幻灯片"

妈妈教幼儿利用灯光的影子在白墙上做出各种动物的投影，通过这些有趣的活动，可达到训练幼儿手指灵活性的目的。

日常生活中许多事情都可以帮助幼儿练出一双灵巧的手，如教幼儿早用筷子。筷子是我国独特的餐具，它虽简单，却是物理学杠杆原理的绝妙运用，用筷子是手的复杂、精细动作的综合。科学家研究证明,用筷子夹食物,牵涉肩部、胳膊、腕部、手掌和手指等30多个大小关节和50多条肌肉的运动。因此,当幼儿到两三岁时,妈妈就应该开始教宝宝学用筷子吃饭。

宝宝的基础智能培养

培养方式1　爬上爬下

目的:

训练幼儿的四肢,促进手脚和全身的动作协调。

内容:

(1)妈妈把床上的被子叠好放在中间,让幼儿爬上爬下。

(2)选择不太高的楼梯、攀登架,让幼儿爬上去、爬下来。

指导:

在幼儿能在平地上爬得灵活之后,适当的让他爬一爬台阶、楼梯。在练习中要注意幼儿的安全,太高的楼梯不要让幼儿去爬。

培养方式2　玩豆豆游戏

目的:

(1)锻炼幼儿手的小肌肉。

(2)训练幼儿的弯腰、下蹲及手指的灵活性。

内容:

(1)碗里放些黄豆或红豆,妈妈教幼儿一把抓起豆豆,然后把手松开,让豆豆从指缝里漏出掉到碗里。

(2)将一些蚕豆或黄豆放在地上,妈妈和幼儿一起捡到碗中,可故意和幼儿比赛一下,看谁捡得多。这一游戏可和第一步的游戏接着进行。

指导:

(1)捡的时候要留意不要让幼儿把豆子吞进嘴里,以防呛进气管。

（2）若捡豆子对幼儿太难了，可在地上放些色彩鲜艳的小玩具让幼儿捡起来放在小床上。

培养方式3　大家都来玩

目的：

培养幼儿的认知能力，记忆、思维能力；训练幼儿的平衡感。

内容：

（1）父母先藏在家中的某一地方，不要藏得太隐蔽，要给幼儿某些线索。

（2）当孩子找到爸爸或妈妈时，爸爸把幼儿放在肩上，两手分别握住幼儿的手腕，掌握好平衡，然后在屋里转几圈。可跟幼儿说："找到爸爸了! 找到爸爸了!"

（3）让孩子自己去藏，父母不要立即找到他，应假装找一会儿再找到他，并跟他玩飞机的游戏。

指导：

"藏猫猫"和"坐飞机"都是幼儿喜爱的游戏，在"藏猫猫"时要收拾起暖水瓶等不安全的东西；"坐飞机"游戏一定要注意安全，防止闪了幼儿的身体或将幼儿掉下来。

培养方式4 积木玩法

目的：

训练宝宝的小肌肉动作和思维、想象力。

内容：

（1）妈妈给幼儿4块积木，先给他示范搭几种形状，启发其思维，然后让幼儿模仿，也可以自己创新。

（2）如果幼儿拿着积木不知往哪儿放，妈妈应耐心地手把手教他。

（3）待幼儿会搭一些基本形状之后，妈妈不必再去强调他应该怎么搭了，应让幼儿发挥自己的思维和想象能力。

指导：

妈妈示范动作要慢，要清楚。

培养方式5 饭桌上的游戏

目的：

培养幼儿的认知能力，锻炼幼儿的语言等综合智能。

内容：

（1）让孩子帮着妈妈布置餐桌，帮妈妈拿筷子、小勺子、自己吃饭的小碗。

（2）妈妈要不断地给孩子重复这些物品的名称。

（3）妈妈可问孩子："宝宝，吃不吃饭？""宝宝吃不吃鸡蛋？""宝宝喝不喝水？"

指导：

一岁孩子接触身边的事物不少，但记住的不多，因而妈妈要一遍一遍地反复多次说给孩子听，并鼓励孩子说出来。

培养方式6 认识形状

目的：

培养幼儿手的精细动作，感知不同的材料质地，了解长的、圆的、方的及各种不同的形状，训练幼儿手的触觉。

内容：

（1）妈妈拿一盒火柴，引导幼儿把火柴倒出来，再一根一根地装进去，不必装得整齐。

（2）拿一个小瓶子，给幼儿示范，把瓶盖拧下来再盖上。

（3）把围棋子分成黑、白两组，分别装进不同的盒子里。

（4）利用废纸撕成各种形状。

（5）让幼儿用手触摸不同材料的物体，如毛毯、丝织物、玻璃、皮革、石子等，并在触摸时告诉幼儿"毛毯多柔软啊""丝巾多光滑啊"等感觉。

（6）给幼儿一盆水、一个小瓶，让幼儿装满了水再倒出来，反复装，反复倒，从中体验水的性质。也可以用同样的方法玩沙子，体验沙子的特征。

指导：

（1）一盒火柴、一个有盖的小瓶、围棋子、废纸……这些在妈妈看来都是微不足道的，但对孩子来说，都是十分有趣的东西，孩子可以玩上十几分钟，妈妈应懂得这一点。

（2）这些东西都是细小的东西，在幼儿玩耍结束以后，妈妈要及时收拾干净。

（3）除了以上物品外，妈妈应在日常生活中多加观察，注意有利于发展幼儿这些能力的物品。

培养方式7 认识水果

目的：

（1）训练孩子认识各种不同的水果，感知它们的颜色、形状、味道，培养幼儿的视觉、味觉，提高认知水平。

（2）培养幼儿语音能力，感受到亲人的爱。

内容：

（1）妈妈端上一盘水果，让幼儿说盘里装了些什么，大苹果是什么颜色，橘子是什么颜色，梨是什么颜色。

（2）让幼儿把梨送给爸爸，把苹果送给妈妈，把橘子送给奶奶。

培养方式8 培养知觉

目的：

培养幼儿的空间知觉能力。

内容：

让孩子钻到桌子下，坐到墙角，钻在妈妈的两腿中间，到那些大人所不能去的地方，幼儿会感到高兴。反复多次钻爬，能使幼儿掌握上下关系、距离以及自己的身体与桌子之间的比例，用身体动作直接体验空间位置。

培养方式9　上楼梯

目的：

锻炼幼儿的行走能力，训练幼儿的平衡知觉。

内容：

（1）孩子一手牵着妈妈，一手扶住栏杆，双足在一个台阶上站稳，然后再迈上另一个台阶。

（2）在滑梯上妈妈要扶住幼儿坐下，教幼儿双手扶两旁扶栏学习滑下。妈妈要在滑梯下面扶幼儿站起来。

指导：

滑梯是这时期最好的运动工具，幼儿刚学会上楼梯还未会下楼梯，可以坐着滑下来。不过要选用矮一些的小滑梯，不宜上大孩子玩的高滑梯。

培养方式10　取玩具

目的：

训练幼儿的上肢，使幼儿的手更加灵巧。

内容：

（1）妈妈给孩子一根两头都圆滑的棍子，把一个幼儿平时爱玩的玩具丢在距离有一棍子远的地方。

（2）妈妈教幼儿去够取。

指导：

开始幼儿不会用棍子够取，常用棍子去捅，把东西推得更远。父母要给予示范：把棍子放在玩具远端向自己方向拨动。

培养方式11　戴戒指

目的：

锻炼幼儿手的精细动作，加速宝宝手指的分化。

内容：

（1）妈妈准备几个比幼儿手指略宽点的硬塑料小指环和几个比妈妈手指略大的硬塑料小指环。

（2）幼儿和妈妈坐在床上，妈妈先伸出食指，用另一手示范去戴上指环。然后，妈妈帮幼儿也戴上一个小指环。

（3）让幼儿给妈妈戴上小指环，如果成功，让幼儿自己给自己戴。

指导：

（1）指环的颜色一定要鲜艳，不能过窄，过窄不但不利于孩子练习，而且会使孩子的手指受到损害。

（2）游戏完毕，妈妈要将孩子手指上的、床上的指环都收拾起来，以免孩子误食。

第三章

1岁6月

微信扫码

辅食攻略 | 疾病预防
婴儿护理 | 益智游戏

1岁6月宝宝的护理

生理发育

体重增加约0.18（女）~0.17（男）千克。

身高增加约0.83（女）~0.8（男）厘米。

妈妈牵着能下楼梯（两步一阶）。

从瓶中倒出10个小丸。

认出自己的东西。

会说出10个字音。

会脱掉帽子和鞋。

心理特点

喜欢爬上椅子或沙发，在浴盆中玩耍，用双手探究物品，看书、翻书页，端杯喝水。

育儿要点

（1）食物烹调要有色、香、味、形。

（2）让幼儿在自由而安全的活动中成长。

（3）走窄道、翻书页。

（4）学习游戏竞赛。

（5）根据用途找物品。

（6）训练初步的辨认与分类能力。

（7）学说他人名字。

（8）睡眠不安的处理。

（9）月末做常规体检、测血色素、尿常规。

宝宝饮食的烹调方法

烹调的目的是把生的原料通过加热变成熟的食物，便于人体消化吸收；对食物杀菌、消毒；菜肴具备色、香、味、形，激发幼儿的食欲。

常用食物的切法及烹调方法

1. 切法

蔬菜——碎末；鲜豆、干豆——豆沙；豆制品——泥、碎末；肉类——去骨碎末；鱼类——去刺碎末；肝脏、血——碎末。

2. 烹调方法

大米——粥、煨烂饭；面食——蒸、煮、烩；粗粮或薯类——粥、糊、泥；肉类——烧、煮、炖、蒸；蔬菜——炒、烧、煮、炖。

在食物的切法上以泥、碎末为主，在烹调上采用蒸、煮、炖、炒、烧为主，不宜油炸。

3. 调味品的运用

婴幼儿的食物主要应烹制出食物本身的味道，调味品不应放得太多，清淡为宜，不应该使用刺激性的调味品，如辣椒、酒、花椒等。

常用食物的制作方法

豆粥：红豆、黄豆、绿豆等各种豆类加米煮烂，或大米粥加豆粉再煮熟。

菜粥：粥内加炒熟的鱼肉、肝脏等碎末或蛋花、菜末。

小·贴士

小儿进食不是多多益善

大众总以为吃得多，宝宝身体才会健壮，可实际上进食过量对宝宝是极其不利的：

（1）增加胃肠道负担。儿童的消化能力还不是很好，过量进食会引起胃肠道功能紊乱，发生呕吐、腹泻，严重的可发生水电解质紊乱和全身中毒。

（2）造成肥胖。长期过量进食，造成营养过剩，体内脂肪堆积，形成肥胖症。

（3）影响智能发育，导致"脂肪脑"。因摄入热能过多，糖可转化为脂肪沉积在体内，也沉积在脑组织，形成肥胖，使脑沟变浅，脑回减少，神经网络发育欠佳，智力下降。此外，饱食后血液相对地集中于消化器官的时间较长，脑部血流量减少的时间也延长，经常如此，大脑就经常处于相对缺血的状态，势必影响小儿脑发育。过食后，大脑负责消化吸收的中枢高度兴奋，而抑制了其他中枢，故影响智能发育。

143

甜粥：白薯、枣（煮熟后去皮去核）、山药、土豆等加米煮烂再加糖。

煨饭：软饭加炒熟的鱼肉、肝、菜末再煨烂；软饭加牛奶或豆浆、糖蒸熟；软饭加鸡蛋炒青菜末蒸熟。

软饼：面粉加土豆泥，或白薯泥，或豆腐粉，或适量鸡蛋，或牛奶、糖，或盐和葱花调匀，摊成软饼，也可在软饼内卷上豆泥或枣泥蒸熟。

蛋糕：少许油与白糖一起放入盆中，再把鸡蛋搅拌成糊状，然后加入面粉调成面糊，将面糊倒入涂好油的碗或盆内，上笼蒸或烤箱内烤25分钟。

宝宝的日常照料

此时期，做父母的应该有意识增加宝宝的活动量，同时，更要注意宝宝的安全。

小宝宝到了一岁半，妈妈的欣喜自然又增加一分。这时的幼儿也确实会有许多新的表现，让父母看在眼中，喜在心头。幼儿小小的脚丫走起路来开始显得比较平稳，他喜欢跟着妈妈在屋子里转来转去，妈妈稍不注意，回头时可能发现幼儿已经独自爬上椅子、沙发或矮茶几，让妈妈觉得宝宝真是比以前"能干"了。

这时的孩子也喜欢用自己的小手摆弄各种物体。自己动手让玩具动起来，会让孩子非常开心。如果妈妈抱着孩子让他去按墙上的电灯开关，用不了

两次他就会发现其中的奥妙。孩子会反复地开、关，并且每次都会抬头去看灯光的亮和灭。由自己的动作引起的变化让孩子乐在其中。比如妈妈挤牙膏时，不妨让孩子试一下，他很可能也能挤出来，并会

对自己的白色作品洋洋自得。这时让孩子玩串珠最适合不过了，但要防止孩子误吞。

自由而安全的活动空间对孩子十分重要，如果室内环境是按方便成人设计安排的，那么应该稍作改变了。要为幼儿准备一个属于他自己的小板凳，好让孩子搬来搬去、爬上爬下，不要忘了对孩子攀爬容易够着的电路插座采取安全保护措施。

最好的活动空间还是在室外。可以适当延长室外活动时间，让幼儿独自上台阶、"过小桥"（走窄路）、坐小滑梯，幼儿从中得到的乐趣会大大超出父母想象。

培养宝宝良好的睡眠习惯

提前准备

幼儿入睡前0.5～1小时，妈妈应让幼儿安静下来。不看刺激性的电视节目，不讲紧张可怕的故事，也不玩新玩具。入睡前要洗脸、洗脚、洗屁股。睡前让幼儿排空小便。脱下的衣服应整齐地放在相应的地方。让孩子逐步形成按时主动上床、起床的习惯。

自然入睡

幼儿上床后，晚上要关上灯；白天可拉上窗帘，使室内光线稍暗些。幼儿入睡后，妈妈不必蹑手蹑脚，只要不突然发出大的声响，如"砰"的关门声或金属器皿掉在地上的声音即可。要培养幼儿上床后不说话、不拍不摇、不搂不抱、自动躺下、很快入睡、醒来后不哭闹的习惯。训练幼儿养成不蒙头、不含奶头、不咬被角、不吮手指、不把玩具放在床上或抱玩具入睡以及不把衣裤放在床上的好习惯。不能自动入睡的宝宝，妈妈要给以语言爱抚，但不能迁就，要让孩子依靠自己的力量调节自己入睡前的状态。不要用粗暴强制、吓唬的办法让幼儿入睡。有的幼儿怕黑夜，可在床头安一个台灯，有利于幼儿安然入睡。

睡姿舒适

1岁以后的幼儿已形成了自己的入睡姿势，要尊重幼儿的睡姿，只要幼儿睡得舒适，无论仰卧、俯卧、侧卧都是可以的。

如果幼儿晚上刚喝完奶就要入睡，宜采取右侧卧位，有利于食物的消化吸收。若幼儿睡得时间较长，可以帮他变换姿势。

睡眠不安的处理

有些孩子夜里睡眠不安、易惊醒、哭闹，父母便立刻将其抱起来又拍又哄，让其再度入睡，结果幼儿很快习惯在父母怀里睡眠，于是不拍不哄便不再入睡。对偶尔出现的半夜哭闹，要查明原因。如白天是否受了委屈、听了惊险的故事，睡前是否吃得过饱，或饥饿、口渴、尿床、内衣太紧、床品太硬以致躯体不适，以及是否有肠道寄生虫或其他原因导致的腹痛、呼吸道感染导致的鼻塞等等，若有则应给予相应的处理，若无躯体疾病，则应改变其睡眠环境，如让其一个人独睡。若宝宝夜间醒来，父母应克服焦虑情绪，既不宜过分抚弄孩子，也不要烦躁或发脾气，则夜间哭闹可自行纠正过来。

宝宝的自我意识发展

解释原因

1~2岁的宝宝，自我意识渐渐增强，他们的好奇心也很强，不知道什么是危险，对一切都无所顾忌。当妈妈拔下电吹风的插头，刚梳了两下头发，低头一看，宝宝正在脚下试图将插头插进电源插座。这时，妈妈要对宝宝说"不"，告诉宝宝："电是很有用也很可怕的东西，它会变成火烧着你的，那时候你就见不到妈妈了。"宝宝便很容易接受。

父母意见要一致

宝宝要吃冰激凌，爸爸同意，妈妈却不同意，意见相悖，宝宝就不知道谁更正确，而且也易造成宝宝的投机心理，对支持他的一方有好感。因此在发生类似情况时，即使一方说得不太合理，也不要当着宝宝的面反驳，应当在私下沟通。

坚持到底

宝宝看到好玩儿的玩具就非买不可，而他已经有好几件这样的玩具了。这时妈妈就应该很坚决地告诉他"不能买"，即使宝宝又哭又闹，都不要动摇。如果有一次妈妈向他妥协了，那么今后碰上类似的情况，宝宝还会使出如此的手段，而且一发不可收拾。

不能讲条件

宝宝吃饭磨磨蹭蹭，妈妈对他说："吃不完饭，就别想看动画片。"这种方法可能会奏效，但另一个不好的问题是，宝宝也会仿效妈妈，动不动就讲条件。

可给宝宝其他选择的机会

宝宝非要吃冰激凌，而他虚弱的脾胃可能会因此闹病，妈妈可以对他说："你的胃不好，吃冰激凌该拉肚子了，肚子会疼，你可以吃酸奶或喝牛奶，这两个你吃哪个？"与宝宝用商量的语气说话，给宝宝一个选择的机会，宝宝会乐意接受。

不能总说不

宝宝进行某些危险活动或提出不合理要求时，妈妈才能说"不"。对宝宝不可限制太多，否则宝宝会把妈妈的警告当作耳边风，而且这样也会使宝宝变得胆怯或是产生逆反心理。

保护乳牙很重要

乳牙很重要

妈妈千万不要以为乳牙发生牙菌斑或乳牙坏掉无关紧要，反正日后要换掉。乳牙如果发生疾病，将会影响孩子摄取必须的营养，使生长发育受阻，更为重要的是会使未萌出的恒牙受到严重损害。恒牙大约在孩子3岁时就已在乳牙下的齿槽中形成，乳牙被破坏，就失去了对恒牙萌出后正确位置的引导作用，使恒牙长出后发生牙列紊乱、牙齿错位及面容畸形，很容易发生龋齿，影响孩子的身心发育。实际上健康的乳牙关系到孩子一生的健康，是一个文明健康的孩子的重要标志。因此，一旦孩子乳牙有牙菌斑，一定要及早去治疗。

科学护牙

幼小的孩子对于保护牙齿是没有任何意识和方法的，只有妈妈精心打理才能保持幼儿牙齿的健康。孩子一出生，妈妈就应把健康文明的爱牙理念输送到

孩子的头脑里：

（1）未出牙前，每次给婴幼儿喂完奶或是喝过果汁后，妈妈在手指缠上消毒过的湿纱布，或者用棉棒蘸上清水，擦拭婴幼儿的口腔黏膜、牙龈及舌头。

（2）婴幼儿的牛奶中尽量不加糖，控制婴幼儿吃冰激凌、糕点、糖块及喝高糖分的

饮料，平时多给宝宝喝白开水。

（3）婴幼儿长出牙，哪怕是一两颗也要开始进行护理，并掌握正确清洁口腔和牙齿的方法。每一次就餐后，妈妈可用指套牙刷蘸取清水，清洁小牙齿的每一面，或者用以上提到的清洁棉棒、纱布给宝宝擦拭也可。

（4）断奶后的婴幼儿饮食要均衡，不要偏食，每天的饮食要有五谷杂粮、牛奶及奶制品，多吃蔬菜和水果，要有足够的膳食纤维供婴幼儿练习咀嚼。

（5）选用最安全、可靠、适合婴幼儿的刷牙和护牙用品，从6个月起定期去看牙科医生。

（6）纠正婴幼儿经常吮指、吮唇、吐舌以及4岁以后还在吸吮奶嘴的不良习惯。

及时诊治异常情况

婴幼儿出现乳牙早失时，妈妈应该带孩子到牙科做牙齿间隙保持；出现反颌、牙列拥挤、牙齿错位等情况，应该去口腔科看医生，大力配合医生对孩子进行治疗。

选用护牙产品要理智

市场上种类齐全的宝宝护牙产品在婴幼儿需要的时候可以用，如婴幼儿在出牙期牙龈总是发痒，可以给他"磨牙饼""咬牙胶"和"固齿器"等，或是婴幼儿需要安慰时可以用安抚奶嘴来安抚婴幼儿的情绪。但选购护牙用品时头脑要理智，一定要在专业医生的指导下选用。因为，这些产品妈妈不能确定它是否符合医学专业要求，可能会给婴幼儿造成很多不良后果。

护牙用品的选择

1. 磨牙饼

为婴幼儿特制的一种饼干，富含各种维生素和矿物质。通过咀嚼这种硬度适中的饼干，能有效促进婴幼儿乳牙的萌出、锻炼咀嚼肌及促进牙弓和颌骨的发育。

2. 咬牙胶

一般在乳牙尚未萌出时使用。咬牙胶采用无毒的软塑胶制成，有多种设计，有的突出沟槽，有的具有按摩牙龈的作用，有的还会发出奶香味或水果味，婴幼儿普遍喜爱。

3. 固齿器

固齿器可帮助婴幼儿锻炼嚼、咬的动作，提高牙齿的坚固性，同时还能减轻婴幼儿出牙时不舒服的感觉。

宝宝家居用药禁忌

（1）妈妈在对婴幼儿病情和药物知识不完全了解的情况下，不能擅自用药。如婴幼儿腹痛可由多种病引起，在病因不明之前，不能随意乱用止痛药，防止掩盖病状而延误病情。

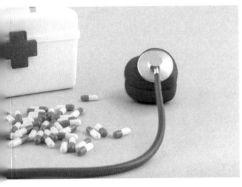

（2）注意查看药物的有效期，过期的药物马上处理掉，绝对不能再使用。但也不能将有效期作为唯一的参照，对于拆封后保存不当的药物，尽管没有超过有效期，但由于被外界细菌污染，也不能再给婴幼儿服用。

（3）所有的药物都必须写明药品名称、用途、用法、用量及有效期限，当这些说明不清时，切记不要给婴幼儿使用。

（4）婴幼儿的药物不可随意放置，应存放在一个避光、阴凉、干燥及清洁的地方，根据不同药物的特性注意使用和保存。如维生素C和鱼肝油滴剂，使用后马上盖上瓶盖；酒精要注意包装严密，防止挥发；各种生物制剂及有些抗生素一定要放置在2~10℃的温度下保存，以免降低效果；眼药水须放在4℃冰箱中保存，以免药品变质；中成药要格外注意防潮，不然会发霉、生虫，而且不宜长久存放。

（5）不能乱给婴幼儿服用驱肠虫药，即使是非处方药。如1岁以下的婴幼儿禁止服用双羟萘酸嘧啶，2岁以下的婴幼儿禁止服用甲苯达唑、阿苯达唑。

（6）在用药之前注意观察婴幼儿对该药是否有过敏反应，如果有则不得使用。使用抗生素时，必须注意剂量和使用时间。

（7）婴幼儿患湿疹时，不可给婴幼儿使用强效皮质激素类外用药，而且不可用药面积过大，用药时间过长，应使用较弱效的制剂，以免引起皮肤萎缩、鱼鳞样皮肤病变、毛细血管扩张及酒渣鼻样皮炎。

（8）给婴幼儿使用中成药时应注意：感冒发烧时，应停止服用滋补药；健胃药及对胃肠有刺激的药，应在餐后服用；泻下药和驱虫药服用时要空腹；安神药宜在睡前服用；平喘药要在发作时使用。

（9）中西药联合使用时，应该注意合用后的不良作用，如酸性中成药（如山楂丸、保和丸）不能与碱性西药一同服用，否则会使药物失去有效作用。

（10）一定要按医生嘱托的剂量、用药次数、用药间隔来使用，不可自行变动和停用，要认真遵守，以免影响疗效。

（11）不可和杀虫灭鼠药或其他有毒性物品存放在一起，平时应把常用药品集中放置在一个既固定又让婴幼儿拿不到的地方，最好加锁，以免婴幼儿误服。

秋天宝宝润肺化燥粥

9月的时候，天气转凉，又到了尽享秋季美食的时节，此时的气候是天干物燥，婴幼儿容易发生虚火上

小·贴士

怎样识别变质药物

服药前特别要注意药物有效期的标示，在有效期内用药一般是安全有效的。有些药物外观上看不出什么变化，其实内部已经发生了变化，质量不能再保证。一般药物的有效期有以下3种标示方法：

（1）在药物标签上标示的是使用有效期，如有效期2022年6月，表明药物可以使用到2022年6月底。

（2）在药物标签上标示的是药物失效期，如失效期2022年6月，表明药物可以使用到2022年5月。

（3）在药物标签上印有药品批号，即表示药物生产出来的日期，如药物标签上标示20220601，说明药物是2022年6月1日生产的；进一步根据所标示的有效使用期限推算，就能知道可以使用到何时为止。

药物大多是化学性物质，如果保存不当或是过期，常常会发生理化性质的改变，使药物的外观发生这样一

些变化：

（1）药片颜色变色、质地松散、有斑点或霉点。

（2）糖衣药片的表面颜色发生褪色，露出底色或呈花斑状、彻底变色、崩裂。

（3）药粉结成块状、变色或有霉味、异味。

（4）胶囊受潮后会发黏，里面的药粉结块。

（5）口服的澄清药水变得混浊、有沉淀，颜色改变，药水发酵，有异臭。

（6）中成药片或药丸发生霉变、生虫、潮解。

延、肺气亏虚。所以，在此教妈妈们做两款化燥润肺的秋季主食。

合河二鲜粥

制法：荸荠去皮煮熟，捞出压碎，百合切细丝，然后用煮荸荠的水加入粳米、百合和荸荠泥同煮成粥，放至微温，加少许白糖喂食。

指导：百合、荸荠在此被戏称为"合河二鲜"，百合和荸荠均可入药，又是常用的滋阴补气的食疗品。荸荠水生，清凉化燥润肺，刚刚入秋的时候不难买到。从营养学的角度看，百合、荸荠所含的可溶性膳食纤维，可保持婴幼儿正常的排便规律，从而减少便中有害物质的吸收。

秋梨炖山药

制法：秋梨去皮切小丁，加水与冰糖熬制，山药切丁烫过后与梨水同煮至黏稠软烂，放凉后食用。

指导：秋梨与山药都是能够滋补肺气阴虚的食疗品，山药又是一种富含淀粉的块茎类蔬菜。秋梨炖山药既可作为婴幼儿的主食，又可做妈妈的点心，秋天里食用，长幼皆宜。

如何让宝宝乖乖上床睡觉

为了让孩子睡觉，就要有些前期准备工作，以使婴幼儿很乐意地去睡。

宝宝正在搭积木，这是一件"浩大"的工程，妈妈知道宝宝一时半会儿盖不完。妈妈就要亲切地对宝宝说："宝贝，现在该睡觉了，明天再盖。睡好觉明天咱们好有精神盖更好的房子。"不强迫宝宝去睡觉，宝宝是很容易接受父母建议的。父母也要对宝宝的听话行为进行肯定与表扬。让宝宝感觉到乖乖地去睡觉是一件愉快的事。

按时完成宝宝睡前的程序

婴幼儿睡觉前都有一系列程序，要有条不紊地完成。如：

（1）睡觉前，妈妈要给宝宝洗澡，洗澡时不能给宝宝戏水玩具，如果给宝宝玩的东西，宝宝很快变得兴奋起来，就延误了上床时间。

（2）让宝宝小便，防止因有尿而不易入睡或夜间尿床。

（3）给宝宝换上宽松的睡衣。

（4）给宝宝关好门窗，拉上窗帘。

（5）妈妈把宝宝放在小床上，并为他掖好被子。婴幼儿的床品要柔软舒适，最好上面绘有卡通图案，如米老鼠、唐老鸭或是小白兔。

房间温度应较恒定，在冬天时不太冷，夏天时不太热。因为过冷过热都不易使婴幼儿入睡。

（6）宝宝喜欢的布娃娃或玩具熊也要放在他身边，让宝宝感觉安全。对于这个年龄段的宝宝，还要保障不会造成窒息。

（7）妈妈应该将灯光调暗，可以放一些轻柔舒缓的背景音乐，使婴幼儿静下来。

（8）不拍、不摇、不抱宝宝，让他安静地躺在床上。

（9）如果孩子喜欢听故事，妈妈可以给他讲一两个短小的故事，但不要讲

2岁左右的宝宝一般在晚上八九点钟上床睡觉为宜，早晨六七点钟起床。为了让孩子按时睡觉，睡前程序妈妈要提前15分钟左右开始，不要等快到点了，才匆忙准备。

各年龄段宝宝睡眠时间参考：

1个月宝宝每天睡眠时间为16个小时左右；

6个月宝宝每天睡眠时间为14个小时左右；

1岁宝宝每天睡眠时间为13个小时左右；

2岁宝宝每天睡眠时间为12个小时左右。

恐怖故事。有些孩子喜欢每天反复听一个故事，百听不厌，妈妈就按他的要求讲好了。

（10）妈妈对宝宝说："睡吧！宝贝。"然后吻一吻宝宝的小脸蛋，宝宝会很满足。

如此的程序下来，妈妈会发现，孩子一会儿就睡着了。有时侯可能也有例外，比如，宝宝白天去了动物园，他兴奋地跟你说着他看到的动物，这时候妈妈可以做个听众，宝宝说得筋疲力尽，自然就睡了。

好的睡眠习惯一旦养成，妈妈就很省事了。

当宝宝要别人东西时

婴幼儿要别人的东西是一种很普遍的现象，同样的东西也总是觉得别人的好。原因并不复杂，主要是因宝宝缺乏知识经验和好奇心强所致，没有什么不良动机。但是对于这种现象，父母不能放任自流，等待宝宝的自然过渡和现象自然消失。对宝宝这种行为的态度和处理办法是否得当，将直接影响宝宝的人格品质。如果自己的宝宝看见别人有什么东西都想据为己有，那是一种危险的人格特征，甚至将来可能导致犯罪。

怎样克服呢? 关键在于正确引导。

（1）增加宝宝有关的知识。通过比较使宝宝知道自己手里的东西到了别人手里还是那个样子，不会变。如果明明家里有，可宝宝偏要别人的，此时妈妈不要阻止，在接受了别人的东西后和自己家里的作对比，让宝宝亲身体会到是一样的，以后宝宝就不会再犯同样的错误了。

（2）要引导，不要压制。压制会使宝宝产生常说的"逆反心理"，即产生更强烈的要得到和了解它的愿望。在宝宝要别人的东西时，妈妈可以温和地提醒宝宝，使他回忆有过和这种东西接触的体验（即回忆起曾吃过或玩过的某种东西），因为在宝宝的认识活动中表象很活跃，这种做法有助于解除宝宝的强烈要求。

（3）注意转移法。当宝宝要别人的东西而这种东西自己家确实没有时，如经济条件允许，可以答应给宝宝买一个，并一定要做到。如果条件不允许，应该把宝宝的注意引向别处。

（4）交换法。可试着用交换玩具或食物的方法，这在满足宝宝好奇心的同时，还可防止宝宝独霸和占有欲的产生。如宝宝要别人的玩具，就让宝宝拿自己的好玩具去和小朋友交换着玩，并教宝宝用商量的口吻、友好的态度，征得对方的同意，使双方都满意。

宝宝的情绪发泄

所有的宝宝都会发脾气，当愤怒的情绪在宝宝身上发作时，父母该怎么办呢？

（1）给予宝宝足够爱抚，使宝宝感到舒适。父母平时要多关注宝宝，在他感到不舒适时，应立即予以解除，避免宝宝因难受、不舒适、得不到爱抚而产生愤怒的情绪。

（2）注意克服独生子女的孤独感。宝宝1岁以后，由于行走动作的发展，不仅产生了对周围事物的探索兴趣，而且产生了强烈的和人交往的愿望。由于许多独生子女家住单元楼房，且父母是双职工，工作忙，家里又缺少小伙伴，很容易产生孤独感，因此焦虑易怒。所以，父母要多给宝宝提供交往机会，克服宝宝的孤独感。

（3）注意不要给宝宝过多的刺激或过于突然的刺激。过多的刺激会使宝宝难以接受和应付,易产生愤怒焦虑的情绪。在容易引起宝宝情绪变化的事件发生前,要使宝宝有一定的思想准备(或称"过渡")。如在宝宝入托前要做些心理上的准备,如果没准备就让宝宝突然离开父母,会使宝宝产生焦虑和愤怒的情绪,甚至会在地上、墙上或小床上撞头。

(4)如果撞头成了宝宝的一种习惯动作,要注意纠正。如果宝宝无意中把头撞在某种东西上,不轻不重,甚至会有些快感,那宝宝还会重复这一动作,以获得连续的快感。父母要采用转移注意力等方式逐渐克服宝宝的这种不良习惯。

如果宝宝是碰撞自己头的侧部,父母应考虑是否有耳部感染症状。宝宝还无法用语言向大人传递身体感觉不适的信息,年龄越小越应注意。

不要时常吓唬宝宝

吓唬宝宝是一些父母常用的一种手段。为了让宝宝快些入睡,妈妈经常会说:"快睡,再不睡爸爸就来咬你!"这种做法对宝宝人格形成的危害是父母难以料到的。

(1)吓唬宝宝的办法会使宝宝对某些事物产生错误的观念,是非不明,真假不分。

(2)吓唬宝宝会使宝宝遭受精神损伤。

(3)吓唬宝宝会使宝宝形成胆小、懦弱的性格。

1~2岁的宝宝最初是什么都不怕的。但是,一旦有了恐惧的经历,就会有较长时间的影响。1~2岁的宝宝对周围世界很敏感,但对不愉快的东西还不能防御,因此,父母要努力使宝宝减少恐惧的体验。以下几种情况有可能引起宝宝的恐惧:

(1)睡觉醒来,妈妈不在身边,只有自己一个人。宝宝会吓得爬起来又哭又叫。经过10~15分钟以后,宝宝会感到孤独和恐怖。从此以后,一看不到妈妈,就会非常害怕,于是就缠住妈妈,片刻不离。即便妈妈到厕所去,宝宝也要追在后面,站在门外哭泣。宝宝1岁半前后,这种情况会很多。

宝宝一个人在家午睡时，妈妈不要外出。晚上宝宝睡着了，父母也不能出去散步。否则，宝宝一旦醒来，发觉自己被扔下，会产生恐惧感。

（2）洗澡时，有不舒服的体验。父母在给宝宝洗澡时，由于疏忽，把肥皂水弄到宝宝眼睛里引起了疼痛；或是不小心把宝宝脸泡到了水盆里。有过这样的体验之后，宝宝很难高兴地洗澡。因此，父母在给宝宝洗澡时要谨慎小心。

（3）有些特别敏感的宝宝，对大点的声音，如电话铃声、门铃声、汽车喇叭声及吹风机的声音、冲马桶的声音等都很害怕。妈妈对这些宝宝要特别细心，不能用可怕的东西或可怕的声音吓唬宝宝，不能认为这些是对宝宝的锻炼。

娇生惯养会损害宝宝大脑

父母都希望自己的宝宝将来能有所作为，因此，就给宝宝提供优越的条件。儿童心理学家告诫家长：娇生惯养会损害宝宝的大脑。

孩子降生后，面对复杂的人类社会和变化万千的大自然，在遇到各种挫折和阻力时，大脑将会以积极的条件反射形式进行调节，以适应外界各种变化。

有些宝宝的家长出于对子女的疼爱，精心设计安排特定的环境，以防宝宝受委屈。对待孩子的要求百依百顺，即使蛮横无理也要迁就。这样娇生惯养，会使孩子娇弱无能，造成神经反射机能失调，降低大脑对环境的调节和控制能力。

婴幼儿的各种本领都是大脑对周围环境的条件反射能力，这种反射只能通过高级神经中大脑皮层来完成，客观环境越复杂，反射机能越强。而人为使宝宝局限于衣来伸手、饭来张口的下意识活动之中，只需要大脑低级部位调节即可。因而降低了皮质部位的功能，甚至会损害大脑神经功能。即使生活在异常舒适的环境里，也可能产生异常行为，引起小儿神经质，出现以性格改变为主的高级神经机能失调的各种症状。

乱涂乱画和语言发展的关系

幼儿周岁以后，便会拿起笔来乱涂。这种情况一直延续到2岁左右，这一阶段称为涂鸦期。涂鸦对宝宝语言的发展有着直接的作用。

科学家曾做过这样的实验：把纸和绘画的工具递给一个15~18个月的宝宝，结果，宝宝便乱涂起来。科学家发现这个宝宝只要一看到自己在纸上画的东西时，就哈哈笑起来，并且一边牙牙学语，一边继续画下去。可当宝宝手中的笔在纸上没有留下痕迹时，宝宝就停下来了，这一现象很明显地说明绘画时宝宝的视觉因素与语言表达有密切关系。画的活动可以刺激宝宝语言的表达，特别是对那些说话能力差或语言发展迟缓的婴幼儿更是如此。

大家知道，语言、文字是用来表达思想的一种形式，而图画则是另一种更为直接了当的形式。比如用符号来表示国际性的图表，不同语言的人都能一目了然。婴幼儿的涂鸦也是这个道理，当宝宝兴致勃勃地画画时，小小的脑袋瓜中一定有些只有他们自己才知道的幼稚、离奇的想法。如果宝宝边画边讲边叫，一定是思维极为兴奋，在积极活动着，要急于表达出来。

宝宝发出的各种声音就是表达的语言形式，只是家长尚不了解或不全了解。这种涂鸦及表达方式，能促进宝宝左右脑的发展。

宝宝涂鸦期，家长要为宝宝准备些画、涂、写的工具，在宝宝高兴时，让他随心所欲地涂涂画画。家长也应参与这种有趣的活动，要用语言鼓励宝宝，即使不懂宝宝画什么时，也要假装十分理解，高高兴兴地同宝宝讲话，并注意帮助宝宝养成画好一张就仔细看看讲讲的好习惯。以上这些对培养宝宝的口语表达能力和今后的阅读能力是起直接作用的。

宝宝玩锅碗瓢盆的乐趣

响叮当

准备：几个小一点的锅盖。

玩法：妈妈将其中两个锅盖系在腰间，然后，两手分别拿另外两个，互相敲击发出声音。

益处：训练婴幼儿空间方位感、手眼的协调能力和思维反应力。

转盘子

准备：几个塑料盘子。

玩法：妈妈将盘子垂直放在桌面上旋转，让宝宝试着转，还可以连续转几个盘子。

益处：锻炼婴幼儿手和眼睛的协调能力，为将来拿筷子、拿笔做好准备。

盖高楼

准备：相同数量的盘子和碗，材料最好是塑料的。

玩法：妈妈教婴幼儿将盘子和碗分别交替叠高在一起；或按妈妈的口令做，如：放一个碗再放一个盘子，或放两个碗再放一个盘子等。

益处：锻炼婴幼儿的平衡能力和次序感。

涂鸦是安静的游戏活动，需要专注的状态。孩子在涂鸦过程中，需要动手、动脑双重活动，并且他们对涂鸦充满了兴趣，因此能够自觉控制注意力，仔细、耐心地坚持完成自己的作品，能够促使幼儿养成良好的学习习惯。

（5）涂鸦能培养幼儿敏捷的思维能力。在涂鸦中，不断变化涂鸦的方向，宝宝的大脑在飞速运转不断给手指发布指令，手指涂鸦完成后飞速反馈给大脑。又或者停下笔来想想，这里画一笔，那里涂一笔。就是在这样不断的思维活动中，完成自己认为尽善尽美的作品。

运球

准备：一个大的汤勺，许多乒乓球，两个锅。

玩法：妈妈将一个锅里放乒乓球，让宝宝用汤勺舀乒乓球放到另一个远一些的锅里。

益处：锻炼婴幼儿的平衡能力和四肢的协调能力。

吹球

准备：3~5个碗，一个乒乓球。

玩法：妈妈将碗放成一排，乒乓球放在碗里，让宝宝用嘴去吹气，将乒乓球从第一个碗里吹到最后一个碗里。

益处：锻炼宝宝的肺活量。

辨声音

准备：一些不同质地的锅、碗和盘子。

玩法：妈妈先让宝宝自己来敲打器皿，然后妈妈来敲。让宝宝分辨器皿发出的声音。

益处：锻炼婴幼儿的听觉能力、记忆能力以及对音乐节奏的简单认识。

套碗

准备：5~10个大小不同的碗。

玩法：妈妈让宝宝将大小不同的碗按次序套在一起。

益处：培养宝宝通过触摸不同质地、不同重量的碗，分辨大小、轻重等。

摸一摸

准备：不透明的袋子和一些餐具。

玩法：妈妈把一个餐具放在袋子里，让宝宝闭上眼睛将手伸进袋子里摸一摸是什么。

益处：培养婴幼儿的触觉，尤其是手掌敏锐的触觉。有助于宝宝产生掌握反射，以防自己跌倒、摔伤。

听声音

准备：5~10个不同的容器，并且装水。

玩法：妈妈用筷子敲装满水的容器，让宝宝自己听，由此分辨声音的高低。

益处：听觉对婴幼儿今后语言能力的发展非常重要。此游戏训练婴幼儿的听觉。

透明水

准备：3碗放有白糖、盐、白醋的水。

玩法：妈妈教宝宝尝一尝，分辨是什么水。

益处：培养婴幼儿味觉的辨别能力。

到大自然中做游戏

水

水是婴幼儿最感兴趣的。妈妈可以带宝宝到小溪、池塘、瀑布或海边去看水戏水，也可以让宝宝玩各种和水有关的游戏。

用塑料管吹肥皂泡，宝宝看到五颜六色、大大小小的肥皂泡在空中飘来荡去，宝宝会很高兴。

把纸折的小船或塑料小鸭、玩具船等浮在水上玩。

妈妈可以让宝宝随心所欲用小盆、小桶提水浇花、浇树等。

沙

沙粒柔软细滑，宝宝很喜欢玩。沙子可诱发宝宝无穷无尽的创造设想，而且可以反复使用。

在城市的家庭中，妈妈应该为宝宝准备沙或沙箱，让宝宝可以随时建起"高楼"，也可随时推倒再来。

让宝宝在沙上"修路""架桥""挖山洞""造房子"，也可以加上一些水，做成"水库""河流"等。

将水和沙子混合，妈妈可以指导宝宝做出各种各样的物体形状。

面团

面团是干净卫生的玩具。妈妈可以在做饭和面时，先给一点面粉让宝宝摸一摸，然后倒入水，揉成一块软硬适中的面团。

妈妈教宝宝用面团随意地捏成小人、小鸭等自己能够想象出来的东西。妈妈还可以在面团中加食用色素，将面团变成彩色面团。

注意不要让宝宝把面团吞下。

树叶

树叶的形状、颜色千姿百态，能为婴幼儿提供充分的游戏空间。

让宝宝拾树叶进行比较和分类，培养宝宝的观察力。

宝宝练手的筷子游戏

找平衡

准备：一双较宽的筷子。

玩法：妈妈教宝宝将两支筷子交叉搭成十字，用一支筷子架住另一支筷子，争取上面的筷子不掉下来。此游戏动作难度较大，妈妈可协助完成。

益处：锻炼婴幼儿的平衡能力和耐力。

过桥

准备：筷子一双，小球一个。

玩法：妈妈可以和宝宝同时将小球放在两支筷子中间，筷子保持平衡别让小球掉下来，比比谁坚持的时间长。

益处：锻炼婴幼儿的手眼协调能力。

飞机飞

准备：筷子。

玩法：让婴幼儿用手背托住一根筷子，保持平衡不让筷子掉下来并向前走。

益处：锻炼婴幼儿的平衡感觉和专心度。

戳洞洞

准备：筷子、报纸。

玩法：妈妈将报纸拉紧两端放置半空中，让婴幼儿用一支筷子在报纸上快速扎洞洞。

益处：锻炼婴幼儿的手眼协调能力和准确性。

赶小球

准备：筷子、小球。

玩法：在桌子上摆两个球门，妈妈和宝宝各拿一支筷子，赶着一个小球进球门，看谁先进门。

益处：锻炼婴幼儿手眼的协调能力和准确性。

夹纸球

准备：筷子、纸球。

玩法：用筷子练习夹纸球，妈妈可以和宝宝进行比赛。

益处：锻炼婴幼儿手部小肌肉群的灵活性和专心度。

摆图形

准备：多根筷子。

玩法：妈妈可准备几种图形给宝宝演示，让宝宝用筷子摆出图形。

益处：锻炼婴幼儿的创造力，增强空间方位感。

15~18月宝宝的社交本能

这一时期婴幼儿的独立性逐日增强，在穿脱衣物上或家务活上能帮上一点忙，对周围的事物表现出自己的爱，对大人也越来越感兴趣，经常模仿他们，大小便已会有所表示。

（1）让婴幼儿帮助做些简单的事情，自己脱袜子或戴帽子，妈妈洗脚时有意识地叫婴幼儿给递一下擦脚浴巾，培养婴幼儿助人的本能。

（2）当婴幼儿对别的小朋友、宠物及亲戚表现出爱和关切时，要及时鼓励并表扬，激发婴幼儿表达爱意的行为。

（3）给婴幼儿穿上满裆裤，嘱咐婴幼儿在大小便之前要告知妈妈，帮他解开裤子，让其自己坐盆，做到白天基本上不尿湿裤子。虽然有些麻烦，但这样做有利于婴幼儿适应社交生活。

宝宝语言能力培养

培养方式1　扮鸭子

目的：

（1）培养婴幼儿的模仿能力。

（2）训练婴幼儿练习念简短的儿歌，促进语言发展。

内容：

（1）父母做小鸭爸爸或小鸭妈妈，戴上鸭子头饰，让婴幼儿当小鸭。鸭妈妈领着小鸭边找东西边走，并发出"呷呷呷"的叫声，头一摇一摆，模仿小鸭吃食的样子，让幼儿跟着模仿。可以随口念儿歌："呷呷呷，我是小小鸭。"让孩子跟着模仿。

（2）玩过几遍后，让婴幼儿尝试做鸭妈妈。父母在适当的时候给孩子提示或帮助，让孩子体验扮演不同角色的快乐。

指导：

随便更换模仿动作，锻炼婴幼儿学说简单句的能力和练习发音。发音练习很重要，它能够帮助婴幼儿掌握标准的语音，调动婴幼儿想说话的积极性。

培养方式2 跟着做

目的：

（1）培养婴幼儿听指令做动作的能力，训练婴幼儿的语言理解能力。

（2）培养婴幼儿念简单的儿歌，锻炼婴幼儿对语言节奏感的感知。

内容：

（1）妈妈和孩子相对而坐，妈妈边做动作边念儿歌，让孩子也做同样的动作。儿歌如下：

"请你跟我这样做，我就跟你这样做，小手指一指，眼睛在哪里？眼睛在这里（用手指眼睛）。"

"请你跟我这样做，我就跟你这样做，小手摸一摸，鼻子在哪里？鼻子在这里（用手摸鼻子）。"

"请你跟我这样做，我就跟你这样做，小手指一指，耳朵在哪里？耳朵在这里（用手指耳朵）。"

"请你跟我这样做，我就跟你这样做，小手指一指，嘴巴在哪里？嘴巴在这里（用手指嘴巴）。"

"请你跟我这样做，我就跟你这样做，小手指一指，小手在哪里？小手在这里（用手摇两下）。"

（2）练习几遍后，让孩子说"我就跟你……"，可先和爸爸示范一下。如妈妈说："请你跟我伸伸手。"边说边做伸手的动作。爸爸接着说："我就跟你伸伸手。"同时做伸手的动作。在孩子参与的时候，可先让爸爸带着孩子一起做，然后慢慢地让孩子单独做。可做各种各样的动作,让孩子学说"伸伸手""弯弯腰""喂小猫""种种花"等短语。

指导:

只要能调动婴幼儿的兴趣,儿歌可以随时创编。另外,尽量渲染游戏的气氛,用比较自由的形式调动婴幼儿的参与热情,激发婴幼儿想说愿说的热情。

培养方式3　抱娃娃

目的:

(1)在游戏中教婴幼儿学说"娃娃、抱娃娃"等短语。

(2)通过照顾娃娃的活动,培养婴幼儿关心他人、照顾他人的良好品质。

内容:

(1)妈妈为孩子准备一个布娃娃,准备小床、小被子等,和孩子一起玩娃娃,给布娃娃喂饭、穿衣等,教孩子学说短语。

(2)可以以时间为序。首先设置情境,妈妈念儿歌:"喔喔喔,公鸡叫,娃娃要起床。"妈妈和孩子一起照顾娃娃,给娃娃穿衣服,边穿边念:"乖娃娃,起床来,太阳公公把他夸。"或者说:"娃娃起床了。"然后,妈妈又念儿歌:"乖娃娃、娃娃乖,不哭也不闹,来把饭儿吃。"然后教孩子喂饭,边喂边说:"娃娃吃饭。"

(3)运用相同的方法,教孩子学说"娃娃洗澡""娃娃睡觉"等短语。

指导:

妈妈可极力渲染情境性,可用一些语言,如"哎呀!娃娃怎么哭了呢"启发婴幼儿想想问题,然后说:"噢,原来是娃娃饿了,我们来给娃娃喂饭吧。"用一些情境性的语言来激发婴幼儿关心他人的良好行为,在学语言的过程中,促进孩子的品德形成,培养良好的非智力因素。

培养方式4　礼物

目的:

(1)通过游戏,锻炼婴幼儿命名常见物体的能力,丰富婴幼儿的词汇。

(2)培养婴幼儿辨认常见物体,锻炼婴幼儿的认知能力。

内容:

（1）妈妈给孩子戴上小熊头饰，给孩子讲《小兔的生日》的故事。（可自编故事）

（2）妈妈告诉孩子说："小兔过了一个快乐的生日，今天小熊也该过生日了，我们看看熊爸爸给他带来了什么礼物。"扮演熊爸爸的爸爸拿着一个圆筒进来说："熊宝宝，看看爸爸给你带了什么礼物。"边说边晃动圆筒，使其发出声响，同时又对小熊说："咦，是什么声音？""哪来的声音？里面是什么？"当小熊非常想看时，爸爸就打开筒的盖子，把东西一样样地倒出来。倒出一个讲一个："噢，是球！""是积木！""是铁锤！""是纽扣！"让婴幼儿一一辨认，并说各种名称。

（3）可更换角色，让妈妈演熊妈妈，给小熊送礼物。爸爸可给予适当的帮助，以巩固常见物体的名称，并加以辨认。

指导：

这个游戏应该在孩子会简单对话的前提下进行，千万要注意孩子的安全，防止孩子把纽扣等细小的物体吞咽下去。

培养方式5 摸摸看

目的：

（1）帮助婴幼儿认识各种物体的质地，并能加以简单描绘。

（2）积累婴幼儿的触觉经验，发展语言。

内容：

妈妈培养孩子多用手摸不同材料的物体，如毛毯、桌子、玻璃、皮包、石子、真丝衣服、塑料盒、书、墙壁等，并在触摸时提醒孩子"毛毯多柔软呀！毛茸茸的""纱巾多光滑呀！光滑滑的""石头多硬呀！硬硬的"等感觉，并教孩子说表示感觉的词和短语。

指导：

寓教于生活中，是婴幼儿学习并积累经验的最佳途径，所以妈妈应该时刻不忘给孩子提供积累经验的机会，让孩子在自己尝试的过程中积累丰富的经验，促进孩子词汇量的不断丰富。

培养方式6　多彩球

目的：

（1）培养婴幼儿的语言模仿能力。

（2）训练婴幼儿认识鲜艳的颜色，发展其视觉。

内容：

（1）妈妈和孩子一起抛气球，边抛边念儿歌："红（黄、蓝）气球，红气球，轻轻抛，天上游。"让孩子跟妈妈一块念，或者是让孩子抛气球，妈妈念儿歌，让孩子模仿。

（2）妈妈和孩子一起拍皮球，边拍边念儿歌："红皮球，红皮球，轻轻一拍朝天冲。"妈妈念儿歌，孩子跟着儿歌的节拍拍球或者让孩子跟着妈妈一块念儿歌，以此锻炼孩子的语言表达能力。

指导：

1~2岁宝宝能正确地辨别基本颜色（如红、黄、蓝、绿），但对一些混合色和色度不同的颜色还不能很好加以辨别。在正确的教育下，婴幼儿有可能逐步辨别一些较复杂的颜色。妈妈教孩子学习辨别各种颜色时，词、语言起着重大的作用。婴幼儿可借助于词更好地区别各种不同的颜色，如"这是红的"等，故要丰富婴幼儿的词汇。

培养方式7　说完整句

目的：

（1）训练婴幼儿的口语表达能力。

（2）培养婴幼儿能用简短的句子表达自己的愿望或意图。

内容：

（1）当孩子需要妈妈帮助时，要求孩子用简单的话语来表示。如在孩子饿了想吃东西时，妈妈要问："宝宝，你想吃什么？"孩子回答："饼干。"妈妈就要完整地重复一遍："宝宝想吃饼干。"然后再问："宝宝，你还想吃什么？"要求孩子用完整的话表达："我想吃面包！"

（2）设置游戏情境：爸爸扮演机器人。机器人告诉妈妈和孩子："我今天想和你们玩'你想要……'的游戏，如果我说'你想要什么？'你就回答'我想要（玩具名称）。'如果说对了，我就奖给一个好玩的东西；如果说错或说得不全，我就要收回你们的玩具。"

（3）"机器人"先示范和妈妈玩一次。让妈妈和孩子合作玩一次。孩子懂得玩法后，再和"机器人"做游戏。如"机器人"说："你想要什么？"孩子说："我想要汽车。"答对了，"机器人"就奖给孩子一个玩具汽车；答错了，就收回他的娃娃。

（4）可互换角色，用"你想干什么""你想做什么"提问，然后训练孩子用"我想做……"回答，教孩子学说简单句。

指导：

简单句的训练是一项长期而复杂的过程，在此期间，父母应该耐心地加以引导，不应烦躁，更不应嘲笑，否则易引起宝宝不愿说话的不良后果。

培养方式8　宝宝开商店

目的：

（1）教孩子学说各种名词，丰富孩子的词汇。

（2）教孩子学说简单句，提高表达能力。

（3）训练孩子初步的社交能力。

内容：

准备一些实物、玩具和纸币(假纸币)。爸爸做售货员:"你想买什么?"妈妈做顾客说:"我想买玩具。"根据以往简单句子测试孩子的水平来确定孩子扮演什么角色,如果很标准,让孩子做售货员,请孩子问:"你想买什么?"妈妈回答:"我想买布娃娃。"并把纸币给孩子;如果孩子的水平不高,开始时让他做顾客,熟悉后再互换角色。

指导:

此游戏应该在孩子情绪比较愉快时玩,这样有利于调动孩子参与游戏的兴趣和学说的兴趣。

培养方式9　认动物

目的:

教孩子学说动物名称,认识动物。

内容:

妈妈带孩子去动物园,认识多种真正的动物,让孩子模仿动物的叫声,学说动物的名称。同时妈妈告诉孩子各种动物的主要特征,如大象鼻子长、长颈鹿脖子长、小兔耳朵长等,并让宝宝了解动物的习性。回家后,妈妈问孩子在动物园里见到了哪些动物,可以念儿歌,帮助孩子回忆。儿歌如下:

"小猫叫,咪咪咪,赶快去抓小老鼠。"

"小鸭子,呷呷呷,摇摇晃晃去水里。"

"小鸡叫,叽叽叽,一点一点啄米吃。"

"大公鸡,喔喔喔,天天叫我要早起。"

"大象大,鼻子长,吸水出气都用它。"

"长颈鹿,脖子长,吃饭喝水都靠它。"

指导:

妈妈在帮助孩子回忆时,可模仿动物,如模仿大象时就可将两只手合拢,甩甩胳膊,弯着腰来表示。通过动作激发宝宝描绘动物的积极性,发展孩子的口语表达能力。

PART ❸

1岁7月至1岁9月

聪明并非成就未来的唯一因素，宝宝的成就表现仍有一大部分受到非智力因素的影响。家庭教养环境、宝宝的好奇心和学习动机都非常关键。除父母的遗传智商外，四周环境能否给予充分有效的刺激，以使宝宝发挥最大的潜在能力至关重要。同样的，好奇心和学习动机可促使个体发生行为的内在力量，具有引发、维持和引导行为的功能。学习动机强的宝宝，在学习结果的表现上比缺乏动机的宝宝来得优越。学习动机对学业成绩的影响和智力不分轩轾，智力来自遗传，可变性有其限制，学习动机却可以无限制地从后天引发。

父母应该给宝宝提供机会去探索他感兴趣和好奇的领域；应该给宝宝信任和温暖的学习情境；对于年纪小的宝宝建立物质奖励的外在动机，年龄稍长再引发他的内在动机；允许宝宝尝试错误的学习，尤其当宝宝主动说出自己的错误或过失时，父母千万别加以责备；不要以大人的价值观来衡量宝宝的所作所为。

第一章

1岁7月

◎ 宝宝什么时候穿封裆内裤

◎ 宝宝为什么会缠人

◎ 正确对待宝宝的要求

◎ 宝宝的好奇心和学习动机

◎ 创造力会让宝宝一生受益

微信扫码

辅食攻略 | 疾病预防
婴儿护理 | 益智游戏

1岁7月宝宝的养护

生理发育

体重增加约0.18千克。

身高增加约0.9厘米。

会向不同方向抛球。

用蜡笔在纸上画出线痕。

自己用勺吃饭能吃掉一部分。

心理特点

喜欢爬上爬下、和着音乐跳、做模仿操，指认身体部位，模仿扫地、洗衣，听数数，念儿歌。

育儿要点

（1）制定合理的食谱。

（2）鼓励宝宝大胆学话。

（3）每天至少给宝宝讲一次故事。

（4）侧身走、倒着走。

（5）玩橡皮泥。

（6）拿勺吃饭、学脱裤子。

（7）学做模仿操。

（8）建立合理的生活制度。

宝宝食谱

时间	早餐	午餐	点心	晚餐
星期一	小米玉米面粥 炒豆腐干	米饭 肉末炒胡萝卜	水果、牛奶 饼干	面条肉末 青菜
星期二	枣泥粥 煮鸡蛋	米饭 鸡丝炒青椒	水果 面包片 牛奶	千层糕 豆腐肉丸 青菜汤
星期三	大米粥 卤猪肝	米饭 鱼丸青菜汤 炒豆干	水果 豆浆 小食品	馒头 肉末蒸蛋 西红柿肉末汤
星期四	小米豆粥 花卷	米饭 肉末炒胡萝卜 胡萝卜黄瓜丁	水果 牛奶 煮鸡蛋	肉菜包子 豆腐汤
星期五	肉末菜粥 腐乳 蒸鸡蛋羹	米饭 鸡丝青菜	水果 牛奶 饼干	馄饨 虾皮青菜汤
星期六	牛奶 面包片	米饭 鱼片豆腐 青菜	水果 蛋糕	肉菜饺子
星期日	大米粥 卤鸡蛋	米饭 肝末炒菜花	水果、牛奶 小食品	花卷 红烧马铃薯牛肉

宝宝什么时候穿封裆内裤

这个问题多位专家持有不同观点。

1岁半左右穿

有些妈妈在孩子周岁之内即给穿上封裆内裤，开始入厕训练。训练一段时间后，有些孩子真的就能较准时地大小便，但这种情况往往后来又反复回去了。这是因为孩子并没有被训练得完全能控制自己的排泄，因为排泄的控制须受大脑的支配，孩子尚未发育到这种状态，训练的结果只是妈妈能够知道孩子要大小便而已。

妈妈可在1岁半左右开始训练宝宝穿封裆内裤，因为：

（1）这一时期的孩子特别爱在地上乱爬，如果内裤开裆，脏东西易进入尿道口而引起急性膀胱炎，甚至发展为肾盂肾炎，尤其是女孩子。

（2）防止男孩子无意之中抚弄生殖器而养成手淫习惯。

（3）宝宝太小时妈妈不易训练入厕习惯。

（4）此时孩子的大脑对排泄的控制已有一些能力。

出生即穿

出生后不久就可以给婴儿穿封裆内裤。因为：

（1）可防止婴幼儿腹部受凉，使婴幼儿不容易发生腹痛或感冒。

（2）穿封裆内裤使婴幼儿很小就要接受排泄训练，有助于婴幼儿的独立性培养及心智发育，而且更重要的是可使婴幼儿从小形成规律性排便这一生物过程。这不仅对神经发育有利，关键是可有效地防止成年后便秘，并可避免因便秘带来的身心压力。

虽然专家意见不同，但是一致强调一点，婴幼儿的身心发展顺序大致相同，但每个人都有自己的发展速度，不可千篇一律对待，应根据自己孩子的具体情况来决定养护方式。

为什么宝宝会缠人

每个人都喜欢被人注意，但有些婴幼儿不论你给他们多少注意，他们总嫌不够。

这种情况常常是由于渴望得到关注的婴幼儿没有从父母那里得到足够的关注引起的。很难说怎样才是足够的，但是必须能够让婴幼儿长期地、每时每刻地感受到,当需要父母的帮助时,父母就在他的身边,这样有助于婴幼儿的心理健康,为日后形成健全人格打下好基础。还有些是因为一定原因而使婴幼儿感到缺少安全感和独立性,这种依赖性是暂时的。例如,可能家里有人生病,父母离婚,在幼儿园里碰到让孩子感到惧怕的事和人,以及与小朋友发生矛盾等。而持久的依赖性往往与父母对孩子的娇生惯养有关。如果父母对孩子突然冒出的每一个念头都立即作出反应,那么孩子就会期望父母永远这样做,期望父母一刻也不停地注意他,最终使父母无法忍耐。纠正这种行为的关键在于父母应该知道如何适时、适度地给予孩子关注。

让宝宝感到内心满足的方式

如果孩子喜欢得到大量的注意,父母应该在孩子还未提出要求时就注意给予,这样孩子就会感受到父

母对他的重视和关注,使他有安全感,心里很安定。

孩子心里很安定,反而不总要和妈妈在一起。

当孩子向父母投来询问的目光,想知道你是否允许他做一件事时,父母要很快地对他说:"这样很好,去

做吧。"

父母应该多发现孩子的每一微小进步，并及时给予表扬。如孩子以前总是不让妈妈听完一个电话，这一次耐心地等电话通完再和妈妈讲话，妈妈要立刻注意听孩子讲话，同时也要表扬孩子，这样孩子就会满足。

给孩子与父母在一起的时间。每天都要腾出一些时间注意孩子，即使只有几分钟的时间。睡觉前的时间常常是和孩子单独在一起的好时机。如果孩子知道他能经常见到父母，具体时间就无关紧要了。

给孩子"期票"。如果父母无法满足孩子和你在一起或要父母注意的合理要求，就给孩子一张"期票"，即在一张纸条上写上："本票可获得妈妈15分钟不分心的关注。"并且告诉孩子，他可以拿这张票来找妈妈，要妈妈陪他干点什么，这是父母对孩子的承诺。

如果孩子必须等待父母的注意，父母可把闹钟上好，铃一响孩子就知道该轮到自己和父母待在一起了。让孩子等待时，鼓励孩子想一下你们在一起时可以做些什么，这样还可训练孩子爱动脑的好习惯。

满足不了宝宝时怎么办

父母认为已尽最大的努力满足了孩子的要求，但孩子还不满足，为了避免孩子的这种依赖性，可以这样去做：

不要理睬孩子的要求。假设家长刚把孩子从幼儿园接回来，并已经陪孩子玩了一会儿，现在正在和其他的孩子谈话，这时孩子打断其他孩子的讲话，要求家长只听他讲，最有效的方法就是干脆不理孩子。如果家长能装作一副什么也没看见的样子，便会收到极好的效果。当孩子停止了闹脾气、哭喊，开始听话时，家长再给孩子一些注意，这样做就使孩子懂得了家长在听别人讲话时，不能轻易打断而来注意他。并且要告诉孩子，打断别人讲话是很不礼貌的坏习惯，应该用礼貌的方式请求父母对他的注意，并安静地等父母的回答。

如果不愿意对孩子采取置之不理的方法，还可采取其他方法。比如，家长

原生家庭的力量

家庭是一个人出生、成长的摇篮，也是贯穿一生的，一个人生命绽放的源泉、原生态的能量场和补给站。给宝宝充足的爱，精心呵护和关爱孩子的感受，在生命源头把水浇足，我们的孩子们才有日后适应环境，应对各种人生考试的资本。

一个孩子承受挫折的能力，不是在经历多少苦难和挫折之后练出来的，而是感受过无条件的接纳，体验过发自肺腑的认同，于是心中驻满光明和希望，孩子才会对自己有信心，对生活有憧憬，对生命有敬畏。父母的"看见"和充分的情感回应，能让孩子享受到爱的滋养、美的浸染，给予孩子独立和勇敢的底气，也是孩子一生应对挫折和苦难的盔甲。

已经和孩子玩了一下午，现在想利用晚饭前的时间看一会儿报纸，可孩子还是要父母注意他。这时，父母可以让孩子自己画画，但是，每过一分钟孩子就要父母看看他画的画。父母可以告诉孩子，你想看完报纸后再看他的画。说完后，父母可继续读报，不必注意孩子。如果孩子继续要求看他的画，父母只需讲同一句话："我看完报纸就看你的画。"当父母读完报纸时对孩子说："我读完了，现在让我看看你的画。"孩子开始可能会生气、大发脾气、吵闹或哀求，但只要父母一直坚持只讲一句话，孩子的纠缠最终会减轻，因为他对不停地费劲纠缠父母并总是听到同一句话感到厌烦了。

增强宝宝的独立性和自信心

如果孩子是因缺乏安全感而总是要父母注意时，父母可这样做：

（1）培养和强化独立性。孩子以前总是纠缠着父母，那么当孩子能让父母做完手头的事情或能够等待轮到他时，父母要表扬孩子，并用计时器告诉孩子等待了多久。开始时只让孩子等待几分钟，逐渐延长时间，这样孩子就能学会等待了。

（2）奖励。在孩子平时最爱纠缠父母的时间，如正在准备晚饭的时候，让孩子做一些最感兴趣的活动。并且告诉孩子，如果能自己玩，就可以得分，可以把这些分攒起来"买"父母的时间，比如，陪孩子看电影，同孩子一起做喜爱的游戏，带孩子去一家喜欢吃饭的餐厅等。

（3）树立孩子良好的自我意识。给孩子记"好行为"日记，把孩子每天的好表现记录下来，并当着孩子的面，把孩子的好行为讲给全家人听，这样孩子会十分得意，会因很想再得到这样的机会向妈妈表现自己的独立行为。

（4）丰富孩子的生活。经常让孩子参加一些无须别人帮助即可独立完成的活动，如参加舞蹈、体育、戏剧和美术训练班。

（5）了解孩子的心事。有些孩子纠缠父母是因为遇到一些使他担心的或害怕的事情，父母须细心体察孩子。比如，父母要出门了，孩子担心父母不会回来，非常不安。父母就要告诉孩子出去做什么，到哪里去，什么时间回来，即使孩子还没有时间概念，这样做也会使孩子安心，不会总缠住家长不放了。

正确对待宝宝的要求

如果孩子是因为心灵受到创伤而总是要求父母注意他，父母就应该用一些专门的方法解决这个问题。

（1）不要过度反应。给予孩子所需要的注意固然应该，但也不要因孩子遇到了不愉快的事情就过分地关注，这样反而会使孩子更离不开妈妈，还会使原本的一些好行为退步。婴幼儿的情绪变化很快，要给孩子一点时间恢复，这样孩子的过度要求会自然消失的。

（2）引导孩子的感受。如果孩子正在玩拼板玩具，可总是做不好，一气之下把玩具扔得满地都是，并要父母陪他。这时父母不仅要陪孩子，而且一定要让孩子讲出自己内心的焦躁和沮丧，这样孩子就学会了表达不如意心情的方法，可以因减轻内心的压力而得到自信，慢慢就不会总依赖父母了。

宝宝生病能玩吗

　　婴幼儿偶尔患感冒或其他常见病，只要病情不严重，可以让孩子玩一些轻松的室内游戏；若是患有慢性疾病、传染病或肢体损伤，所做的游戏则必须由医生做专门的指导。

　　（1）游戏要适度。病中的宝宝身体状况不好，大运动量的游戏和运动承受

不了，或许会烦躁不安。父母应该指导宝宝进行一些以动脑筋为主的游戏和轻松的娱乐活动。

　　（2）病房游戏常规。婴幼儿若住院治疗，父母要考虑到做游戏是否会影响其他宝宝和医院的正常秩序，所做的游戏必须在医生规定的范围内。

　　（3）规定游戏时间。生病的婴幼儿不会估计到自己的"能量"有限，照样一玩起来就没个够。此时父母就应该向医生咨询每次游戏的时间，以及游戏中应注意的问题，然后给宝宝规定时间，不能因宝宝的哭闹请求而轻易改变。

　　（4）变换游戏内容。宝宝由于生病而导致身体和情绪状态不佳，注意力不易集中，对事物的兴趣保持时间会缩短。因此，父母不能长时间只让宝宝玩一种玩具，做一种游戏，而应根据宝宝的状况经常变换游戏内容。

　　（5）保持心情愉快。病中的婴幼儿无论是体力还是智力都处于不佳状态，游戏主要是让宝宝变得轻松愉快起来。可以给宝宝喜欢的玩具，做一些相对静态的活动，一方面让宝宝静养，一方面也不至太憋闷，但父母应该做到不能随意迁就宝宝。

　　如果宝宝正处在康复中，则可以做一些积极而简单的游戏，主要是让宝宝有事可做，以维持心境的愉快。对于卧床时间较长的宝宝，父母可以陪他做一些锻炼肌肉的游戏，从体力和智力两方面加速病体的康复。

宝宝智商的开发

每个孩子都能借父母的遗传，获得日后可能达到最高发展的潜在智能，但一般人所发展的智力往往与其最高潜在能力有很大的差距。宝宝是否能达到最高的发展，全赖四周环境是否能予充分的智力刺激而定。下面介绍一些能增进宝宝智力的简易可行的方法：

（1）提供开放而温暖的学习环境。开放而温暖的环境能使宝宝勇于表达，纾解其过多的焦虑与压力。在身心安全与温暖、尊重的环境里，宝宝的头脑更为灵敏。

（2）父母建立适度的期望。"角色期望"不仅有自我应验的作用，而且会影响一个人的行为形态，适度的期望才会使宝宝奋发努力，发挥其潜能。

（3）让宝宝从游戏中学习。聪明的父母会把宝宝的游戏当成大人的工作一样，尽可能参与，以便观察和随时辅导，因为孩子的游戏是起于快乐终于智慧的学习。

（5）掌声虽可鼓励宝宝行为的再现，但是应该注意，这种他律的行为必须慢慢提高到自律的自发行为，即使没有掌声，宝宝依然能为自己的理想而奋发努力。

（4）培养宝宝的思考能力与创造力。图画书或玩具以及周围的环境，都是刺激宝宝思考能力与创造力的好素材，父母应为宝宝提供与设计一个多样化的生活环境，以刺激其心智。

宝宝的好奇心与学习动机

好奇心与动机受早期生活经验与教育的影响，引发学习动机是成功的教学过程中不可或缺的一环。虽然在缺乏动机的情况下，有意义的学习也可发生，但是动机有助于学习的进展却是不争的事实。学习动机强的宝宝，在学习结果的表现上比缺乏动机的宝宝来得优越。学习动机的强弱对个人业业成就有显著的影响，在有成就导向的情境里，宝宝的好奇心与学习动机容易被引发。

父母的任务旨在帮助宝宝学习。无论这种学习是认知、情意还是技能方面，父母必须先唤起宝宝学习的求知欲和好奇心，以产生持久的学习活动。父母越了解宝宝的经验、能力、发展和兴趣，就越有助于扮演"动机管理者"的角色。如何引发宝宝的好奇心与学习动机呢？下面是父母应注意的几个要点：

（1）对宝宝不要摆出像法官一样的模样，也毋须扮演命令、威胁、说教或斥责的角色，不能让宝宝产生恐惧而畏缩。给宝宝温暖和安全感，然后发现问题并协助他解决问题。

（2）尊重宝宝的个别差异。宝宝天生有其不同的兴趣和爱好，强迫的学习往往使结果事倍功半。许多

家长往往忽略了宝宝的性别和兴趣，结果恐校惧学，这一点为人父母者应该多加注意。

（3）关爱而非溺爱。现代的父母都给宝宝吃最好的、穿最好的、玩最好的，宝宝生病了，急得恨不能自己生翅膀飞到医院。这种行为是溺爱并非关爱。面对现代宝宝，父母首先要了解的是宝宝所需要的，而不是宝宝所要求的全部。

（4）善用沟通技巧。宝宝的好奇心与学习动机会在家长的关注，面带微笑、专心的倾听及富有同情心的语言沟通过程中被引发。家长们不妨试试这个妙法！

让宝宝更主动地开动脑筋

（1）培养宝宝学习的动机。宝宝有主动求知的好奇心，才能在探索的过程中产生触类旁通的智慧。

（2）容许犯错误。为了让宝宝保持亲自发现的惊奇与喜悦，以及确实的认知，并且产生类化作用，允许宝宝尝试并犯错误是必要的。

（3）以鼓励代替责难。家长的话语会给宝宝带来暗示作用，塑造宝宝的自我形象，多给宝宝鼓励，对启迪宝宝的智慧将有无穷的妙用。

（4）把学习的权利交给宝宝。宝宝遇到疑难时，父母应该引导他思考，而不应直接把答案告诉宝宝。灌输教育下的宝宝不会产生随机应变的能力与智慧。

过多的压制会使宝宝变笨

创造力不是单纯的有或无，而是程度问题。每个人都或多或少有创造力，创造性的行为从出生就开始产生，然后直线增长，常常到了六七岁开始下降。为什么呢？

"6W"检讨法

更大些的孩子还可以使用一种简便的称为"6W"的检讨法，即对一种现行的办法或现有的产品从6个角度来检讨问题的合理性，并可以指出缺点所在。

这6个角度是：为什么、做什么、何人、何时、何地、如何。

假如全家要去旅行，父母可以就这6个问题来跟宝宝讨论：要到什么地方去旅行？到哪里坐车？到什么地方住宿？谁去买票？谁去准备茶点？谁负责行李？什么时候去较好？什么时候回来？旅行时可以做些什么事？如何安排行程大家会愉快？为什么要去旅行？

"6W"检讨法可锻炼宝宝处理事情的能力，使宝宝从多方面考虑问题，做事也较有计划、较为周密。

虽然共有6种问题，但并不是每次都非讨论6种不可，根据情形而定。每类问题还可列出各种不同的问题，详细讨论。

由脑的成长情形可以了解到，脑细胞回路的生长，到了小学四五年级才整个圆熟。一般人的创造力，却在六七岁就降了下来，足以证明，有某种别于"天然"的力量，使人"笨"了下来。症结在于人为因素，传统的礼教观念、父母管教态度及学校教育方式等，常常压制宝宝正在萌芽的创造力。

（1）固守"僵化"答案。这些"坚持"，会使宝宝缺乏想象力及应变力。

（2）一切依"习惯"行事。生活习惯、个人作息，皆定时、定量，不轻言改变。

（3）父母对宝宝过多批评。

（4）禁止游玩，或认为"玩物丧志"而多方设限。"游玩"可以使宝宝学到很多新的生活经验，也可交到新朋友。与新的人或事接触，最能使宝宝开拓眼界，发展智力，迸发出创造力。

培养宝宝的联想能力

启发创造思考还包括"类推"与"隐喻"，用来培养宝宝的联想力。

有时候事物很抽象，或宝宝从未经历过，这些事物难以用文字、图画等客观方式表达出来，宝宝也很难理解。这时父母可以用"类推"或"隐喻"的方法来教导宝宝。

例如，父母问宝宝："这件东西很像什么东西？""爸爸像太阳，妈妈像什么呢？"

父母把宝宝不熟悉的事物与宝宝所熟悉的事物相

配对、比喻，使宝宝更容易理解，小脑筋便会转动起来。

创造力会让宝宝一生受益

俗话说："什么样的父母，教出什么样的子女。"这道理仍适用于创造力。父母努力启发宝宝创造力时，应该同时培养自己的创造力，使父母成为能欣赏创造力，并能与宝宝创造力互动的主力。

怎样做才能成为有创造力的父母呢？很简单，只要父母保持积极用心的态度，以及宽厚仁爱的心就够了。宝宝的创造力所以能培养，往往是因为父母心胸开放，观念通达，真正喜爱小孩子，能接纳宝宝的奇想及宝宝的失败。民主、慈爱又开明的父母，他们的一举一动都将是启发宝宝创造力的最佳源动力。

学者常常将创造力比喻为"点石成金"的技术。他们鼓励家长：如果没有能力给宝宝金块，那么，就教给宝宝"点石成金"的功夫吧！创造力能化腐朽为神奇。人类进化史上，那些林林总总的"发明"，就是创造力的具体表现。所以说，启发宝宝的"创造力"是今后教育的重点，家庭教育自不例外。

创造力和智商有点相关，但不是绝对有关。有高智商的人，不一定有高的创造力；有高创造力的人，却要有中等以上的智商。创造力除了"智力"之外，还包括了5个重要的能力：敏觉力、变通力、独创力、精进力、流畅力。

当父母变换了宝宝的房间布置，宝宝一眼就能看出改变的地方，丝毫不差，则证明宝宝的敏觉力十分高。

独创力，是指能想出别人想不到的看法，而且有实际效果。一般所有的发明家，都具有高度独创力。

至于精进力，是指能从更精致、更细密的角度思考的能力。

父母要不断鼓励宝宝的创造力

培养宝宝的创造力，有很多方法。除了依循学者专家的理论行事外，还可依照宝宝的需要，由父母自己创新方法。

不论采用什么方法，都应把握以下原则：

（1）父母要随时、随地、随机启发宝宝创造力。

（2）如果环境及宝宝身心发生变化，教法也要适时改变，不可固守一定模式，流于僵化。

（3）父母要倾听并接纳宝宝的意见。

（4）父母要懂得巧妙发问，激发宝宝勤思考，并了解宝宝内心想法。

（5）父母不要太早对宝宝的意见下判断，不要常常制造紧张压迫的气氛。

（6）当宝宝提出良好意见，或能努力思考时，应该马上给予赞美、鼓励。

夏季宝宝饮食的注意事项

夏季由于天热，宝宝都不愿意吃饭，如若调养不慎，宝宝容易发生肠胃炎、中暑、苦夏等病症。

夏季宝宝的饮食应该注意以下两点：

1. 荤素搭配，保持营养均衡

夏季气温较高，出汗多，容易使宝宝体液失去平衡。另外，由于宝宝体内消化酶的分泌减少，胃肠蠕动减弱，易引起消化功能下降，还会使蛋白质分解加速。妈妈此时给宝宝做饭时应多选择含蛋白质、维生素、矿物质等较丰富的食物，如瘦肉、鱼、蛋、豆制品、新鲜蔬菜、瓜果、海带等。应该根据宝宝自身营养状况，选择相应的食品，荤素搭配，保持营养均衡。

2. 饮食三宜与三忌

三宜：

（1）食物适当咸些。宝宝出汗过多，盐分的排出量往往超过摄入量，易出现头晕、乏力、中暑等症。在菜肴中适当增加些盐，可补充宝宝体内盐分的丢失。但不宜吃盐过多，否则有害无益。

（2）菜肴适宜用醋。夏季人体需要大量维生素C，在烹调时放点醋，不仅味鲜可口，增加食欲，还有保护维生素C的功效。醋有收敛止汗，助消化的功效，对夏季宝宝肠道传染病，有一定预防作用。

（3）用膳必食汤。汤的种类很多，易于消化吸收，且营养丰富，并有解热祛暑等作用。夏季小儿进餐，更应该有菜有汤、干稀搭配。

三忌：

（1）忌狂饮。宝宝大量喝水，会冲淡胃液而影响消化功能，还会引起反射性排汗亢进等。

（2）忌多吃冷食。宝宝偏嗜冷食（如雪糕、冰制品等），会损伤脾脏，引起食欲不振、腹痛腹泻、消化不良等症。

（3）忌喝汽水过量、过急。宝宝过多饮用汽水，会降低消化与杀菌能力，使脏腑功能降低，影响食欲。

小·贴士

宝宝夏天应该多饮解暑绿豆汤

暑季饮用绿豆汤，有消暑解渴、生津利咽、促进排泄的作用。绿豆具有清热解毒、利尿消肿的功效，还有较高的营养价值，所含蛋白质中有丰富的氨基酸，蛋白质含量比鸡肉和鸡蛋都高，含热量是鸡肉的3倍，是鸡蛋的2倍；含钙是鸡肉的8倍，是鸡蛋的0.5倍；含铁是鸡肉的6倍，是鸡蛋的3倍；含维生素B_1是鸡肉的17倍，是鸡蛋的3倍；磷、尼克酸、核黄素的含量都比鸡肉和鸡蛋高。这些营养成分对宝宝的身体发育和智力发展都具有重要的意义。

有一种简便的方法做绿豆汤：晚上睡觉前，将绿豆洗干净放入暖瓶，倒入开水，第二天早上倒出即可直接喝了。

让宝宝健康地过夏天

夏天，宝宝（特别是2岁以前的婴幼儿）调节体温的中枢神经系统还没有发育完善，对外界的高温不能适应，加上炎热气候的影响，使胃肠道分泌液减少，容易造成消化功能下降，很容易得病。所以妈妈要注意夏天的保健工作，让宝宝健康地过好夏天。

1. 衣着要柔软、轻薄、透气性好

宝宝衣服的样式要简单，像小背心、三角裤、小短裙，既能吸汗又穿脱方便，容易洗涤。

衣服不要用化纤的料子，最好用布、纱、丝绸等吸水性强、透气性好的布料，否则宝宝容易得皮炎或生痱子。

2. 食物应既富有营养又讲究卫生

夏天，宝宝宜食用清淡而富于营养的食物，少吃油炸、煎烹的等油腻食物。

夏天给宝宝喂牛奶的饮具要消毒。

鲜牛奶要随购随饮。放置不要超过4小时，如超过4小时，应煮沸再服用。察觉到变质，千万不要让宝宝食用，以免引起消化道疾病。另外，生吃瓜果要洗净、消毒，洗净后再削皮食用最好。夏季，细菌繁殖传播快，宝宝抵抗力差，很容易引起腹泻，所以，冷饮之类的食物不要给宝宝多吃。

3. 勤洗澡

每天可洗1~2次澡。为防止宝宝生痱子，妈妈可用马齿苋（一种药用植物）煮水给宝宝洗澡。

4. 保证宝宝足够的睡眠

无论如何也要保证宝宝足够的睡眠时间。夏天宝宝睡着后，身上往往会出很多汗，此时切不要开电风扇，以免宝宝着凉。既要避免宝宝睡时盖得太多，也不可让宝宝赤身裸体睡觉。睡觉时应该在宝宝肚子上盖一条薄的小毛巾被。

5. 补充水分

夏天出汗多，妈妈要给宝宝补充好水分，否则，会使宝宝因体内水分减少而发生口渴、尿少。西瓜汁不但能消暑解渴，还能补充糖类与维生素等营养物质，应给宝宝适当饮用一些，但不可喂得太多而伤脾胃。

夏季宝宝护肤须知

婴幼儿的皮肤一般比较洁白、细腻、润泽，但是，宝宝皮肤真皮中的皮脂腺尚未成熟，油脂缺乏，皮肤娇嫩纤细，抗菌能力和免疫力都较弱，遇到外来刺激反应敏感。如果保护不好，不仅会使宝宝皮肤表面变得粗糙，且容易染上疾患，成为全身感染的门户。

盛夏酷暑，宝宝为适应炎热的气候，皮肤分泌大量的汗液，以散热量。这些汗液常附着在皮肤表面，一旦细菌感染，不仅会产生汗臭，而且易长痱子、疖子等。预防的办法是：防暑降温，通风散热，妈妈要经常给宝宝洗澡，勤剪指甲、勤换衣服。宝宝洗完澡，要待皮肤擦干后方可扑粉，不然粉可将汗孔堵住，倒使痱子加重。

夏季，宝宝常被蚊虫叮咬。叮咬后易出现局部红肿、水疱等症状，经手抓破后会化脓。宝宝一旦被叮咬，应该用止痒剂抹擦，如樟脑水、硫磺炉甘石洗剂等，用花露水也可灭菌、消炎、避蚊、止痒。

夏日阳光较强，太阳中紫外线过度照射容易引起宝宝日光性皮炎、日光疹等。上午11点到下午3点正是"毒日头"时，此时应避免带宝宝去户外活动。出去时必须戴宽边帽，穿长袖衣或撑遮阳伞，尽量在树荫下。

近年来，因食品添加剂致敏发生光敏性皮炎、皮肤瘙痒症的案例增多，因此妈妈要为宝宝选购接近食物本来颜色的食品，以防人工色素中毒。

孩子清爽才不长疖

活泼好动的婴幼儿容易出汗，尤其在夏季，但婴幼儿的汗腺又发育不全，容易长疖疮。疖疮多发于头、面、额、背和臀等部位，既影响宝宝容颜，又易引起发热、疼痛及化脓。

要想宝宝健康地度过炎热的夏季，妈妈要注意以下几个方面：

（1）居室内通风、凉爽。宝宝的衣服不要太厚太紧，要轻薄宽松，一有汗或尿湿就要换洗。

（2）保持身体清爽。一日洗1~2次温水澡，浴后可扑少量痱子粉，扑太厚会堵塞毛孔，不利于汗的排出。

（3）切勿用冷湿毛巾或凉水擦头面和身体。宝宝出汗时，可用温热湿毛巾轻抹，或用易于吸水的柔软干棉织物吸吸汗。

（4）长了痱子不要让宝宝任意搔抓。如果痱子刺痒难忍，可用少量风油精、花露水等涂痒处，但不宜过多。

（5）如果局部发现有疖子初起，可用1%～3%的碘酒给宝宝涂患处，一日2～3次；或用肥皂水洗净患处后，轻轻按摩几分钟，一日多次，均能使疖子在几天内自动消散。若疖子变大，疼痛加剧，不能涂碘酒，也不能按摩，应及早请医生诊治。

夏季宝宝少吃糖可防疖疮

疖疮是宝宝夏季常见的皮肤炎症。过去人们认为，疖疮是夏季气候闷热，皮肤汗垢多，宝宝不注意皮肤卫生造成的。但最近研究表明，疖疮的发生与宝宝吃糖有密切的关系。

糖经胃肠道消化、分解后，可导致人体的血糖浓度增加。吃糖或甜食越多的人，血液中葡萄糖浓度就越高。当含量超过正常值时，对人体是不利的，一是促使金黄葡萄球菌等化脓性细菌生长繁殖，从而引起疖疮、痱子和痈肿等皮肤炎症。二是当糖在人体内分解产生热量时，会产生大量丙铜酸、乳酸等酸性代谢废物，从而导致血液从正常弱碱性变成酸性并形成酸性体质。婴幼儿期许多疾病，如龋齿、近视、软骨病、脚气病、智力不足、慢性消化不良、多动、性情暴躁、骨头易折、肥胖、脊柱侧弯等，也与吃糖过多而导致酸性体质、免疫功能下降有关。

宝宝生痱六忌

（1）忌冷水洗澡或擦身，以防汗腺受到冷的刺激而收缩，影响汗液排泄而加重病情。

（2）忌用手搔挠或挤压，以免挠破皮肤而引起感染，变为脓疱疮，将久治难愈。

治痱小良方

取马齿苋（俗称马马菜）50~100克洗净，加水200克（约半碗），煮20分钟，除渣留水，待凉备用。

每次倒出半杯马齿苋水，用药棉或干净纱布蘸着涂于患处。每日5~6次，孩子醒睡均可涂擦。1~3日痱子即可基本消除。这种水无味无毒，擦后不疼不痒，不脏衣服。

但如果马齿苋水变质（有馊味），便不可再用。皮肤搔破、化脓的小儿，不宜使用。

（3）忌穿紧身衣裤或厚衣。宜穿宽舒、软薄的衣衫，以利于散发热量和汗液的排泄。

（4）忌碱皂洗澡或擦身，以免刺激皮肤而加重病状。宜用中性皂或硫黄药皂，水温也不宜过高，千万不能用热水烫洗。

（5）忌涂抹药膏或化妆品。用药膏或化妆品涂搽皮肤，会堵塞汗孔，影响汗液的排泄和蒸发，导致汗液潴留而加重病情。

（6）忌吃刺激性或过热食物，因这些食物会加重病情，影响治疗。宜吃无刺激性的清淡、温热食品。

1.5~2岁宝宝语言能力的培养

培养方式1　学儿歌

目的：

（1）训练宝宝的动作及协调感。

（2）促进宝宝语言理解力的提高。

内容：

（1）游戏开始时，先让妈妈明确地告诉孩子："我们玩一个角色游戏，妈妈扮演小兔子，爸爸扮演袋鼠，宝宝扮演小袋鼠。我们要举行一场朗诵儿歌比赛，看一看谁说的儿歌最好听。"

（2）妈妈扮演的"小兔子"上场："小兔兔蹦蹦跳，蹦蹦跳跳乐哈哈。"

（3）爸爸扮演袋鼠带着"小袋鼠"出来了，边跳边念儿歌："袋鼠袋鼠真正棒，带着宝宝笑哈哈。"孩子可先和爸爸一起念，然后让孩子独自重复念一遍，给孩子发一朵小红花。

（4）妈妈进行总结："好，大家表现都很好，每人都得了一朵大红花。"然后游戏结束。

（5）大家还可以扮演其他动物，如小猫、小鸟、小鸭。

小猫：小猫小猫喵喵喵，专吃老鼠大坏蛋。

小鸟：小鸟小鸟飞飞飞，飞上蓝天上云端。

小鸭：小鸭小鸭呷呷呷，水里游泳哗啦啦。

指导：

这个游戏要在孩子上下肢基本动作自如的前提下进行，可以边念儿歌边做动物的动作，锻炼宝宝的动作及协调感。

培养方式2　配对子

目的：

（1）培养孩子了解事物简单的对应关系。

（2）锻炼孩子念儿歌，学说简单句。

内容：

妈妈准备4块宽约5厘米的硬纸卡，分别贴上或画出小鸡、小兔、小青虫、大萝卜等图案。妈妈问孩子"小兔最爱吃什么，小鸡爱吃什么"等，让孩子根据动物的习性，把食物和动物联系起来。

指导：

妈妈在教孩子进行此游戏前，要教孩子认识常见食物和动物，在进行配对时，可辅以儿歌将食物和动物联系起来。如"小兔小兔乖乖，爱吃萝卜、白菜""小鸡小鸡叽叽叽，专吃青草和虫子""小狗小狗汪汪汪，爱吃骨头和大肉"。妈妈边念儿歌边做动作，培养孩子了解各种动物的习性，认识事物间的简单对应关系。

培养方式3　客人来了

目的：

（1）锻炼孩子说简单句，提高孩子的口语表达能力。

（2）训练孩子学会简单的对话，能够理解简单对话。

内容：

（1）设置游戏情境。爸爸当客人，敲门说："屋里有人吗？"妈妈教孩子说："屋里有人，请进。""客人"问孩子："你爷爷叫什么名字？他到哪去了？"如果孩子回答不出来，或回答得不完整，妈妈要用完整的句子说一遍："爷爷叫×××，他到×××去了。"让孩子重复，一问一答。

（2）让孩子当客人，妈妈和孩子去敲门："屋里有人吗？我们是××和××。"爸爸说："屋里有人，请进。"让孩子问："××（小朋友的名字）在哪里？我想和他玩。"爸爸就告诉孩子："××到公园去了。"妈妈和孩子重复："噢，××到公园去了。"或者问其他的问题，训练孩子学说简单句。

（3）更换角色或者设置其他游戏情境，如"买东西""去饭店""上公园""过家家"等，训练孩子学说简单句。

指导：

1岁半以后，孩子渐渐由说单词句过渡到短句，父母此时应该经常向孩子问一些日常生活中的问题，多和孩子进行语言交谈。

培养方式4　表达要求

目的：

（1）通过日常生活培养孩子表达自己的需要，提高孩子的语言表达能力。

（2）训练孩子大胆交往的能力。

内容：

（1）妈妈回家时，孩子跑过来，张开手表示要妈妈抱，此时，妈妈就乘机说"要妈妈抱"，让孩子重复一遍，再抱起孩子，和孩子进行简单的交谈。

（2）带孩子出去散步，孩子想要某个玩具时，父母应说："孩子想要×××（玩具名）了。"让孩子重复一遍，再给孩子玩具。

（3）孩子想自己做事时，妈妈要教孩子学说"宝宝走""宝宝吃""宝宝玩"等。

指导：

对于1岁半至2岁的孩子，他们能说出一些单词句，家长如在日常生活中有意训练,孩子就能很好地掌握,并且可逐步增加单句的长度。这种专门的训练一直持续到2岁多,到2~3岁时,孩子单词句急剧减少,复合句有较大增加。

培养方式5　猜猜看

目的:

(1)培养孩子根据图片猜出谜底。

(2)提高孩子的观察力和分析事物的能力。

内容:

(1)吃的东西在肚子里,可以把水变成冰,那是什么东西?(冰箱)

(2)不是海,但人可以下去游泳,那是什么地方?(游泳池)

(3)穿着黑绿相间的衣服,里面又红又甜,外表像一个球的食物是什么?(西瓜)

指导:

要3岁以内的孩子回答只有文字没有图片的谜语是很困难的,所以应该画出一部分图形,才能让孩子猜出它是什么。由此可培养孩子的观察力和分析判断能力,发展孩子的思维,激发孩子想象力。

第二章 | 1岁8月

◎ 为宝宝布置适度"刺激"的环境

◎ 宝宝秋季腹泻的护理和防治

◎ 使用筷子对宝宝的益处

◎ 如何对待宝宝的任性、撒娇、懒惰、说谎与偷摸行为

 育 儿 方 法 尽 在 码 中

看宝宝辅食攻略，抓婴儿护理细节。

1岁8月宝宝的养护

生理发育

体重增加约0.18千克。

身高增加约0.9厘米。

用脚尖走3~4步。

方积木搭高6块。

找出方形和三角形。

讲3~5个字的句子。

心理特点

喜欢把物品拆开研究,把周围物品摆来摆去,帮助成人做事,玩球,听短故事。

育儿要点

(1)保持食物的营养素。

(2)布置适度"刺激"的环境。

(3)用脚尖走路、追球跑。

(4)学折纸、叠手帕。

(5)学认"上、下"。

(6)说3~5个字的句子。

(7)了解对应关系。

(8)郊游。

(9)大小便时自己拉下罩裤或扒开棉裤。

保存食物营养素

要完好地保存食物中的营养素，就得采用正确的烹制方法。

1. 蔬菜

越新鲜的蔬菜，维生素含量越高。购买时应选择刚上市的新鲜绿叶蔬菜。

蔬菜容易受农药污染，可在水中浸泡一会儿。蔬菜应先洗后切，现炒现吃。炒时要用急火，可加少量醋。煮菜时，水开后再放菜。加热时间不宜过长，3~5分钟即可。煮时要加锅盖，防止维生素丢失。做馅时挤出来的菜水含有丰富的营养成分，可以做汤喝。

2. 谷类

做饭淘米时不要用力搓，时间不宜过长，淘2~3次即可。不要在流水下冲洗，不宜浸泡，不宜用热水淘，不然会使大量维生素随水丢失。烹制米饭时，以蒸饭、焖饭为好。做米饭、粥、面食放水要适宜，不要丢掉米汤、面汤、水饺汤。熬粥时，不宜加碱，以保留米中的营养成分，防止维生素被破坏。

3. 肉类

肉最好切成碎末、细丝或小薄片，急火快炒。大块肉、鱼应先放入冷水内用文火煮和炖，烧熟煮透。骨头应拍碎加醋少许，促进钙的溶解。

油炸食品不仅不易消化吸收，而且维生素几乎全被破坏，所以宝宝不宜食用。

宝宝的日常照料

布置适度"刺激"的环境

这一时期的孩子，会在家里爬上爬下，找东找西。父母很可能会为了避免宝宝把家里搞乱而把零散东西收拾起来，这当然可以理解，也可以防止出危险，但父母不要试图让家里保持一丝不苟的整洁。如果把房间里所有的杂物都收拾起来，反而对宝宝不利，这会使宝宝失去许多操作、学习的机会。

幼儿教育学家曾说："对处于婴儿时期的孩子来说，即使是用手摸东西也是宝贵的体验。我们应该有意识地给孩子一些粗细、软硬、轻重不同的物品，使孩子经受多种体验。"婴幼儿怀着好奇和兴趣去摆弄各种物品，从中学习各种物理知识和心理经验，有时不免把东西打翻、弄破，这表明了孩子的探索精神和创造能力。如果为了成人需要的整洁而将物品全都收起来，对发展婴幼儿的智力是不利的。

大小便习惯的培养

（1）把便盆放在固定的地点，便于孩子排便时自己找到便盆。父母根据孩子大小便规律及时提醒宝宝大小便。一般婴幼儿在喝水或奶后10分钟左右有小便；

小·贴士

"破烂"教养法

到美国的幼儿园参观，常常看到所有的教材玩具到处乱扔，宝宝们在"破烂堆"中学习。中国的妈妈会大吃一惊，面露愁容，担心这样做会培养出邋遢宝宝。确实，妈妈看到的是杂乱无章、邋遢、乱七八糟的场面，表现出担心并非没有道理。但是，这种杂乱无章的状态，从宝宝来看却井井有条、合乎情理。

积木是房屋、市场、百货店，是在被当作高速公路的塑料轨道上奔驰的装载木偶的微型汽车……宝宝把所有的玩具加以组合，他们这时正在展开梦幻的翅膀飞翔。若父母或老师这时加以干涉，要宝宝们把玩具一件件分开，每次都要收拾整理，是很不适宜的。

最好在早餐或晚餐后定时让孩子坐盆,因为饱餐后会引起肠道蠕动,利于排便。这样,孩子就能形成在固定时间、地点坐盆排便的习惯。孩子大小便时妈妈要看护,但不要给孩子讲故事、看图书和吃食物,以免影响孩子的注意力。

(2)夜间可根据孩子的排便规律及时把尿,把尿时要叫醒孩子,在其头脑清醒的状况下进行。随着孩子年龄增长,应培养孩子夜间能自己叫父母把尿的能力。夜间小便的次数可逐渐减少,也可不尿。一般孩子到2~3岁时便不再尿床。

(3)冬天要指导孩子便前便后脱掉或拉下罩裤、扒开棉裤,使孩子白天不尿裤子。

(4)在照顾孩子大小便时,鼓励孩子开口说话,如"爸爸,尿尿""宝宝大便""大便臭"等,训练孩子的表达能力。

让孩子坐盆不能过勤,每次坐盆的时间一般5~10分钟为宜。当孩子坐盆排便后,要加以赞赏。不要对孩子的大小便表示厌恶,以免孩子产生心理困惑。

如何让宝宝夜间少尿床

1~2岁的婴幼儿夜间尿床是正常生理现象,为减少夜间尿床的次数,使孩子2~3岁以后不再尿床,可采用以下办法:

(1)建立合理的生活制度,避免过度疲劳以致夜间睡得太熟。

(2)晚餐不要太咸,餐后要控制汤水、牛奶等液体的摄入量,以减少入睡后的尿量。

(3)睡前不宜过于兴奋,必须小便后再上床睡觉。

(4)夜间睡眠太熟的孩子,白天一定要睡2~3小时。

(5)注意观察孩子尿床时间以便及时唤醒孩子把尿。

(6)孩子尿床后不要责备、恐吓,以免造成紧张、恐惧心理。

(7)白天可训练孩子有意识控制排便的能力,如当孩子要小便时,可酌情让其主动等几秒钟再小便。

宝宝秋季腹泻的护理及防治

什么是秋季腹泻

秋季腹泻主要是由轮状病毒引起，多发生在8—12月，10—11月最多，2岁以下小儿患病率较高，潜伏期为1~3天。

本病起病急，早期出现呕吐，大多合并上呼吸道感染。体温38~40℃，腹胀较明显，起病1~2日即出现排水样便，便中液少，很少腥臭味。许多婴幼儿伴有口渴及烦躁，出现轻中度脱水。本病为自限性疾病，即大部分孩子在发病后的5~7天自然痊愈，抗菌毒治疗无效。偶有病情危重的婴幼儿出现休克或心力衰竭，生命受到威胁。

秋季腹泻的危害

本病对婴幼儿最大的危害就是出现脱水和电解质紊乱，发生这种情况是有一定体征和症状的，同时病情进展也有一个过程，一旦确诊本病后，父母应着重观察呕吐、大便的性状、次数和量。

轻型腹泻：大便每日可达几次或十几次，其中水分不多，偶有少量呕吐或溢奶，食欲减退。体温正常或伴有低热，但孩子精神尚好，无其他全身症状，体重增加或稍降低。

重型腹泻：由轻型腹泻未得以控制，病情加重而成。每日大便数次或数十次，大便量增到10~30毫升，多者可在50毫升。孩子食欲低下、呕吐，伴有不规则低热或高热，体重迅速降低，明显消瘦，如不及时补液，脱水、酸中毒更为严重。如果能及时就诊，由轻型转为重型的孩子会大大减少。

如果医院已确诊，父母可在家中对孩子进行护理，但应注意以下脱水征象的出现。

轻度脱水：孩子的皮肤稍干但弹性尚可，精神稍差，面色略苍白，眼窝稍陷，尿较平时略少。

中度脱水：患儿精神萎靡、阵阵烦躁，皮肤苍白发灰、干燥松弛，提起后不能立即展平。口发青，前囟门和眼窝明显下陷，唇和黏膜干燥，四肢发凉，尿量明显减少。此时应及时到医院就诊，在家中处理易出现危险。

上述症状逐渐加重，则可发展到重度脱水阶段。

饮食注意

秋季腹泻的饮食很重要，应注意以下几点：

（1）开始时给消化道以适当休息，轻、中型患儿食量减半4～6小时，重型者6～12小时。

减食期间液体补充：轻、中型患儿口服"补液盐"。口服葡萄糖时浓度不宜超过3%，钠浓度也应减低。

（2）恢复饮食时，人乳喂养的宝宝应减少每次哺乳时间；人工喂养可从米汤、稀藕粉或稀释的牛奶开始，奶量由少到多，由稀到浓，逐步增加。人工喂养的宝宝有条件者最好选择去脂的奶粉。

（3）除食欲不振或严重呕吐外，加奶无须顾虑。因腹泻后患儿营养大量消耗，增加食物后大便次数虽可增加，但肠道吸收与食入量成正比。禁食过久或热量增加过缓都可导致营养不良。

预防对策

（1）鼓励母乳喂养，尤其生后4~6个月内最重要。

（2）人工喂养时要注意饮食卫生和水源清洁。每次喂食前用开水洗烫餐具，每日煮沸消毒一次。

（3）无论母乳还是人工喂养都应按时添加辅食，但切忌几种辅食同时添加。

（4）在发病初期或食欲不振时，应减少奶和其他食物摄入量，以水代替，最好用口服补液盐配成饮料口服。

治疗秋季腹泻食疗法

苹果汤汁

原料：新鲜苹果1个，少许盐。

制法：将苹果洗净后去皮，切成碎末，然后放入锅内，加上250克清水和少许盐煎成汤汁。

功效：具有止泻、助消化作用，可做辅助治疗。

石榴茶

原料：新鲜石榴2个，少许白糖。

制法：先将石榴外皮洗净，然后去皮，取出果肉，放入锅内。然后加入清水500克，微火煎煮，煮至150毫升时，将渣去除，加上少量白糖。每天服用2~3次。

功效：调理脾胃，收敛止泻。

姜茶汁

原料：绿茶、干姜丝3克。

制法：将绿茶、干姜丝同时放入瓷杯中，用开水750毫升冲泡，10分钟即可饮用。

功效：温中祛寒，消食止泻。

山楂麦芽汤

原料：生山楂10克，炒麦芽10克。

制法：将生山楂、炒麦芽放入锅内，加入清水250毫升，然后微火煎煮。煎后每天口服3次。

功效：增强消化功能，减轻积食。

山药汤

原料：山药60克。

制法：把山药洗净切成碎块，加清水200毫升煮至100毫升。去渣后，每天服用3次。

功效：健脾止泻。

扁豆汤

原料：白扁豆60克。

制法：白扁豆洗净，放入锅内，然后加入清水400毫升，煎至150毫升，每天服用3次。

功效：利湿、止泻。

当心昆虫袭扰宝宝

叮咬性皮炎的防治

蚊子在夏季和初秋季节繁殖。白天隐藏在暗处，晚间出来吸血，雄蚊不叮咬人，以植物汁为食；而雌蚊在交配后必须吸血才能使卵巢发育。雌蚊叮咬人体皮肤时注入唾液，刺激皮肤引起红斑、丘疹、风团。一般2~3天就能自行消退，不需治疗。但因被蚊子叮咬后奇痒无比，婴幼儿不由自主地搔抓，皮肤上的细菌乘虚而入，从而引起继发感染，出现红肿、水疱、化脓甚至发展成黄水疮，严重的可引起发烧、头晕、呕吐、全身不适。

蚊虫叮咬后最常见的是"丘疹性荨麻疹"，这是蚊虫唾液中的蚁酸引起过敏反应造成的。皮损多发生于躯干及四肢伸侧，群集或散在，为绿豆至花生米大小，略带纺锤形红色风团样损害，顶端有小水疱，呈皮肤色或淡红色或淡褐色。婴幼儿红肿明显，并见大疱，搔抓可致感染，一般无全身症状，皮疹1~2周消退，留下暂时性色素沉着。

预防和治疗：

蚊虫的叮咬不仅给皮肤带来损害，还是传播脑炎等传染病的媒介，因此，预防格外重要。

（1）注意个人卫生和生活环境的卫生，尽量消灭蚊子及其他昆虫。

（2）带宝宝外出时不要穿暴露过多的衣裤，暴露的部位可以搽些防蚊虫的药物。

（3）被蚊虫叮咬后，可外用炉甘石洗剂、虫咬水及皮质类固醇激素霜止痒消炎。

（4）引起过敏时可口服抗组胺药物，如扑尔敏等。

（5）在医生的指导下进行抗感染及脱敏治疗。

（6）可用荆防汤等进行中药治疗。

隐翅虫皮炎

隐翅虫为一种黑色蚁状小飞虫，头黑色，胸橘黄色，前腹部为黑色鞘翅所覆盖，有三对足，全身被覆短毛。白天栖居在潮湿的草地或石下等阴暗处，昼伏夜出，有趋光性，尤其是日光灯。当虫爬到人体表面时并不放出毒汁，只有当虫体被拍击或压碎，其体内的毒素沾染皮肤，引起皮肤损害。

隐翅虫皮炎表现为条索状的水肿性红斑，其上有密集排列的小丘疹、水疱或脓疱，有灼痛和微痒感，严

小·贴士

防蚊小妙招

家中有宝宝，介绍一些实用防蚊小妙招供妈妈们参考：

（1）黄昏前，摆放一两盆盛开的夜来香、茉莉花、米兰、薄荷或玫瑰等于室内，蚊子会因不堪忍受它们的气味而躲避。

（2）室内安装橘红色灯泡。由于蚊子害怕橘红色的光线，所以能产生很好的驱蚊效果。

（3）燃烧晒干后的残茶叶或艾叶，可以驱除蚊虫。

（4）在卧室内放几盒揭开盖的清凉油或风油精。

（5）关上门窗，在窗前放置一个盆子，盆中加点混合洗衣粉的水，第二天，水盆中就会有一些死去的蚊子。每天持续使用这种方法，几乎可以不用再喷杀虫液去杀蚊子了。

（6）将维生素$B_1$3~5片溶解于水中，擦拭暴露在外面的肢体，能驱除蚊虫叮咬。

（7）用调味品中的八角、茴香各两枚，泡于温水脸盆中，用其水给宝宝洗澡，蚊子不敢近身。

重的可引起剧痛及发热、头痛、恶心等全身症状。皮疹多数是第二日起床后被发现，约经一周左右逐渐干燥、结痂脱落而愈。

预防和治疗：

除了尽量消灭隐翅虫的滋生地以外，如在光线强的场所发现有虫落在皮肤上，不要用手捏或拍击，应将虫抖落在地上，用脚踩死。

（1）发现得了隐翅虫皮炎后要尽早用肥皂水清洗。

（2）用1:5000高锰酸钾溶液或1%~2%明矾液冷湿敷。

（3）局部可搽炉甘石洗剂、氧化锌油等。

（4）可用鲜马齿苋捣烂敷在患处，每日1~2次。

蜂蜇伤

婴幼儿被蜂蜇伤后立刻会感到剧痛难忍，甚至可以引起过敏性休克。不久局部红肿发生风团、大疱，中央处有一瘀点。如多处被蜇伤，尤其是被大黄蜂蜇伤，可引起抽搐、昏迷，心脏及呼吸麻痹等严重的全身症状，病人可在数小时或数日内死亡。

预防和治疗：

去野外游玩时避开蜂巢，不要在有蜂栖居的山林中行走。如发现窗外、屋檐下有蜂筑巢，应及早让有经验的人处理。被蜇伤后要按以下方法处理：

（1）蜇伤后迅速用镊子将断刺拔出，然后用拔火罐或吸奶器吸出毒汁。

（2）伤口周围的皮肤可用1%普鲁卡因2~4毫升做皮下封闭，能迅速止痛。

（3）局部搽3%~10%氨水或5%~10%碳酸氢钠溶液可减轻疼痛。

（4）可用季德胜蛇药片化开涂搽局部。

（5）如有全身症状应迅速送医院进行治疗。

宝宝的益智美食

黑芝麻糊

材料：黑芝麻500克，糯米500克，白糖少许。

制作：

将黑芝麻、糯米研成粉末。

将粉末炒熟并搅拌均匀。

加上适量白糖密封保存。

营养功用：填脑髓、润五脏、补肝肾、益精血。

营养秘诀：黑芝麻含脂肪油、卵磷脂、维生素E、蛋白质、叶酸、芝麻素、芝麻酚、糖类及较多的钙，这些物质对脑细胞的生长组成和代谢非常重要。

黑芝麻温热，煮粥时要少而稀，以防造成宝宝食入多量而致积食。

核桃仁粥

材料：核桃仁50克（10~15个），粳米或糯米100克。

制作：

先将米洗净，然后放入锅内。

加水后微火熬煮至半熟。

将核桃仁弄碎并放入粥里。

继续熬煮，直至成稠粥。

营养功用：补肾益精，益肺润肠，有助于宝宝及胎儿大脑发育。

营养秘诀：核桃仁含丰富的蛋白质（17%~27%）、脂肪（68%~76%）以及钙、磷、锌等微量元素。

尤其是所含的大量不饱和脂肪酸对宝宝的大脑发育极为有益。

核桃含油脂较多，一次不要给宝宝吃的太多，以免损伤脾胃功能。

龙眼莲子粥

材料：龙眼肉15~30克，莲子15~30克，红枣5~10个，糯米30~60克，适量白糖。

制作：

先将莲子去心，红枣去核，洗净糯米。

糯米放入锅内，加清水用微火煮。

粥快熟时，把龙眼肉、莲子、红枣放入，煮沸一会儿，加糖即成。

营养功用: 具有养心益智、开胃健脾作用, 可作为宝宝和孕妇的早餐。

营养秘诀: 龙眼、莲子含丰富的蛋白质、葡萄糖和较高的磷、钙、铁、维生素A、维生素B等, 是脑细胞生长代谢必需物质。

荔枝饮

材料: 新鲜或干荔枝30克, 大枣10个, 冰糖130克。

制作:

将荔枝洗净, 大枣去核。

将荔枝、大枣放入锅内, 加适量水, 先用急火煮沸, 然后改微火慢熬30分钟。

将冰糖弄碎加水溶化, 倒入荔枝汤内即成。

营养功用: 益智、生津、健脾。

营养秘诀: 荔枝果肉中含有60％葡萄糖、5％蔗糖、1.5％蛋白质、1.4％脂肪, 以及维生素A、维生素B、维生素C、叶酸、柠檬酸、苹果酸和一些必需氨基酸, 可补充脑力。与大枣合用, 既益智又健脾, 可提高吸收能力。

鱼头汤

材料: 鳙鱼头(胖头鱼)1个, 天麻15克, 香菇、虾仁、鸡丁适量。

制作:

将鱼头去鳃, 天麻切片状, 洗净后放入锅内, 用清水煮熟, 或清蒸。

熟后加香油、葱、姜、盐、味精等调料即可食用。

营养秘诀: 鳙鱼含丰富的蛋白质(15.3％)、脂肪、钙、磷、铁、维生素B。因其含有大量的DHA, 因此对大脑发育十分有益。人类大脑的10％是DHA, 它可增强记忆力, 也是幼儿大脑发育的必需营养。

鹌鹑肉片

材料: 鹌鹑肉100克, 冬笋10克, 水发口蘑5克, 黄瓜15克, 鸡蛋半个取清, 淀粉、精盐、料酒、花椒、酱油少许。

制作:

将鹌鹑肉切成薄片后用蛋清和水淀粉拌匀。

冬笋、口蘑、黄瓜切成片。

炒勺内放入猪油,热至五成时,放入鹌鹑肉片,炒熟,用漏勺捞出。

在炒勺内放入汤,加入精盐、料酒、花椒、酱油、冬笋、口蘑、黄瓜和炒熟的鹌鹑肉片,烧开后去掉浮沫即成。

营养功用:补五脏、益心力、益脑增智,对体质虚弱幼儿有补养作用。孕妇食用利于胎儿大脑发育。

营养秘诀:鹌鹑肉含有大量的不饱和脂肪酸以及较多的铁、维生素B、维生素B_2,可营养脑细胞、增强体质。

红烧野兔肉

材料:野兔肉250克,香菇、木耳、葱、姜、味精、酱油、料酒、大料、精盐少许。

制作:

将兔肉切成块。

放入锅内少许植物油,烧热后将兔肉放入,翻炒至变色,同时放一些酱油及少许料酒、大料。

加入清水微火慢炖。炖熟后加香菇、木耳、姜、葱、盐即可。

营养功用:健脑养神、益气健脾、滋阴生津,因味美而易被宝宝喜欢。

营养秘诀:野兔肉含有大量的脂质。这些脂质大部分是大脑必需的不饱和脂肪酸,同时还含有大量的钙质。

使用筷子对宝宝的益处

使用筷子是训练宝宝手部精细协调动作的一个好方法。

用筷子夹食物,不仅是5个手指的活动,腕、肩及肘关节也要同时参与,涉及肩部、臂部、手腕、手掌和手指等三十多个大小关节和五十多块肌肉。从大脑各区分工情况来看,控制手和面部肌肉活动的区域要比其他肌肉运动区域大得多，肌肉活动时刺激了脑细胞，有助于大脑的发育。所以，及早进行手的活动功能训练可以促进宝宝的脑发育。

一日三餐使用筷子，不但是一个很好的锻炼手指活动能力的机会，而且也有促进神经发育的作用。孩子在使用筷子的过程中，可以促进眼和手的协调运动，眼和手的配合又可促使其观察那些隐藏在物体当中的事物，对它们复杂的属性和关系去思考、分析，这就发展了孩子的知觉和思维能力，促使孩子深入学习各种更为复杂的动作。

教宝宝早日使用筷子

一般情况下可从2~3岁时就教宝宝学习使用筷子。孩子的模仿能力都很强，看到父母吃饭用筷子，他们也总想尝试，此时妈妈该鼓励孩子的这种想法，大胆地让孩子尝试。这样不但可以让孩子享受用筷子进餐的乐趣，而且对孩子的智力发育很有好处。

孩子初学时肯定不会拿筷子，只能将饭扒到嘴里，筷子分不开，根本谈不上"夹"，但拿筷子的姿势有个逐渐改进的过程，父母不要强求孩子一定要按照"正确"用筷子的姿势夹食物，可以让孩子自己去摸索。通过练习，尤其是看到好吃的东西，手的技巧会很快长进，慢慢地，孩子就会把筷子分开了，连夹带拿地把好吃的送进嘴里。妈妈可以让孩子先从好夹的食物练起，每当孩子成功一次，便给予适当的鼓励。随着年龄的增长，孩子拿筷子的姿势会越来越准确，自然能够夹起一些小的食物了。

筷子多种多样，对初学的孩子来说，用毛竹筷较为适宜，四方形的筷子夹住东西后不容易滑掉，另外又本色无毒，用起来也安全。

体罚与反社会行为的关系

科学家对宝宝及其母亲进行调查，探讨父母体罚（CP）与宝宝反社会行为（ASB）的关系，结果显示父母对宝宝进行CP，增加了宝宝日后的ASB。ASB是指说谎、欺骗、打架或对他人施暴；蛮不讲理，举止不端，故意损坏他人或公共设施；不遵守学校纪律，故意捣乱。反社会行为的有无及强度，与下述因素有关。

（1）宝宝每周遭受CP的次数。

（2）采取CP的方式及程序。

（3）家庭经济情况。

（4）性别、年龄。

（5）父母对宝宝的情感关怀。

（6）父母对宝宝认知能力的训练。

调查结果表明，遭受父母CP每周达2次以上的宝宝ASB明显增加；父母对宝宝情感关怀差的，ASB发生率高；家庭经济状况差的较经济状况好的更多发生ASB；父母对宝宝认知能力训练少的ASB发生率高；男孩发生ASB多于女孩。

小·贴士

有些孩子其实非常优秀，却很自卑，因为爸爸妈妈常常打压、数落他们，百般挑剔；有些孩子非常普通但很自信乐观，因为有温暖平和的爸爸妈妈。父母的意义其实更多的应该是精神力量，每每想起就让孩子的心中充满力量，感受到温暖，从而拥有克服困难的勇气，获得人生真正的乐趣和自由。

日本妈妈怎样用废品再教育

日本妈妈常常将准备扔掉的东西拿来问宝宝是否还可以用，以培养其创造力和观察力。

在日本东京等大都市，收集垃圾每周有固定日子。当天8点钟，必须把不用的东西和准备扔掉的东西收拾好拿出去。有些家庭利用这些废品，对宝宝进行"创造力教育"。

一个4岁宝宝的妈妈，在垃圾收集日的前一天傍晚，收拾准备扔出去的东西，从中挑出一些还可用的东西时，拿出其中一件问4岁的宝宝："这还有别的用处吗？扔了可惜呀！"宝宝动了一番脑筋想出一个主意：装鸡蛋的塑料箱，可用来收集落在院子里的花，做成"花的坟墓"；用旧了的圆珠笔，可作"筷子"等。

使宝宝养成改变固有思维的习惯，是一种有效的创造性教育。人们在观察物品时，往往把用途放在第一位，但是在思考该物品的其他用途过程中，可能会发现该物品的优点、质量、色彩等通常不被注意的方面。

培养宝宝在日常生活中观察这些方面，可使宝宝观察力敏锐起来，思考灵活起来。而且，还有助于进行爱惜物品的情操教育，可谓一箭双雕。

宝宝缺钙信号

多汗

总能听到年轻的妈妈诉说宝宝睡着以后枕部出汗，即使气温不高，也会出汗，并伴有夜间啼哭、惊醒。哭后出汗更明显，还可看到部分婴幼儿枕后头发稀少。千万不能小看这些不痛不痒的小毛病，这是宝宝缺钙的警报！机体缺钙时可以引起一系列神经、精神症状，夜间多汗与植物神经调节能力失调有关。所以，妈妈要考虑及早补钙。

厌食偏食

婴幼儿不爱吃饭，不知给父母增添了多少烦恼。现在儿童厌食偏食发病率平均高达40％以上，且多发于正处于生长发育旺盛期的宝宝。钙控制着各种营养素穿透细胞膜的能力，因此也控制着吸收营养素的能力，人体消化液中含有大量钙，如果人体钙元素摄入不足，容易导致食欲不振、智力低下、免疫功能下降等。

婴儿湿疹

婴儿湿疹在2岁前的宝宝比较多见，有的到儿童或成人期发展成恶急性、慢性湿疹，或表现为异位性皮炎。婴儿湿疹多发于头顶、颜面、耳后，严重的可遍及全身。宝宝患病时，哭闹不安，患病部位出现红斑、丘疹，然后变成水疱、糜烂、结痂，同时在哭闹时枕后及背部多流汗。专家认为，钙参与神经递质的兴奋和释放，调节植物神经功能，有镇静、抗过敏的作用，在皮肤病治疗中，起到非特异性脱敏效果。

出牙不齐

牙齿是人体高度钙化、硬度很高，能够抵抗咀嚼的磨损、咬硬脆食物的器官。如果缺钙，牙床内质没达到足够的坚硬程度，咀嚼较硬食物就困难了。宝宝在牙齿发育过程中缺钙，会造成牙齿排列参差不齐或上下牙不对缝、咬合不正、牙齿松动，容易崩折、过早脱落。一旦牙齿受损就不能再修复了。

妈妈怎样树立权威

1. 要以身作则

如果妈妈向孩子要求他必须学会做什么，妈妈首先得时刻遵循。比如在吃饭的时间里，妈妈只准孩子用羹匙喝牛奶，但当妈妈忙起来的时候，却塞给孩子一盒带吸管的牛奶图省事，孩子可搞不懂妈妈的意思怎么一天一个样。

2. 规范孩子的行为

孩子对玩具兔子的长毛连撕带扯的时候，如果妈妈露出严肃的神情给他看，孩子绝不敢再放肆下去咬它的鼻子。给孩子制定出严格的"行为规范"，以免沦落到最终打孩子屁股的境地。

3. 父母协调一致

如果孩子听到妈妈说"行"，听到爸爸却说"不行"，孩子就谁都不会听了，而且很快就学会了如何利用父母之间的不协调来达到自己的小目的。

4. 永远不要提高音调

孩子会懂得，原来妈妈是对他不耐烦了。能把妈妈惹得情绪如此激动，孩子将对此洋洋自得，所以，如果是妈妈需要解释给孩子听的话，要严肃但是语调轻柔地讲。

5. 别向任何人揭孩子的短

如果妈妈向别人抱怨孩子所犯的错误，孩子会以为妈妈软弱可欺。

6. 学会说"不"

妈妈尽量避免说些"可能""大概""再说吧"这样的句子，要学会说"不是""不去""不行"这样的否定词，让孩子知道有些事是绝不允许的。

7. 说到做到

如果妈妈已经答应带孩子去动物园玩儿，就不要犯懒或者心存侥幸，以为孩子能忘记这话。否则孩子今后不会再听妈妈的了。

8. 不要自相矛盾

昨天妈妈把孩子放在电视机前图孩子能安静一会儿，今天妈妈却禁止孩子开电视机，孩子就搞不懂妈妈什么意思了。

9. 别把孩子的任性撒娇当回事

孩子在妈妈面前大哭特哭，妈妈要告诉孩子可以把不高兴或者不满意的情绪表现出来，但不能在别人面前"唱戏"，应该回自己的房间里闹去。

10. 鼓励孩子取得的进步

孩子昨天还任性得翻了天，今天却乖得像个天使。妈妈应该微笑着告诉孩子，妈妈最喜欢的是现在的这个乖孩子。

怎样培养宝宝良好的生活习惯

生活习惯关系着宝宝的发育与成长，从小养成良好的习惯，可保证宝宝的健康。父母照料宝宝时，不能单纯考虑婴幼儿的饮食营养，还要时刻关心宝宝的冷暖与生活习惯。

1. 合适的睡觉体位

婴儿对光的反应，称婴儿的向光性。婴儿总是将头偏向光强的一侧，眼珠总是朝着亮光，时间长了容易发生斜视。一周岁以内的婴儿，头骨缝没有固定、吻合，如老偏向一侧，易发生两侧脸不对称；如果老是仰卧，又易使枕部平塌。为了预防斜视和头部畸形，对一周岁以内的婴儿要经常更换睡觉体位，还要经常改变光线射入的方向，以保持宝宝眼肌的正常发育。

2. 软硬得当的卧床

婴幼儿长期睡在凹陷软床上，发生脊柱畸形的占60%以上，而睡在硬木板床上脊柱畸形只占5%左右。因为婴幼儿骨骼中含无机盐少，有机物多，具有比较柔软、弹性大、不容易骨折等特点；同时由于脊柱周围的肌肉、韧带很弱，容易导致脊柱和肢体骨骼发生变形。因此婴幼儿不宜睡软床。

3. 含着奶头睡觉不好

有些妈妈乳汁过少，想让婴幼儿含着奶头多吃些奶，边吃边睡；有些婴幼儿哭闹，妈妈不问原因，把奶头塞入孩子的嘴里，以此来制止婴幼儿的哭，这些都是无益的做法。

含着奶头睡觉对婴幼儿健康有害，表现在以下几点：

（1）影响正常呼吸。因为新生儿鼻腔狭窄，睡眠时常常口鼻同时呼吸，含着奶头会妨碍口腔呼吸，有时妈妈睡着了，要是乳房把婴幼儿口鼻同时遮住，还有发生新生儿窒息的危险。

（2）易使乳头皲裂。含着奶头睡觉，经长时间的物理刺激，可造成乳头皲裂，同时又给乳腺炎造成一个发病的条件。

215

（3）影响婴幼儿睡眠。这种习惯一旦养成，一将奶头拿出来宝宝就哭，不好好睡觉；婴幼儿总有吸吮动作，也会睡不熟。

（4）易发生龋齿。宝宝边睡边吃奶，使富有营养的奶水停留在牙齿周围，为寄生在口腔内引起龋齿的细菌提供了生长繁殖的良好条件，容易形成菌斑、腐蚀牙齿，产生龋洞。

（5）牙龄咬合不齐。婴幼儿经常含着奶头或奶瓶睡觉，可影响牙龈和上下颌骨的发育，造成口腔牙齿咬合不齐。

培养宝宝饭前便后洗手的习惯

此时期宝宝手的动作比较灵活，因此可以培养宝宝自己洗手的习惯，并要

宝宝知道饭前便后洗手的道理。宝宝一般也容易明白这样的道理，但往往坚持不了多久，在这个时候家长要提醒宝宝，只要持之以恒，宝宝就会养成良好的洗手习惯。

父母应为宝宝准备好肥皂、擦手毛巾，并放在宝宝自己容易拿取的地方。有条件的地方应用流水洗手，这样符合卫生要求。父母还要提醒宝宝把袖子挽起来，以免弄湿衣服。宝宝从小养成爱清洁、讲卫生的好习惯，可以预防各种肠道传染病、寄生虫病。

如何对待宝宝的毛病

宝宝成长过程中，总会出现这样或那样一些坏毛病，显得很不听话。有的父母就训斥、责骂，整天不停地唠叨，怨声怨气地和宝宝说话，有的甚至采用骗、吓、打的方法对待宝宝。这样做常常会使宝宝对父母失去信任，或使宝宝与家长产生对立的情绪，损伤宝宝的自尊心，甚至会给宝宝带来终身的不良影响。父母应该树立正确的教育观点，对待宝宝的不良行为应端正思想，采取正确的教育方法。

针对宝宝较普遍存在的一些不良行为，纠正的方法如下：

1. 宝宝任性的纠正

宝宝任性是非常普遍的问题，是不正常心理状态的表现，是由多种心理因素引起的。为了满足某种物质的要求，为了得到父母的宠爱，为了得到别人的认可，或者为了表现自己的能力等，孩子常常表现出任性的行为。

宝宝任性的形成，多是由于父母的溺爱所致，所以纠正时要针对成因尽早开始。父母对宝宝的不合理要求必须坚持拒绝，不能让步迁就。家庭成员的意见要一致，使宝宝懂得他的做法是不对的。或者在宝宝任性时不去理睬，即使大哭大闹，在地上打滚也只当没听到、没看到。宝宝知道再这样下去也达不到目的，只得放弃无理的要求。

2. 宝宝撒娇的对待方式

有些宝宝撒娇很厉害，走路时要抱，吃饭时要抱，父母在干家务活时也紧缠不放，如果不理睬，就会大哭大闹。有的父母担心一哭就抱容易养成爱抱的习惯，家务一点也做不成，所以干脆不去理睬。如果父母一点也不满足宝宝的撒娇，今后会在宝宝的心理发展上留下不良的影响。

宝宝的这种表现是有其生理原因的。3岁前的宝宝，是在妈妈精心保护下，嘴含母乳、身卧母怀，无忧无虑成长的。宝宝一旦过了3岁，逐步萌发自立心，就开始喜爱真正的幼儿教育。但有些宝宝对这种变化接受较慢，对妈妈的依赖性很强，还想尽情享受来自妈妈的爱抚，这时妈妈对宝宝的有些举动开始

小·贴士

宝宝犯错时，代替惩罚的6个建议

（1）转移注意。对于不太严重或偶尔出现的问题，把宝宝的注意力转移到帮助家长做事，或者有趣的事情上。

（2）明确规则。对于后果严重的行为，要表达强烈的立场，明确态度，及时纠正，但不能攻击孩子的人格。

（3）表明期望。对于影响不大，非故意的行为，已经发生的就不要过分追究了，表明对孩子下次行为的期望即可。

（4）提供选择。对于宝宝的顽固行为，提供给合理的且能接受的选择，给予孩子尊重而不是强迫。

（5）自然后果。孩子明知故犯的行为，让孩子体验错误行为产生的后果，让其自己承担。

（6）唤起同情。因为缺乏同理心而犯下的无心之过，引导孩子站在他人的角度思考问题。

禁止、干涉、强制，甚至惩罚，宝宝就对这种变化产生困惑、不安和不满。宝宝向妈妈撒娇就是为了消除精神上的不安感和不满感。因此妈妈既要满足宝宝的撒娇，又不能使撒娇成为习惯。

在婴儿期，每当宝宝撒娇哭闹的时候，应该走到宝宝的身边，以笑脸对待，并用轻柔的语气和他讲话，当婴儿见到妈妈的笑脸，心情就会平静下来，撒娇得到了满足，不去抱也不哭了。如果宝宝哭得实在厉害，就抱起来，哭闹停止后再放下，然后以温和的眼神凝视宝宝一会儿，此时宝宝心理上已经得到了满足。最不妥的方法是一哭即抱，哭止放下，一走了之，此时宝宝的欲望没有完全得到满足。

稍大一些的宝宝正在玩的时候，会突然向妈妈提出"抱一抱我"的要求，此时即使妈妈手中正在干活，也要暂时放下，要很亲热地把宝宝抱起，让他坐在自己的腿上，几分钟后把宝宝放下，让他独自玩，但玩了一会儿宝宝又会说"抱一抱"，此时再抱到腿上，接着放下。如此反复一段时间后，宝宝撒娇的时间间隔会逐渐延长，因为要求已经得到及时的满足，知道妈妈还是很关心爱护他的。当下一次宝宝再要求抱一抱时，

妈妈可以用商量的口气说："让妈妈干完这些事后再抱好吗？"一般情况下宝宝都会同意的。当妈妈完成这件事后对宝宝说："妈妈现在有空儿了，让我抱一抱。"这时宝宝一定会很高兴的，宝宝会坚信不论什么时候妈妈都对自己倾注了无限的爱。

3. 使宝宝改正懒惰

有些宝宝早上起床要妈妈帮穿衣服，吃饭要妈妈喂，不愿做自己力所能及的事情，怕苦、怕累、贪图享受，这对宝宝的成长是很不利的。

懒惰的行为大多与父母对宝宝的过分宠爱和"包办代替"等做法有关，要想纠正宝宝的懒惰习惯，必须从父母的观念改变做起。凡是宝宝力所能及的事，必须让他自己做。即便做不好，父母也不应该去替代，而应该适当地给以指导和帮助，积极地鼓励宝宝独立去完成，完成之后给予肯定，坚定其信心；或者由父母陪宝宝一起完成，还可以进行竞赛，增加宝宝的竞争意识和进取精神，完成后得到成功的乐趣。

4. 正确对待宝宝说谎

有的宝宝从上幼儿园开始就说谎话，父母发现后非常担心，以为宝宝染上了坏习惯，将来可能成为不道德的人，于是严厉地训斥宝宝，却难以收到预期的效果。

宝宝的谎言，有的属于想象型谎言，就是把自己内心想象的事物和现实中存在的事物混同起来，那些知识还很浅，经历很贫乏，什么事都以自我为中心的宝宝，喜欢说这类谎话。另外，宝宝回答问题时容易受成人提问的暗示，如果有人问："你已经吃饭了吗？"宝宝就会回答："吃过了。"实际上是没有吃饭。对于这种谎言，只要不至于危害对方，就可以不必介意，父母千万不要说一些责备和蔑视的话，如"你是在说谎吧""又骗人"等。随着年龄的增长，宝宝可以逐渐学会区分实际的事物和想象中的事物，这时就应告诉宝宝，真正的事情是怎样的，宝宝就不再说想象谎言了。

有些父母对宝宝的过失总是严加责备，甚至给予体罚，宝宝下次再犯了什么过失，害怕父母训斥，为逃避责备和体罚，不承认自己的过失，因此说谎。管教过严、要求过于苛刻的家庭里，经常见到宝宝为自我防卫而说谎。经常说防卫型谎话的宝宝，性格有灰暗、阴郁、不爽直的一面。所以，要尽快帮助宝宝改掉这种毛病。宝宝一旦说谎成功，就会变成一种恶习，以后说谎就满不在乎了。

如果知道宝宝是由于自我防卫而说谎，父母就要改变对宝宝过严和苛刻的态度，不要胡乱批评宝宝，要尊重宝宝，使孩子明白不说谎也可以"过关"，从而逐渐改正错误。对能改正说谎行为的宝宝要及时进行表扬。

5. 偷摸行为的认识

3岁以前的宝宝和有些智力发育比较晚的四五岁的宝宝，有时分不清自己和他人的东西，常常把其他小朋友的玩具或食物带回家来，造成偷拿别人东西的结果。此时父母对宝宝不要过分训斥，要温柔地教会宝宝区分自己和别人的东西，反复告诉他"拿别人的东西是不对的"，以启发宝宝分清是非。

如何培养宝宝的胆量

如遇到打雷，屋子变黑时，父母不要制造紧张气氛，要让宝宝逐渐习惯。

如突然听到东西摔碎声，人的吵闹声时，父母要注意平静宝宝的反射和宝宝的紧张感，使宝宝能承受这一类声音。

训练宝宝敢于自己活动，如上床、迈门槛。创造一些练习登梯爬高的条件锻炼宝宝，同时，父母用鼓励性语言督促鼓励。

宝宝第一次从电视、书画或生活中接触到一些特殊形象（如凶狠的动物、持刀的人、剧烈的风雪）时，父母应该注意不制造恐怖气氛，让宝宝视如常事，不产生可怕的意识。

不论什么时候，不要用高声或粗暴语言、打人动作恫吓宝宝，制止宝宝不良行为时应以说理为主。

怎样培养宝宝的健全性格

性格是人的个性中最重要、最显著的特征。性格不是与生俱来的，而是在生活中逐渐形成的。家庭环境和家庭教育对宝宝性格的形成起着举足轻重的作用。家庭和睦、父母勤俭、热爱劳动，宝宝就容易形成诚实、爱劳动、责任心强的性格；过分溺爱和放纵，会使宝宝胆小、幼稚、任性、娇气、自私，形成不好的性格。

为培养宝宝健全的性格，父母在教育宝宝时应该做到不训斥、打骂，即使宝宝有了错误，或学习成绩不理想时，也应寻找原因，"对症下药"，减轻宝宝的心理压力。拳打脚踢会造成宝宝的心理创伤，甚至是难以弥补的伤害。但也不要对宝宝过于溺爱，不能事事都替宝宝去做，使宝宝养成依赖性。

身教重于言教，父母应该为宝宝做榜样，如果父母热情好客，豪爽要强，乐于助人，工作积极努力，从不与别人吵架，这些性格也会传给宝宝的。

小·贴士

家庭是宝宝的第一所学校，家长是宝宝的第一任老师，家庭教育的重要性决不可低估。为了培养宝宝健全的性格，每一位父母都要既有身教，又注重言教，相互配合，才能取得教育的成果。

宝宝基础智能培养

培养方式1　套纸圈

目的：

锻炼孩子手的灵巧性、手指的灵活性。

内容：

（1）妈妈准备一把小剪刀，各种颜色和质地的纸片，一小瓶胶水。

（2）妈妈先给孩子示范，将纸剪成一指宽的条状若干，先将第一个纸片圈成圈用胶水将封口粘紧。

（3）将第二个小纸条穿过第一个小纸圈，再将封口用胶水封好。

（4）妈妈对孩子说："宝宝跟妈妈一起做好吗？"然后将有两个圈套在一起的小纸链交给孩子。

（5）孩子在做第一个圈时，妈妈要帮着他，让孩子看懂每一步的每一个动作。

（6）孩子学会套纸圈以后，妈妈可帮孩子在旁边剪小纸条、粘封口。

（7）在孩子做的同时，妈妈要不断地拿起孩子做好的链子给予夸奖："宝宝真聪明，宝宝真能干。"

指导：

妈妈要不断地和孩子说话，像拉家常一样，孩子会很喜欢做这个游戏。

培养方式2　快快追

目的：

训练宝宝腿部肌肉的力量和耐力，提高身体的平衡能力。

内容：

（1）在地上玩小汽车，妈妈告诉孩子："宝宝，快去追小汽车。"孩子就会蹲着用手去抓，

如果孩子不会，妈妈可给孩子示范。

（2）追到小汽车后，可在地上滚动一个小球，也让孩子蹲着去追。

指导：

利用周围的自然环境和自然物，训练孩子蹲在那里活动。例如，用手把落在地上的叶子捡起来，把小石头一个一个地放进小桶里，用小铲子玩沙子，观察在地上爬的蚂蚁等。

孩子能独立站立以后，父母就应该逐渐地锻炼孩子蹲的能力，让孩子蹲在地上玩，这是一种既简便易行又颇具锻炼价值的活动。

培养方式3　绕过去

目的：

训练孩子走步过程中控制身体动作的能力，发展身体的平衡能力及身体动作的灵活性。

内容：

（1）妈妈带孩子到沙滩上去玩，在一小块地方设置一些小沙滩、小石子等。

（2）让孩子学习绕过这些障碍物走过去。

（3）为了增加乐趣，妈妈可以让孩子看他走过沙滩时留下的小脚印。

指导：

这个游戏也可利用小凳子、小沙发墩子、小架子等在屋里设置一些障碍，引导孩子学习绕过这些障碍物走过去。

孩子在走的时候，最好是光脚，将一切能把孩子绊倒的东西都收拾干净，妈妈也可以采用跟孩子玩捉迷藏的形式。

培养方式4　看妈妈

目的：

培养孩子身处高处不害怕的胆量、勇敢精神，发展平衡机能；帮助孩子积累多方面的经验，发展空间知觉。

内容：

（1）当妈妈在厨房里干活时，爸爸可把孩子举过头顶，看厨房里的妈妈。

（2）让孩子跟妈妈打招呼叫"妈妈"。

（3）妈妈别停下自己手中的活，但一定要惊讶地回头向孩子说话，向孩子打招呼。

（4）当孩子正跟妈妈热情交谈的时候，爸爸可对孩子说："宝宝，咱赶快下去，不让妈妈看到，行不行。"

（5）爸爸立即放下孩子，过一会儿再问孩子："宝宝，咱们再去看妈妈在干什么？"又重复刚才的动作。

指导：

（1）可以利用一切机会，有意识地把宝宝带到高处，让孩子看看自己周围的环境，看看处于自己身体下方的东西和人，给孩子一种与站在地面上不同的空间感觉和知觉。

（2）父母除了要注意周围环境的安全以外，还要始终守在孩子的身边，以防孩子发生什么危险。

培养方式5　学学看

目的：

锻炼孩子走步动作的稳定性，发展身体动作的协调能力；促进孩子观察力、模仿力的发展。

内容：

（1）妈妈带孩子上街，看看走路有特色的人，如老奶奶小脚走路，老爷爷腆着肚子走路，年轻的阿姨穿着高跟鞋走路，叔叔匆忙走路等。

（2）在大街上可让孩子去模仿。

指导：

（1）在大街上可让孩子随便去模仿，不要害怕别人说。试想想，两岁的孩子在大街上学人走路学得惟妙惟肖，被学的人一定也和大家一样会捧腹大笑的。值得注意的是，不要让孩子跟在残疾人的后面学走步，即便孩子要学，也要让孩子体验到残疾人走路的痛苦。

（2）孩子也可以在家模仿大人走路，模仿小猫咪怎么走，小鸭、小鸡怎么走。

培养方式6　为妈妈打扮

目的：

锻炼孩子手部动作的准确性，发展身体的平衡能力及动作的协调性。

内容：

（1）妈妈为孩子准备一些塑料小圈，妈妈先拿一个套在自己的胳膊上，然后对孩子说："宝贝，看妈妈漂亮不漂亮？来，宝贝给妈妈打扮一下！"

（2）引导孩子不但在妈妈的胳膊上、手上、脚上套小圈，也可以往妈妈的耳朵上、盘好的头发上、衣服的扣子上挂。

妈妈要不断地鼓励和赞扬孩子，并表现出非常高兴的样子，故意让耳朵上或其他地方上的小环掉下去,让孩子弯腰拾起来。

（3）在给妈妈套完之后,可让孩子自己给自己套。

指导:

当孩子把小圈套在自己的小手或小脚上时,妈妈可指导孩子让小圈在手上或脚上转动。当孩子把小圈套在耳朵上时,妈妈就指导孩子怎样才能让小圈掉下来。

第三章

1岁9月

◎ 宝宝零食的选择

◎ 宝宝的第一反抗期

◎ "不责备" 教育法

◎ 1.5~2岁宝宝注意力、观察力的培养

◎ 怎样对待半夜起来的宝宝

育儿方法
尽在码中

看宝宝辅食攻略，
抓婴儿护理细节。

1岁9月宝宝的养护

生理发育

体重增加约0.18千克。

身高增加约0.9厘米。

会跑,但自己停不下来。

自己上下矮床。

扶墙上楼(3~5级)。

会背1~2句儿歌。

开始表达个人需要。

心理特点

喜欢跑,模仿成人做事,学说儿歌,指认书中物品,拼接物体、玩橡皮泥,在纸上画记号,回答简单问题。

育儿要点

(1)合理选择零食。

(2)练习奔跑,自己上、下楼梯。

(3)用笔连线作画。

(4)理解对应关系。

(5)学数1~5。

(6)背1~2句儿歌。

(7)看图书讲故事。

(8)过家家。

(9)让宝宝自己吃饭。

宝宝零食的选择

零食是指正餐以外的一切小吃，是孩子喜欢吃的小食品。孩子吃零食能增加生活的乐趣，也是生理的需要。孩子胃容量很小，而新陈代谢旺盛，每餐进食很快会被消化，所以零食可对正餐进行补充。如果零食选择不当或吃过多，会影响正餐进食，扰乱消化系统的正常规律，引起消化系统疾病和营养失衡，影响孩子的身体健康。只有适时、适量、合理地选择零食，才能对孩子的生长发育有益。

（1）吃零食的最佳时间。妈妈可在每天中、晚饭之间，给孩子一些点心或水果。但量不要过多，约占总供热量的10％～15％。餐前1小时内吃零食，尤其是吃甜食，孩子容易患龋齿。

（2）正餐为主，零食为辅。零食可选择各类水果、全麦饼干、面包等，但量要少，质要精，花样要经常变换。

（3）太甜、油腻的糕点、糖果、水果罐头和巧克力不能经常作为孩子的零食，因为它们含糖量高，油脂多，不易被孩子消化，且经常食用易引起肥胖。冷饮和汽水不宜做零食，更不能让孩子多吃，以免消化功能紊乱。

（4）视发育情况，选择强化食品作为孩子的零食。如缺钙的孩子可选用钙质饼干，缺铁的加补血酥糖，对缺锌、铜的可选用锌、铜含量高的食品。但对强化食品的选择要慎重，应该在医生的指导下进行，否则短时间内大量进食某种强化食品可能会引起中毒。

（5）要有计划、有控制。父母不可用零食来逗哄孩子，更不能孩子喜欢什么便给买什么，不能给孩子养成无休止吃零食的坏习惯。

培养宝宝良好的饮食习惯

（1）定时进餐。饭前半小时要让孩子保持安静而愉快的情绪，不能过度兴奋或疲劳，更不能责骂孩子，以免影响食欲。如果孩子正玩得高兴，不宜立刻打断，而应提前几分钟告诉他："快要吃饭了。"如果到时孩子仍然迷恋手中的玩具，可让孩子协助成人摆放碗筷，这会转移孩子的注意力，增加对进食的兴趣，做到按时进餐。

（2）吃饭时不说笑，不玩玩具，不看电视，保持环境安静，培养孩子专心进食的习惯。根据孩子一日营养的需求安排饮食量，使孩子养成定量进食的习惯。孩子偶尔进食量较少时不要强迫进食，以免造成厌食。进餐时不能催促孩子，要让孩子细嚼慢咽。妈妈要给孩子准备一条干净的餐巾，随时擦嘴，保持进餐卫生。让孩子咽下最后一口才能离开饭桌，并注意饭后擦嘴和保持桌面干净。

（3）妈妈要根据当地的情况和季节选用多种食物，培养孩子爱吃各种食

物，不挑食、不偏食的习惯。饭桌上特别可口的食物应根据进餐人数适当分配，培养孩子关心他人，不独自享用的好习惯。要注意桌面清洁，餐具齐全、卫生，饭菜冷热适度。

（4）耐心培养孩子正确使用餐具和独立吃饭的能力。父母可在碗中装小半碗饭菜，要求孩子一手扶碗，一手拿勺吃饭。要教孩子每次用勺装饭不宜太多，防止撒饭。当孩子吃得差不多时，父母再给予帮助把饭喂完，保证孩子吃饱。妈妈应该在孩子进餐的技能尚未完全掌握时进行耐心指导，切忌粗暴处理或包办代替，养成孩子的依赖性。要鼓励孩子自己吃完碗里的食物，对孩子的进步要及时表扬，以增强孩子学习的积极性和自信心。1岁半左右可开始培养孩子学习使用筷子，自己用餐巾擦嘴、擦手。

（5）妈妈照顾孩子饮食时，应该细心讲解或提问各种食物的名称、颜色、烹调方法，使孩子既可获得知识，又能提高言语表达能力。

对1岁9月宝宝的教育对策

这个时期的幼儿在成长中不知不觉就会有自己的想法，逃避依赖、主张自我就是这个年龄段幼儿的特点。但成人常常无法及时改变以往的态度，忘记这是正常的成长规律，以至于胡乱地愤慨惊讶。宝宝不可能都依照父母的心意，生活在不变的法则中，这点在宝宝近2岁时，父母能深切地体会到。可爱而显得不安定的近2岁宝宝想尝试反抗，对父母而言是幸运的。如果这种反抗在5岁或10岁才来临，父母将不知要承受多大的打击和创痛。

宝宝想主张自我、尝试独立，父母就顺着宝宝的心意，也许能缓和宝宝的反抗，还可借着轻微的反抗培养宝宝的生活意欲。父母此时若认真地生气，那就与2岁的宝宝无异。但是父母若唯唯诺诺，又会使宝宝过于轻视现实。亲子关系往往在这时期会出现不顺利的现象。

近2岁的宝宝，发展最明显的是运动机能，大部分时间里宝宝都在不停地活动。

此时宝宝感情的发展也日趋复杂化。在与成人的心灵交流中，或是看电视、观看图书时，都能看到宝宝幼嫩的感情在蠕动。

在社会性方面，近2岁的宝宝与和他亲近的大人关系很和谐，但是跟陌生人及不熟的亲友就显得很生。不过，与其独自一人，他们倒宁可与他人同处，这就是这个时期的特征。

这个时期的宝宝对语言及知识也兴致勃勃，常常会问道："这是什么？""那是什么？"不停地吸收新的知识和语言。只要父母不采取填鸭式的教育，近2岁的宝宝就可卓然成长。

宝宝为什么食欲不振

近2岁的宝宝食欲会有很大的变化。食欲旺盛时，妈妈根本不把这件事放在心上，一旦宝宝食欲减退时就会紧张，将此视为天大的问题。

其实，食欲不振是常见的现象。让我们来探讨与食欲不振有关的几个问题：

（1）近2岁的宝宝总想吃零食，妈妈当然不会对宝宝有求必应，不过，有时候家人之间的态度不一致，就会出问题。爷爷、奶奶一旦被可爱的孙子、孙女要求买零食，一般都不会拒绝；和宝宝相处时间较少的爸爸，偶尔早点回家就会想到给宝宝买些零食；或是大家庭里，长辈也会以甜食来讨好宝宝。诸如此类的情形，都会让宝宝食欲减退。

有些妈妈是职业女性，所以晚餐时间容易延后，也

小·贴士

宝宝用餐时，妈妈不用一直陪在身旁，而应在用餐刚开始，宝宝想自己吃的欲望强烈时稍微离开一会儿，不要妨碍宝宝的自由，等到宝宝筋疲力竭、厌烦自己吃时，妈妈再及时出现帮助宝宝快点吃完。

容易给宝宝零食，这些妈妈应该注意不给小孩可代替正餐的零食。

（2）宝宝的食欲和情绪原本就是互相关联的，不要说是让宝宝受到刺激，就是稍稍严厉的责怪或可怕的感觉，都会导致宝宝食欲消失。

如果家中的老一辈规矩较严，或者爸爸比较神经质，妈妈最好能将宝宝用餐时间与他们错开。

餐桌上的气氛过于紧张或是过于沉闷，都会使敏感宝宝的食欲受到影响。

对宝宝绝不可以强制

父母常会采取各种手段引诱宝宝快点吃饭。其实，宝宝的食欲并不是强制便能产生的。神经质的宝宝如果被强制吃下食物，也会全部又吐出来。如"你如果不吃肉就会瘦""如果缺乏维生素C就会生病"等说教方式，也会让宝宝减低食欲。宝宝是为了想愉快地吃美味的食物而进餐，绝不是为了摄取营养而吃饭。

如果宝宝突然食欲不振，妈妈必须先观察宝宝的情形，察看是否发烧、下痢、流鼻水，或有其他异常。食欲不振经常是疾病的前兆。

宝宝睡眠不足时食欲也会降低。养成宝宝规律的睡眠是必要的，尤其容易兴奋的宝宝，时常会因为睡眠不足而导致食欲不振，此时妈妈必须设法让宝宝在寝前保持1~2个小时的平静。

活动量少的宝宝，即使不生病时食欲也不佳。妈妈最好每天都带宝宝到室外游戏，直到产生一种舒适的疲劳感为止。

还有一些宝宝的食欲不振仅仅是想作为引起父母注意的手段。宝宝并非蓄意如此，而是曾经有过由于食欲不振而使家人乱成一团的经验，因此又想借此吸引父母的注意力。宝宝潜意识里只是希望父母对他关心，所以父母大可不必惊慌失措，只要从容应付，并给予宝宝足够的关怀，问题自然迎刃而解。

记住，宝宝只要感到饥饿，就一定会想吃东西。

宝宝排泄的教导

宝宝过了1岁半以后，妈妈必须带他到厕所大小便，并告诉宝宝不在别处尿尿和大便。以往习惯使用便器的宝宝，则可将便器放在马桶上，适应之后再让宝宝使用马桶。

如果宝宝无意在厕所的马桶上排泄，就必须恢复到使用尿布或便器的时代，等过3~4个月之后再尝试。如果宝宝还是不愿意合作，就必须再等待下去。一般宝宝在满3岁之前，已经学会在厕所里排泄。教导排泄最重要的是不能性急，有些宝宝会比一般标准稍微延迟，关键在于宝宝是否有要自己排泄的意愿。如果不是宝宝主动的话，责怪与强制只会使宝宝对厕所和排泄产生恐惧感，增加教导时的阻力。有些宝宝被责怪之后，甚至误解排泄是不好的，于是拼命忍住尿意和便意，这就导致相反的效果了。

神经质的宝宝若对勉强的恐惧感留下后遗症，长大之后就会引起尿裤子或尿床的症状。所以宝宝练习失败时，妈妈千万不要加以责怪，而当宝宝顺利练习成功时，妈妈要及时予以表扬，这就是心理学式的指导法。

宝宝顽皮时

形容近2岁宝宝最恰当的词句莫过于"顽皮的孩子"。近2岁的宝宝走路平稳以后，会很快就变成一个顽皮的孩子。虽然宝宝还不能很快地稳稳刹住身子，但却很善于奔走，从早到晚不停地四处乱闯。

上下楼梯时会小心翼翼地一步一步来，做得还算顺利。

平衡感也很不错，在平衡台上可以左右脚并拢地慢慢走过。喜欢兔子跳和滚翻运动，也会玩摔跤游戏。

手臂的运用很灵活，能投射，也能在单杠上吊挂。

手脚变得灵巧，积木能堆5~7个，能翻开书的画页，喝饮料时也不再洒得满身都是。

宝宝这段时间的训练，最重要的是给予机会。

活动不只能奠定运动机能的基础，对适当发泄精力也有效，能使宝宝平静下去，同时缓和第一反抗期的反抗心理。

所有妈妈看到宝宝顽皮的行为，第一个念头都是"危险"，于是想加以制止，这时就需要父亲的协助了，只要父亲在场，妈妈和宝宝都能获得一份安全感。

与其消极地制止，不如积极地成为宝宝活动的同伴，因为活动正是宝宝学习的工具，也可以培养宝宝的勇气和自信。这个时期的宝宝一旦冲出去就很难停下来，也容易被各种五花八门的东西吸引到街上，父母必须预先有一套防范措施。父母还应该指导宝宝运动的方法，让宝宝知道如何玩才不会发生危险，认真具体地告诉宝宝该如何做。

衣着方面也须注意。在活动时避免让宝宝穿得过多，尽量让宝宝穿便于运动的衣服。

宝宝的第一反抗期

一般宝宝在2~5岁期间，会经历被称为"第一反抗期"的阶段。

宝宝从前不论大小事情都需要父母代劳，但从这个时候开始有自己的意见，也尝试着对大人反抗。

还在一岁时，宝宝就已出现反抗的征兆。这段时期宝宝反抗的手段是以"不要！不要！"来拒绝父母的命令，拼命想依自己的主张做一切事情。

父母以往只知毫无保留地付出爱与关怀，对宝宝这种改变几乎无法接受。由于还来不及适应，父母不是采取威吓的手段，就是惊慌失措，最后疲惫不堪，只好事事顺从宝宝。

宝宝这种反抗性态度产生的原因，大概有下列几种：

自我意识的萌芽

对自己的想法与要求，宝宝十分清楚，想按照自己的心意去做，这种自我的发展是第一个原因。但由于这种想法与要求并非都是正确的，所以宝宝对任何事情都要采取反抗的态度。

加上主张自我的意志力也增强，总是顽固地反抗。正常的宝宝有84%经历过反抗期，而意志薄弱儿只有21%出现反抗期。因此，有反抗意识表示宝宝是正常的。

蓬勃的运动力

近2岁的宝宝被认为具有反抗性，主要也是因为具

有蓬勃的运动力。

这时期可称为"身体的独立期"，宝宝运动机能很发达，想按照自己的心意活动，因此父母加以干预、保护，就容易引起冲突。所以，父母应在可能的范围内，让宝宝尽情地活动。

整个幼儿期，宝宝都是以自我为中心，但这段时期更甚，此时宝宝缺乏知识，理解能力弱，社会性尚未成熟，加上不了解成人的心理，自我抑制的能力也弱，所以不管怎么样，都会固执于自己的主张。这就成为不听父母的话、事事反抗的原因。

宝宝缺乏表达意思的能力，在无法让父母了解时，只会着急地以"不要"一语来表示；如果父母不停地质问，宝宝就会烦躁而乱发脾气来加以抗拒。

值得注意的是，父母应该设法理解宝宝的想法。

宝宝在反抗期中，心理上一定是矛盾的。"我要自己做，因为我自己会做。"宝宝这样主张，但实际去做之后却不能顺心遂意，于是，希望妈妈来帮忙的依赖心理便抬头。但是父母一般都不理会，宝宝心中的"独立"和"依赖"感互相矛盾，易造成一种自暴自弃的心理。

这段时期有许多问题围绕在宝宝身边。例如，学习生活习惯的辛苦，与新结交的朋友之间的争吵，随着智能成长而有的诸多疑问，以及好不容易学会的语言还需要反复学习等，这些父母想象不到的压力都在压迫着宝宝。可父母却还一再地对宝宝赋予不容易达到的期望。

尽管如此，宝宝仍然以令人惊讶的成长力来突破这些难关，不知不觉中，宝宝就从一切不成熟的行为中挣脱出来，从父母的保护中挣脱出来。

有的宝宝需要的时间较短，也有的较长。一般这种困扰父母的反抗期持续一年左右。

这种独立与依赖纠缠不清的反抗期，绝非孩子个人的问题。宝宝所反抗的对象是父母，而反抗的过程是宝宝希望独立，父母基于保护心理想加以干涉，于是造成宝宝与父母的对立。

如果父母的对应态度恰当，宝宝的反抗就能成为通往独立的康庄大道，意义深远；相反地，若父母处理不当，就会很危险，严重的会使宝宝成为个性异常的人。下面叙述的对应要领，企盼父母们能善加利用：

受到宝宝的反抗，父母态度上的不和善，只会令宝宝反感，反抗心理愈强。亲子之间绝不能演变成这种对立关系，否则会留下后遗症。

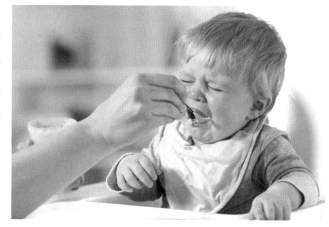

父母应该做的是："我知道了，想等会儿再吃饭，不想现在立刻停止游戏！"体贴地说出宝宝的心情，宝宝就会认为父母很了解他而深感满足。然后父母再告诉宝宝："那么，等时钟敲12下时就要把玩具收好哦。"如此指示宝宝结束的方法，时钟会比父母更容易使宝宝顺从。

"宝宝不想洗澡吗？宝宝浑身脏兮兮的，妈妈最讨厌这种小孩子。妈妈不准宝宝吃饭，宝宝就继续玩吧！"本来宝宝是希望再玩一会儿才去洗澡，想不到妈妈却不让吃饭，这种限制的手段，会使宝宝陷入混乱。

"妈妈可以再等一下子，但是宝宝一定要洗澡，因为宝宝全身都很脏。"像这样的话，清楚又有条理，宝宝很容易理解。假如因果关系不清楚，会增加宝宝的反抗性。

宝宝发脾气时

最令父母头痛的问题就是宝宝无缘无故乱发脾气了。宝宝发脾气时，父母如果缺乏一套管教方案，过于心软，就会被宝宝搞得团团转。

父母此时必须仔细观察宝宝的主张到底是什么，如果宝宝的要求是理所当然的，父母干脆顺从宝宝，不让宝宝继续无意义地发脾气；如果是不合理或不适当的，父母就以无视宝宝的态度，或直接说"不行"来加以拒绝，并设法扭转场面，改变宝宝的心情，不过要对宝宝说明理由。

此时期，做父母的要注意弥补宝宝理解能力的不足。这一时期的宝宝理解能力不足，无法正确判断周围的情况，常常爱发脾气。父母必须先耐心听宝宝诉说，再为宝宝说明，使宝宝理解。当宝宝想要别人的东西而哭闹不休时，妈妈首先要让宝宝认识"自己的东西"。"你的在哪里呢？拿来妈妈看看！"然后再向宝宝说明："这不是一样吗？"

肚子饿、疲倦等有时也会成为宝宝发脾气的原因。妈妈常会责骂宝宝："每次到了傍晚正忙时，你就乱发脾气，一点也不知道大人的辛苦！"可是妈妈是否考虑到宝宝的饱饿和疲倦已达到了极限？事实上，预防这种情形的发生，正是妈妈的责任。如果这时叫宝宝等待，宝宝怎能高兴，不如让宝宝先填饱肚子。

如果是父亲与母亲，或是祖父母与双亲对宝宝发出不同的指示命令，那将是很危险的，不但会使宝宝发脾气，且会让宝宝陷入混乱，无所适从。父母的意见当然会有不同，要避免或许是不可能的，但如果在宝宝面前呈现对立状态，会使宝宝陷入混乱。所以父母应事先调整意见，在宝宝能判断复杂的事情之前，努力保持同一个方针。

宝宝发脾气的时候，最忌父母先是犹豫不决，后来禁不起宝宝的哭闹，终于屈服的优柔寡断作风。当宝宝想要某件东西而一再恳求时，父母显出犹豫不决的神情，宝宝知道有机可乘，就会大吵大闹，甚至赖在地上不走，使尽各种手段，致使父母没有办法便心软下来说："只有这次，下不为例哦！"此种先是拒绝，最后还是屈服的态度，会让宝宝产生"只要用这个办法就一定有用的"的信念。如此，宝宝会认为当父母说"不行"时，只要发脾气，就可以获得自己所要的东西，遂以发脾气作为自己的武器。宝宝幼小时就知道以发脾气作为有力武器，长大之后势必更会运用各种巧妙的手段，令父母烦恼而悔不当初。

所以，妈妈带宝宝出门之前，一定要事先约定好："今天宝宝只能买一样玩具！"让宝宝理解了以后才出门。如果不管妈妈怎样一再跟他约定，宝宝仍然不能遵守，那么，在宝宝到达3岁之前，还是尽量少带宝宝到卖玩具的场所为妙。

如果不得已必须带宝宝到那种地方，而宝宝又哭闹不止时，可以简单地对宝宝说"今天不行"或"这不是小孩的东西"，然后赶快将宝宝抱离该处，被抱起之后就会放弃要求，而且被带到别处之后，宝宝就会再度被别的东西吸引而忘了先前的事。

如果父母拿不定主意，或者啰啰唆唆地说一大堆话，只会使宝宝脾气更大。

"不责备"教育法

有人曾经说过："双亲最不易处理的就是2岁幼儿跟初中生。"

1岁的宝宝天真可爱，父母根本不用对他责备，但是到了2岁时，宝宝就会经常叫嚷"不要！不要！"企图反抗，令父母惊讶。这时，父母常常会失去理智，忘了对方只是个懵懵懂懂的幼儿而去责骂宝宝。

应该知道"责骂"和"夸奖"都是教育的手段，而不是父母情绪的发泄。应依据宝宝的发育特征，配合适当的教育方法，才能得到预期的效果。

即使要责备2岁宝宝，在责备之前仍有几件事情必须考虑：

忽视比责备有效

年纪愈小的宝宝，愈希望父母能注意他。所以，当宝宝在做令父母头痛的事情时，忽视他，装作根本不在意，那么，宝宝对那件事自然觉得兴趣索然而不再做了。

小·贴士

教育孩子时，提倡父母这样说话：

把"不要吵"改成"控制一下"；

把"不准哭"改成"哭完再说"；

把"不行"改成"你觉得呢？"

把"怕什么"改成"有我在"；

把"快一点"改成"还要多久？"

把"你有没有在听"改成"我相信你有听到"；

把"这有什么难的"改成"没谁一次就会"；

把"你能不能乖一点"改成"我知道你会改变"。

即使劝告宝宝，向宝宝说明各种理由，宝宝也似懂非懂。基于这个理由，有时忽视是比较有效的。

夸奖比责备有效

责备不好的行为，夸奖好的行为，这是教育的理论，许多父母只注意到前者，而忽略了后者。对宝宝可忽视他不好的行为，加倍夸奖好的一面，这才是心理学上的技巧。宝宝对一切事物都无是非好坏的观念，所以父母可以用夸奖的方法引导宝宝。

责备前先检讨环境

"电视机有电，不要乱摸。"父母这样责骂宝宝之前，应该考虑到电视机对宝宝具有吸引力，想要宝宝不去碰是不可能的。熟悉环境时，宝宝都会以"看""摸""动"去探索，所以，不希望宝宝碰触的物品，应该放在宝宝拿不到的地方，等宝宝大些再回复原位，这样对父母和宝宝都有好处。

是否做了无理的要求

父母常常忽略宝宝的年龄、能力，而对宝宝期望过高。

经常可以听到妈妈这样责骂宝宝："怎么每次都尿出来才说！为什么不早说！"妈妈急着回家，宝宝总是不听话，一再跑进小巷子里，或在马路上追逐小狗。如果父母因此要责备宝宝，那么父母因此就是高估了宝宝，对宝宝做了无理的要求。

了解以上诸点，那么，父母对宝宝应该责备的事就变得很少了。

1.5~2岁宝宝注意力、观察力的培养

培养方式1 观察玩具

目的：

(1)培养孩子的观察力，训练孩子根据观察能找出某样事物区别于其他事

物的特征。

（2）锻炼孩子的注意力，使孩子对于自己感兴趣的事物能够较长时间地集中注意力。

（3）培养孩子对小动物的喜爱。

内容：

（1）妈妈可给孩子买一只诸如小兔子之类的宠物。

（2）妈妈把兔子放在地上，和孩子一起观察兔子。妈妈依照一定的次序问孩子：

兔子的毛是什么颜色的？（白色的）

兔子的眼睛是什么颜色的？（红色的）

兔子的尾巴长还是耳朵长？（耳朵长，尾巴短）

兔子的前腿长还是后腿长？（前腿短，后腿长）

兔子是怎样走路的？（兔子走路一蹦一蹦的）

（3）在一问一答中，孩子就对兔子进行了全面细致的观察，而且也延长了孩子注意力集中的时间。

（4）观察结束后，妈妈可让孩子学小兔跳，活动一下身体。

指导：

（1）观察完兔子后，妈妈应让孩子把手洗干净。

（2）游戏的观察对象还可以依据孩子的喜好有所变化。

培养方式2　找找看

目的：

（1）培养孩子的观察力，使宝宝集中注意力观察图片，找出问题。

（2）训练孩子对颜色的分辨能力。

（3）培养孩子的形状知觉。

（4）教育孩子爱整洁。

内容：

（1）妈妈首先出示图片，让孩子仔细看图片。

（2）妈妈提问图上都有什么？（有一个娃娃、一个玩具熊猫、一个大纸盒

子、许多花扣子）

（3）图上的小娃娃穿什么颜色的衣服，戴什么颜色的帽子？（红色的衣服，白色的帽子）

（4）小娃娃的衣服上什么东西掉了？（扣子）

（5）扣子在哪里呢？（桌子上）

（6）妈妈说："宝宝真聪明，是小娃娃的扣子掉了。我们小宝宝从小就爱整洁，扣子掉了一定要找到缝上去，这才是好娃娃。好，宝宝现在帮这个小娃娃找一找她的扣子，妈妈帮她缝上去，好不好？"

指导：

（1）妈妈最初可用手指着图片问孩子，以免孩子注意力分散。

（2）在孩子找扣子时，妈妈要在孩子找到扣子后及时进行总结，强调要从扣子的形状上来寻找。

培养方式3　什么不见了

目的：

（1）培养孩子的观察力，锻炼孩子观察的全面性。

（2）训练孩子的记忆力。

（3）训练孩子的思考力。

内容：

（1）妈妈先在桌上放两样东西，让孩子观察以后，要求孩子闭上眼睛。妈妈拿走其中的一样东西后，让孩子睁开眼睛问孩子："什么不见了？"得到孩子的正确回答后，游戏继续进行下一步。

（2）妈妈要求孩子再次闭上眼睛，往桌上放一样东西，让孩子睁开眼睛，问孩子："桌上多了什么东西？"得到孩子的正确回答后，游戏继续。

（3）妈妈要求孩子闭上眼睛，从桌上拿走2样东西，让孩子重新睁开眼睛，问孩子："桌上什么不见了？"得到孩子正确回答后，游戏继续进行……

如此递加，直到桌上的东西增加或减少到5～8件即可。

指导：

（1）妈妈在拿或者放东西的时候一定要让孩子看清楚。

（2）桌上放置的东西不能无限制地增加，因为孩子短时间能记住的东西是有限的，8个就足够了。

（3）孩子在想什么东西不见了的时候，妈妈可以对孩子进行提示，但是不能把答案直接告诉孩子，而是应该说出这件物体的特征，再让孩子说出是什么物体。

培养方式4　穿起来

目的：

（1）锻炼孩子的注意力，使宝宝的注意力能较长时间地集中在感兴趣的活动上，培养宝宝一定的专注力。

（2）锻炼孩子手眼协调能力。

（3）培养孩子手口一致点数的能力。

内容：

（1）妈妈游戏前应准备几十枚别针和几根较硬的绳子（比如纸绳、尼龙绳等）。

（2）妈妈对孩子说："今天我们有了好多好多的小鱼（拿起别针给孩子

看），我们用绳子把它们穿起来。"然后妈妈拿起一根绳子："好，先请宝宝注意看，妈妈怎样穿小鱼。"妈妈用绳子穿别针，一枚一枚地把别针穿在绳子上。穿好以后，晃一晃绳子，让别针发出一阵响声吸引孩子的注意。"呀，一串小鱼！我们一起来数一数，有多少条小鱼呀！"妈妈和孩子一起数小鱼。注意数一个就往旁边拨一个。数完后，妈妈说："我们还有很多的小鱼要穿起来，宝宝，请你帮妈妈一起穿小鱼，好不好？"

（3）妈妈和孩子一起穿小鱼，穿的过程中鼓励孩子边穿边数。

指导：

（1）妈妈示范穿小鱼的时候，动作一定要清楚，让孩子看得明白。

（2）这个阶段的孩子还不能手口一致地点数，所以妈妈应和孩子一起数，以发展孩子手口一致点数的能力。

（3）这个游戏，孩子注意力需要高度集中，所以一旦发现孩子疲劳，就应该让孩子休息片刻。

（4）孩子会穿别针的年龄最早为18个月，多数24个月会学会，最迟26个月会学会。

培养方式5　小小电话员

目的：

（1）锻炼孩子的注意力，使孩子渐渐能够听别人说话，并记住别人的话。

（2）提高孩子的记忆力，培养孩子对别人的话进行记忆。

（3）发展孩子的自我意识。

内容：

（1）父母要面对面地坐着，中间隔上一段距离。

（2）游戏前，妈妈对孩子说："今天我们来玩一个小小电话员的游戏，宝宝就是爸爸、妈妈的小小电话员。妈妈告诉宝宝一句话，请小电话员把话传给爸爸，爸爸告诉宝宝一句话，请小电话员传给妈妈。好，现在请小电话员开始工作。"

（3）孩子先跑到妈妈面前，妈妈用双手把孩子抱到自己膝盖上，在孩子耳朵边说一句悄悄话，让孩子去传给爸爸。孩子跳下来，跑到爸爸面前，用同样的方法跳到爸爸的膝盖上，把妈妈的话传给爸爸。爸爸向妈妈核实一下，如果孩子传对了，爸爸就亲孩子一下以示鼓励。然后爸爸再告诉孩子一句话，要孩子传给妈妈。如此反复几次，直到孩子厌倦为止。

指导：

（1）如果孩子传错话了，爸爸、妈妈就应该问孩子："怎么办？"然后要求孩子再去问一遍，再来传话。

（2）父母应该根据孩子的能力逐渐增加所传的话的难度。

培养方式6　分分类

目的：

（1）锻炼孩子的观察力，培养孩子对于图片的感觉、认知能力。

（2）锻炼孩子的注意力。

（3）练习分类，为学数字做准备。

内容：

1. 实物游戏

父母把一些实物，比如花生、糖果、瓜子、板栗等都混放在一起。先让孩子把每一样东西都认一认，然后妈妈说："哎呀呀，这些吃的东西都混到一起了，我们必须把它们整理好了。宝宝，请你来帮一帮妈妈，好不好？"妈妈拿出四个盘子，并排放在一起，给四个盘子分别放花生、糖果、瓜子、板栗，并对孩子说："就照这样来摆。"妈妈和孩子一起把这些东西分门别类放在一起。

2. 图片游戏

给孩子出示图片并告诉孩子把图上的东西也分一分类，哪个水果放在哪个盘子里，请孩子把盘子和水果用线连起来。

指导：

（1）该游戏可广泛地应用于生活之中，让孩子可以对各种东西进行分类。

（2）父母要鼓励孩子大胆地连线。

（3）父母要时刻对孩子的正确做法提出表扬，以鼓励孩子。

宝宝哭背气时应该怎么办

由于婴幼儿中枢神经系统发育不完善，每遇发怒、惊惧或不合心意的事就大哭起来，使情感中枢兴奋性增强，暂时抑制了呼吸中枢。因此，常在宝宝哭叫几声后出现呼吸暂停，致使血液缺氧，出现两唇青紫现象，严重时甚至全身挺直，失去知觉，伴有抽搐。多数宝宝在半分钟左右肌肉弛缓恢复原状，重者可持续2~3分钟。此病是婴幼儿时期的一种神经官能症，呼吸暂停为最初症状，随后出现两唇青紫和抽搐。好发时期为2个月至4岁，最多发生在1岁左右。发作次数少则3~5日一次，多则每日4~5次，一般2~3岁自然停止，5岁后不再发生。

宝宝出现此症状时父母不必惊慌，可迅速将宝宝身体放平或头稍低位，以减少脑缺氧，拍打足心或后背，掐刺人中穴，使宝宝意识迅速恢复，呼吸即同时恢复。一般愈后良好，不留后遗症。如果宝宝发作频繁，经常脑缺氧，则对宝宝不利，应加以预防。在医生指导下服用相应药物可减少发作次数。但切忌乱用药，用药的种类和数量必须遵守医生的要求。

防止宝宝踢被子

宝宝总在睡梦中踢被子，父母很伤脑筋。人熟睡以后，大脑皮质处于抑制状态，外界的轻微刺激（如谈话、开门、走动等声响）都不能传入大脑，人体暂时失去了对外界刺激的反应，使整个身心都得到休息。但是，在刚入睡还没有完全睡熟或刚要醒来还没有完全醒来的时候，大脑皮质处于局部的抑制状态，即大脑皮质的另一部分仍然保持着兴奋状态，只要外界稍有刺激，机体便会作出相应的反应。尤其是宝宝的神经系统还没有发育成熟,当外界条件稍有改变时(如白天宝宝玩得过于兴奋,睡前父母过分逗引宝宝,睡时被子盖得太厚或衣服穿得太多,睡眠姿势不佳,患有疾病等),都会引起宝宝睡眠不安、踢被子等。

为防止宝宝踢被子,父母应该注意做到以下几点:

(1)在睡前不要过分逗引宝宝,不要恐吓宝宝;白天也不要玩得过于疲劳。否则,宝宝睡着后,大脑皮质的个别区域还保持着兴奋状态,极易踢被子。

(2)宝宝睡时被子不能太厚,要少给宝宝穿衣服,不要以衣代被。

(3)父母要给宝宝从小养成好的睡眠姿势,不要把头蒙在被里,手不要放在胸前。

(4)蛲虫病也是引起宝宝踢被、睡眠不安的原因,一经发现,应立即治疗。

此外,父母可以为婴幼儿穿上专用睡袋。

给宝宝创造良好的居住环境

居室是宝宝生活的重要场所,居室环境对宝宝健康有很大影响。由于宝宝小,身体各器官功能还不健全,适应能力差,若生活环境不好,容易给宝宝带来疾病。父母应该使居室环境适合宝宝的需要,还应考虑到季节、天气的变化对居室室温、湿度和气流的影响及对宝宝的作用。

父母给孩子创设良好的居住环境,要保证以下几方面的条件:

新鲜空气

经常开窗通风对宝宝很重要。有些父母往往忽视室内的通风,担心开窗通风会使宝宝受凉。室内空气不新鲜,气味难闻,若宝宝经常生活在这种不卫生的环境中,身体的正常生理机能就会受到影响,抵抗力下降,易感染疾病,特别是易患感冒、气管炎等呼吸道疾病。所以在夏季和春秋季节的大部分时间,宝宝居室要经常开着窗户通风。冬天和秋末春初,也要有通风小窗并装风斗,经常通风换气。夏季天气炎热时，注意室内空气流通，同时要避免穿堂风直接吹着宝宝。

充足的光线

如果条件许可，宝宝居室最好门窗朝南，保证有充足的阳光，阳光可以杀菌。居室光线要好，如果室内光线阴暗，对宝宝视力发展不利。

适宜的温度和湿度

冬季室温为16~18℃为好。根据宝宝自身的情况，也可增高或降低2℃。室内空气要有一定湿度。冬春季节里，可在地面上经常洒些清水，冬季夜晚最好在室内放一盆清水。清扫时注意防止尘土飞扬，擦桌椅、柜子要用湿布，不要用掸子，床单、被褥、衣物应拿到室外拍打。

减少噪声

噪声对宝宝生长发育有很大危害。1~2岁的宝宝如果经常在40~50分贝噪音下就会感到疲倦。在噪声环境中生长的宝宝，智力发展较差。因此，一定要注意避免宝宝周围环境的嘈杂，不宜大声喊叫、喧哗，电视、收录机声音也要开得小一些。父母要保护宝宝的神经系统不受到过分刺激。

怎样对待半夜起来玩耍的宝宝

1~2岁的婴幼儿半夜醒几次并不少见。人的睡眠是深睡眠和浅睡眠有规律交替的过程，先是进入深睡眠，这时宝宝睡得特别熟，不容易吵醒，一般持续70~120分钟，然后转入20~30分钟的浅睡眠，一夜如此交替3~5次。浅睡眠时容易惊醒，但一会儿又能睡熟过去。这一点宝宝和成人是一样的，但婴幼儿不知道黑夜中必须躺在床上，自我控制和约束的能力差，醒来后，有的哼哼唧唧找妈妈，有的哭吵一顿，有的则干脆坐了起来，也有不少宝宝醒

来后睁着眼睛躺在黑暗中，不声不响，过一会儿就自己又睡着了。碰到这种现象，有些家长首先想到的是宝宝会不会病了，抱起宝宝仔细检查，或者心疼地又拍又哄。这样一来，宝宝反而从半醒半迷糊状态中彻底醒了过来，几天下来宝宝形成了习惯，每到午夜的某个时间就醒来，而且醒的时间越来越长，要求越来越高。

宝宝半夜起来玩耍虽然不是病，但对宝宝的身心健康却有一定的影响。首先，浅睡眠与人的智力有关。如果剥夺宝宝的浅睡眠（即一出现浅睡眠就将宝宝唤醒），用不了多久，宝宝就会变得暴躁易怒，注意力分散，记忆力减退，而且越是剥夺浅睡眠就越容易出现浅睡眠，使睡眠质量降低。其次，睡眠中宝宝体内还能分泌一种生长激素，促进机体特别是骨骼的生长。缺少睡眠，生长激素的分泌会相对减少，从而影响宝宝身体发育。此外，缺少睡眠还会影响体力和食欲。所以，父母在宝宝出现半夜起来的情况时要注意做到以下几个方面：

（1）父母在宝宝第一次坐起来时，确定宝宝没生病后就用手轻摁让宝宝躺回去，不要说话，用手抚摸、轻拍宝宝。如果宝宝再次坐起来，就再次让他躺下，并且不要同意宝宝的要求，如喝水、开灯等。用奶瓶的宝宝可以喝点水，但不能坐起来喝。

（2）父母绝不能和宝宝玩耍，即使宝宝大哭大闹，也不要理会。第一次宝宝可能哭好久，但几次后就会安静地睡觉了。

宝宝半夜醒来的现象一般持续几天甚至几周，但只要父母坚持原则，有决心和毅力，就能克服宝宝的这种坏习惯。

为宝宝选用有益健康的筷子

宝宝满周岁以后，很想尝试像大人一样用筷子夹菜吃，尽管宝宝还不会用，但从这时起，宝宝就会经常和筷子打交道，逐渐学习掌握使用筷子的技巧。妈妈此时应该为孩子选购有益健康的筷子。

筷子有木制的、塑料的、金属的、竹制的和骨制的，应该给宝宝选购哪一种筷子好呢？

塑料筷较脆，受热后易变形。对与饮食有关的塑料用品，妈妈总是要戒备的。

金属筷导热性强，容易烫嘴。

木筷和竹筷使用时间长了，容易长毛发霉，表面变得不光滑，不易洗净，造成细菌繁殖。

漆筷虽然光滑，但油漆里含有铅、苯及硝基等有毒物质，特别是硝基在人体内与蛋白质的代谢产物结合成亚硝胺类物质，具有较强的致癌作用。

给宝宝选用骨筷比较好，骨筷不损害宝宝的身体健康。

给宝宝穿多少衣服合适

婴幼儿不能表达身体的感受，父母应该根据天气情况给宝宝增减衣服。怎样判断应该多加衣服或减少衣服呢？天气转凉时，多又不是，少更不是，多了怕热着宝宝，少了又怕冻着宝宝，着实令父母烦恼。

　　家长一般情况下都会为宝宝穿上比较多的衣服。宝宝活泼好动，容易出汗，结果，湿了的皮肤和衣服被凉风一吹，便易着凉，这才是"内热"的真正原因。宝宝一般不怕受冻，最常见和最易发生的反而是受热。有经验的老人也常说，宝宝冻着的病1服药就能治好，宝宝热着的病10服药才能好。

　　到底应给宝宝穿多少衣服呢？父母穿多少，宝宝就应穿多少，同时要保持宝宝皮肤和衣服的干爽。如此宝宝既不会受到受热的威胁，也不会受到受冻的威胁，父母也就可以放心地照料宝宝了。

几种常见食物的营养

从1杯牛奶里得到的营养

喝1杯（250毫升）牛奶，可以得到下列营养素：

蛋白质	8.5克	磷	232毫克
脂肪	10克	铁	0.50毫克
糖类	13克	维生素A	350国际单位
热量	710焦耳	维生素B_1	0.1毫克
钙	300毫克	维生素B_2	0.33毫克

从1碗米饭中能得到的营养

1碗米饭约100克（2两），从中能得到的营养素：

蛋白质	7.8克	维生素B_1	0.2毫克
热量	1470千焦	维生素B_2	0.06毫克
钙	10毫克	维生素PP	1.6毫克
铁	2.4毫克		

小·贴士

宝宝睡前饮奶有利于生长

　　正处在生长期的宝宝，睡前饮一杯牛奶很有价值。

　　夜晚睡眠中体内生长激素释放最多，骨骼生长快，牛奶如同一位"雪中送炭"的供钙者，让丰富的钙及时进入体内到达骨的生长部位，促进新骨钙化成熟，既可防止宝宝佝偻病的发生，又可促进个头长高。

从1个鸡蛋中能得到的营养素

从1个约50克的鸡蛋中，可以得到：

蛋白质	6.2克	钙	23毫克
热量	300千焦	磷	89毫克
铁	1.2毫克		

从50克瘦肉中能得到的营养素

50克（1两）瘦肉主要含有：

蛋白质	8.5克	铁	1.2毫克
热量	705千焦		

从50克豆制品中得到的营养素

黄豆可以制成各种豆制品，50克豆制品所含营养素如下：

	豆腐粉	北豆腐	南豆腐	豆腐丝	豆腐干	油豆腐	腐竹
蛋白质（克）	20	3.7	2.35	10.8	9.6	12.3	25.3
钙（毫克）	218.5	138.5	120	142	58.6	78	140
磷（毫克）	340	57	64	291	102	150	299
铁（毫克）	6.5	1.05	0.7	0.35	2.3	4.7	7.6

PART ④

1岁10月至1岁12月

　　养育孩子就像园丁需要熟悉花儿的属性一样，父母也需要了解自己宝宝生长过程中的每一个重要阶段，知道在哪些时期需要什么，应该如何使宝宝发挥潜能，宝宝对什么感兴趣等。这样，父母才能从客观的角度去分析、了解宝宝身上所发生的一连串变化。这些变化都受到某个特定时期特有的生命力的激发，是由宝宝自身迸发出来的，孩子成长历程中这些具有非凡意义的时期被心理学家称为"关键期"，也叫"敏感期"。父母应抓住宝宝的关键期，给予充分的关注和刺激，将宝宝培养得更有智慧。

育 儿 方 法 尽 在 码 中
看宝宝辅食攻略，抓婴儿护理细节。

第

一

章

1岁10月

◎ 怎么防止宝宝挑食和偏食

◎ 宝宝常哭是因为肠套叠

◎ 正确对待宝宝对病痛的反应

◎ 让宝宝在游戏中了解秋天

◎ 宝宝记忆力训练方案

育儿方法
尽在码中

看宝宝辅食攻略，
抓婴儿护理细节。

1岁10月宝宝的养护

生理发育

体重增加约0.29（女）~0.26（男）千克。

身高增加约1.17厘米。

扭门把，推开门。

说出常见物的用途。

会指1和许多（3个以内）。

心理特点

喜欢将熟悉的形状配对，带着物品上床玩，给容器盖上盖子或打开容器盖子，模仿成人的动作，玩气球。

育儿要点

（1）怎样防止挑食偏食。

（2）悉心了解宝宝的状态。

（3）跳跃练习。

（4）积塑游戏。

（5）比较大小多少。

（6）鼓励说"我"。

（7）捉镜子反射的光影。

（8）家庭意外事故的预防。

怎样防止宝宝挑食和偏食

婴幼儿1岁左右已会挑选自己喜欢吃的食物了,如果处理不好,很容易造成挑食偏食的习惯,如偏爱甜食,偏爱吃肉、鱼不吃蔬菜,偏爱咸辣等。长期挑食偏食,容易造成营养失调,影响正常生长发育和身体健康。怎样使宝宝不挑食偏食呢?

引起兴趣

孩子大多习惯于吃熟悉的食物,所以妈妈对宝宝开始出现偏食现象时不必急躁、紧张和责骂,而应该用多种方法使孩子对各种食物产生兴趣。如对偏爱吃肉不吃蔬菜的可告诉他:"小白兔最爱吃白菜,妈妈爱吃,宝宝也爱吃。"以引起孩子的兴趣。

以身作则

父母的饮食习惯对孩子影响非常大,所以父母不要在孩子面前议论哪种菜好吃,哪种菜不好吃;不要说自己爱吃什么,不爱吃什么;更不能因自己不喜欢吃某种食物,就不让宝宝吃,或不买、少买。父母应改变和调整自己的饮食习惯,努力让自己的孩子吃到各种各样的食品,以保证孩子生长发育所需的营养素。

食物品种、烹调的多样化

每餐菜品种类不一定多,2~3种即可,但要使婴幼儿吃到各种各样的食物;对孩子不喜欢的食物,妈妈可在烹调上下功夫,如孩子不吃胡萝卜,可把胡萝卜掺在孩子喜欢的肉内,做成丸子或饺子馅,逐渐让孩子适应。

不放弃

妈妈绝不能因孩子不吃某种食物就不再做,一定要想办法逐渐予以纠正。

妈妈还可在婴幼儿饥饿时增加少量新食物，以后慢慢增多，使孩子逐渐适应。

不要强迫进食

想尽办法，孩子仍不愿吃某种食物，妈妈也不必着急，可用与这种食物营养成分相似的食品代替，或过一段时间再让孩子吃。妈妈要特别注意不能强迫孩子进食，或者大声责骂，这样一旦形成了条件反射，吃饭便成了孩子的一个"苦差事"，反而欲速则不达。

宝宝的日常安全

1岁半以后的幼儿逐渐能走、跑、跳，独立性和好奇心也日益增长，可称得上是"探险家"，喜欢到处走动，攀高爬低，东摸西瞧，容易损坏东西和伤害自己。为此父母应该重新布置家庭摆设，消除伤害幼儿的各种隐患。

（1）父母要把体积较小的东西和食品收起来，以免让幼儿吞咽到食管和气管里或塞进鼻孔、耳朵等器官内造成意外伤害，如纽扣、硬币、小玻璃球、小珠、花生米、黄豆、瓜子、布娃娃的玻璃眼睛等较小的、圆形的而又光滑的物品。

（2）父母应该把锐利的东西放在安全处，以免幼儿玩耍时伤害自己，如刀片、剪子、毛衣针、锥子、小木杆、筷子等。幼儿行走时，不要将筷子、匙、叉和木杆含在嘴里或拿在手上，以免跌倒后造成严重的伤害。

（3）父母一定要将热水瓶、壶放在安全处；刚做好的稀饭、热汤、开水放在幼儿够不到的地方；桌上最好不要铺台布，避免幼儿伸手抓到台

布，拉下桌上的东西造成伤害；洗澡时应先放冷水再放热水，以免烫伤；厨房是一个危险地带，不要让幼儿独自进去玩耍，父母离开要锁好厨房门。

（4）电灯开关、电源插座、电熨斗均是危险之源，父母应该特别注意要放到宝宝够不到的地方，以免触电。

（5）父母应将内服及外用药物、化妆品、香水、洗涤剂、漂白粉、小苏打粉、杀虫剂、煤油等物及空瓶放在幼儿够不到的地方或锁好。绝不能作为玩具给幼儿玩，否则易造成中毒。

（6）父母注意不能把幼儿独自留在桌子上、高凳上和没有栏杆的床上，不要让幼儿爬窗、爬阳台栏杆，以免摔伤或坠楼。

（7）父母千万不可把幼儿独立留在澡盆里玩耍。水缸、储水器等一定要盖好，以免幼儿溺水。

但要注意，不能因幼儿的安全而过多地限制幼儿的活动，那样会使幼儿失去许多发展的机会。

幼儿常哭是因为肠套叠

什么是肠套叠

恰如其名，肠套叠就是一段肠子套入相邻的一段肠子里，造成肠道梗阻而不通畅。理论上任何部位都可发生，但大多发生在小肠末端和大肠起始部，也就是说小肠和大肠连接的部位。

肠套叠是婴幼儿最常见的急腹症。如果肠管套叠1~2天，套入的肠管血液循环受阻，并随着肠蠕动肠管越套越紧，就会发生缺血性坏死、穿孔，危及婴幼儿的生命。

哪些幼儿易患此病

肠套叠80%以上发生在2岁以下的幼儿，尤以6~12个月的幼儿居多。据统计，每1000位幼儿中就有2~4位幼儿发病，男孩发病率大约比女孩多出2倍多，特别是较胖的幼儿。至于为何会发生肠套叠目前还不清楚，可能是由肠蠕动紊乱所致，如食物性质的改变、环境气温变化、肠道炎症等。

肠套叠病状

（1）腹痛：是幼儿最早出现的症状。由于较小的婴儿不会说话，会因腹痛难忍而剧烈地哭闹。这种哭闹非同寻常，一阵一阵的，无论怎样也哄不住。婴幼儿阵阵突发性哭闹是肠套叠的突出表现。

幼儿面色苍白，表情痛苦，呈屈腿卧位，身体翻来翻去。在疼痛缓解的时候，幼儿可玩耍或能安静入睡，但间隔一段时间又再次发作。反复多次发作后，幼儿精神不佳，脸色青灰，出现嗜睡，父母此时一定要带幼儿及时去就医。

（2）呕吐：腹痛发作不长时间，幼儿就会呕吐。一开始吐奶、奶块或食物，然后逐渐发展为吐黄色胆汁。

（3）排果酱便：这也是肠套叠的一个重要表现，通常发生在幼儿发病的4~12小时后。表现为血便或血与黏液的混合便。

（4）腹部包块：由于肠管套在一起形成局部肿块，摸上去如腊肠状，表面光滑而不太硬，稍可活动并有压痛。

何时紧急就医

（1）幼儿持续呕吐不止，而且精神不佳，乏力，可能有严重的脱水，父母必须马上带幼儿去医院。

（2）幼儿出现血便。父母应该把血便或带血便的尿布一同带给医生看，以协助医生诊断。

正确对待宝宝对病痛的反应

父母对宝宝的疾病治疗非常重视，可当宝宝因疾病表现出一些健康性行为反应时，却不一定能正确对待，从而影响宝宝日后的人格发展及形成。父母对宝宝身体有病痛时的各种表现极为重要。

直接的影响

（1）宝宝表现出难受不适、疼痛等，导致无精打采、疲惫、睡觉不安、食欲下降、容易哭闹和发脾气、烦躁不安是很常见的现象，特别是年龄比较小的婴幼儿，易出现多动，懒散和退缩也时有发生。

（2）厌食和拒绝吃饭也是宝宝的突出表现。本意良好但却过分焦虑的父母会力劝宝宝多吃些东西，宝宝却会以否定的方式应对父母的要求。这样通常会导致喂养方面的问题，而在宝宝病情好转后，喂养问题仍然持续很长时间。

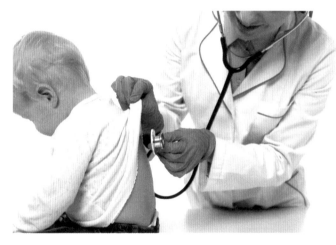

（3）入睡困难、噩梦、对黑夜的恐惧也是普遍存在的，宝宝一旦因此产生睡眠问题纠正起来就非常困难了。

情感或行为退化

（1）情感或行为的退化是对疾病的一种极为普遍的反应。宝宝在6岁以前退化的表现非常明显，本已改掉的一些习惯重新又开始出现，如吸吮大拇指、抱起奶瓶。

（2）要求多，磨父母，整天缠着妈妈不放。

（3）出现攻击性行为，以前的恐惧重新出现，暂时放弃了新近学会的能力（如说话、行走、控制大小便等）。

（4）对于年龄稍大一些的宝宝，退化还表现为重新出现比较不成熟的社会交往方式，包括更加依赖父母（特别是妈妈），出现攻击行为，与他人分享能力减退，无法集中注意力，无法学习。

抑郁

（1）宝宝的抑郁与成人的抑郁有所差别，有些是由于疾病的不适造成的，还有一些是疾病所导致的活动受限，如住院的宝宝，其抑郁直接源于和父母的分离。

（2）饮食和睡眠障碍常是宝宝抑郁的表现，行为也会在少动到多动这个范围发生大的改变。其他情感方面的改变（通常与退化倾向有关）包括重新出现比较原始的恐惧、感觉无能、无助和绝望，有时还可能出现典型的强迫性或仪式性的行为。

对病痛的曲解

宝宝常对其疾病或创伤作出错误的解释。这通常与宝宝理解能力和对现实判断能力的局限性，以及他们所具有的奇妙的幻想有关。幼儿通常将与父母分离、疼痛、疾病所引起的不适、事故看成是对他们现实或想象中的不良行为的惩罚。一些敏感部位的手术，如头部或生殖器，会使患儿产生强烈的恐惧（如突然死亡或严重的残疾），这些恐惧与他们对自己侵略性冲动或其他内心冲突所产生的内疚感有着密切的关系。例如，宝宝敲坏了爸爸的电脑，而这时他得病了，就会认为这是对他做坏事的一种惩罚。如果父母也开玩笑说："你敲坏电脑，得病了吧。"这种不恰当的联系会导致宝宝对疾病的错误的认知，而父母的反应强化了此种错误的认知，对宝宝的心理发育是不利的。

焦虑伴发的生理反应

宝宝由疾病引起的心理冲突可以导致出现焦虑性的生理反应，可以有心动过速、心悸、换气过度、腹泻等焦虑性的症状和体征。这些生理心理方面的改变，通常是可逆的，它们与原发病同时出现，有时会使病情加重并使诊断变得复杂困难。

小·贴士

幼儿的大多数反应是对危机的健康性反应，但如果父母应对有误，则会对宝宝人格的发展造成不良影响。如对宝宝具有退化倾向的行为求全责备，会使宝宝产生羞耻感和内疚感，不利于宝宝自尊和自信的建立；而对于宝宝具有退化倾向的行为的鼓励，会使宝宝的心理成长处于停滞状态。父母要做的是对宝宝的反应采取理解与同情的态度，除了给予适当的安慰与帮助，还要耐心地等待，不可心急地改变宝宝因病而产生的一些行为，如若这样做只会适得其反。

感觉和运动发育的滞后

在疾病的恢复期，宝宝会因为疾病（包括肺炎或高热等）而在感觉和行动功能方面表现出滞后现象，可持续几个星期或数个月，同时查不出任何中枢神经系统受损的迹象。这些宝宝可能经历了短暂的大脑代谢失调，在返回幼儿园或学校时出现学习困难。

如果此种学习困难没有被及时发现，则有可能会变为慢性，导致宝宝对学习产生抵触情绪，或引起其他方面的行为障碍。如果能早期识别出这种问题，则有助于父母和老师理解宝宝，避免采取简单粗暴的方法，给予宝宝逐渐适应的机会。

幼儿患癫痫不易及早发现

宝宝常常摔倒，父母总认为是宝宝的身体动作还没有发育成熟所致，首先关心的是摔伤了没有，很少想到与大脑功能异常有什么联系。但据医学专家研究显示，宝宝突然无缘无故摔倒，可能并不是动作笨拙引起，而是癫痫在发作。父母除了警觉外，还要进一步注意观察宝宝有无这些征兆，如经常头低垂、迅速地眨眼睛、总是昏头昏脑的。

如果父母能及早发现异常，并让医生及早作出癫痫诊断，就可以克服癫痫的某些影响，特别是心理方面的影响，以便治愈。但诊断出幼小的宝宝患有癫痫不是一件容易的事，宝宝说不出自己的感受，症状经常被错误地解释，有时被误诊为注意力不集中。因此，需要父母在生活中多加留意，以便及早确诊。

秋末冬初为宝宝驱虫

一年四季都可为宝宝打虫，但最佳时机则非秋末冬初莫属。究其根原，与蛔虫卵的感染高峰季节及其演变过程有关。

夏天人们喜欢吃凉拌菜、生瓜果，这便为蛔虫的入侵提供了可乘之机。加上婴幼儿好动，爱用手乱抓东西，以及有吸吮手指、啃指甲、食前不洗手等习惯，因此蛔虫感染率大大高于其他季节。

蛔虫卵侵入人体，经过一系列演变后变为幼虫定居于小肠，并在此继续发育繁殖，全部过程需2~3个月时间，时令正好到了秋末冬初，此时给宝宝应用打虫药便可将其"一网打尽"而不留后。

秋末冬初的气候也较好，宝宝较易耐受服用打虫药后的不适感，故为最佳时机，切莫错过。

让宝宝在游戏中了解秋天

学分类

目的：

（1）丰富宝宝知识，提高宝宝户外游戏兴趣。

（2）稳定宝宝情绪，由动自然过渡到静。

（3）锻炼幼儿视觉的辨别能力。

（4）锻炼手眼协调能力。

小·贴士

怎样判定宝宝肚里有虫

婴幼儿的蛔虫感染率高，是指一般情况而言，孩子是否患有蛔虫病，父母应进行具体分析判断，不可盲目效法他人而给宝宝滥服打虫药。

许多家长根据孩子脸上是否长有"虫斑"，或夜间磨牙及有时腹痛等症状，来判断孩子腹内是否有蛔虫寄生，其实并不科学。

"虫斑"其实是缺乏B族维生素所引起的一种皮肤病，医学上称为单纯糠疹，与蛔虫毫无关系。

至于幼儿夜间磨牙，虽然蛔虫分泌的毒素可诱使其发作，但精神紧张、缺钙、牙病等也可引起。

幼儿肚子痛的原因就更多了，如肠痉挛、腹部受凉、肠炎及腹型癫痫等，蛔虫捣乱仅是因素之一。

父母到底应该怎样来判定幼儿是否需服打虫药呢？办法只有一个，那就是到医院做大便镜检，若在显微镜下看到蛔虫卵，给幼儿服打虫药就是"有的放矢"了。

准备:

(1)妈妈要让宝宝知道豆子春天种秋天收的简单常识。

(2)妈妈要教宝宝几种豆子的名字,如绿豆、红豆、芸豆、豌豆等。

玩法:

妈妈将豆豆打乱散放在桌上,拿出若干小碗,教宝宝把豆豆按种类分别放在小碗里。妈妈可以和宝宝比赛,看谁分得又快又准确。

丢垃圾

目的:

(1)培养宝宝从小树立环保意识,懂得保护生活环境。

(2)锻炼宝宝的辨别能力。

准备:

2~3个形状或颜色不同的垃圾桶。

玩法:

(1)妈妈同宝宝讲好,把塑料类的垃圾放在一个固定的垃圾桶,非塑料垃圾丢弃在另一个垃圾桶内。

(2)如果宝宝年龄较大,可依其能力再多分一两类垃圾,如纸类、金属类等。

画秋天

目的:

(1)训练幼儿知道一些秋天的特征。

(2)培养幼儿的时间方位感。

(3)锻炼幼儿的绘画能力。

(4)锻炼幼儿辨别颜色的能力。

准备:

一张大纸和水彩笔或蜡笔。

玩法:

妈妈先带宝宝到户外观察秋天的特征。回到家里,妈妈在准备好的纸张的中间画一条线分成两半。妈妈和宝宝面对面坐好,一人拥有一半画纸,轮流发出指令让对方在纸上画出秋天的景色。例如,妈妈在纸的左边上方画出小鸟,教宝宝在纸的右下方画出一棵树,树叶涂成黄色或红色。

讲一讲

目的:

(1)培养幼儿的语言表达能力。

(2)训练幼儿完整叙述事情的能力。

(3)增强幼儿的记忆能力。

玩法:

妈妈可取出几张在秋天拍下的家庭照片,让幼儿按照照片上的内容讲述当时的情景和趣事或时间、地点。

拼图画

目的:

(1)训练幼儿的动手能力。

(2)锻炼幼儿小手肌肉群的灵活性。

(3)发挥幼儿的创造能力。

准备:

（1）大小不同的落叶若干。

（2）胶水、白纸。

玩法：

妈妈教宝宝先将落叶用清水洗净、晾干，然后在白纸上拼出各种图形或动物图案。

摸摸看

目的：

（1）培养幼儿通过触觉摸出袋中的水果是什么。

（2）锻炼幼儿的触觉。

准备：

（1）一个不透明的布袋。

（2）若干个水果（如苹果、梨、橘子、葡萄等）。

玩法：

妈妈先将水果放入布袋中，然后指定一种水果让孩子凭借手的触觉拿出来。

追踪寻宝

目的：

（1）培养幼儿的观察能力。

（2）锻炼幼儿的逻辑思维和顺序感。

准备：

（1）图片（如电视机、电冰箱、电话、台灯、床等）数张。

（2）小礼物（如幼儿喜欢的玩具）一份。

玩法：

妈妈要让幼儿知道以图片为指示标，将图片放在几个定点。例如，以门为起点，门上贴的是电视机的图片，就去电视机处。然后，进一步根据指示宝宝可找到贴在电视机上的电话的图片，接着宝宝可依指示走到电话旁，再找下一个指示标，如此继续下去直到找到礼物为止。

宝宝的玩具怎么清洗

玩具是宝宝最亲密的好伙伴。宝宝玩耍时常常喜欢把玩具放在地上，玩具就很可能成了细菌、病毒和寄生虫的"窝点"。细菌学家曾做过测定：把消毒过的玩具给宝宝玩10天以后，塑料玩具上的细菌集落数可达3163个，木制玩具上达4934个，而毛皮制作的玩具上竟多达21500个，多么可怕的数字啊！

可见，给宝宝的玩具进行清洗和消毒是何等重要。采用何种方法消毒，应该根据玩具的材料而定。

（1）皮毛、棉布制作的玩具：可放在日光下曝晒几小时。

（2）木制玩具：可用煮沸的肥皂水烫洗。

（3）金属制作的玩具：可先用肥皂水擦洗，再放在日光下曝晒。

（4）塑料和橡胶玩具：可用0.2%过氧乙酸或0.5%消毒灵浸泡1小时，然后用水冲洗、晒干。

宝宝不宜多吃巧克力

巧克力是高热量食品，蛋白质含量偏低，脂肪含量偏高，营养成分比例不符合宝宝生长发育的需要。宝宝饭前过量吃巧克力会产生饱腹感，因而影响食欲，饭后又会感到肚子饿，使正常的进餐习惯被打乱，影响宝宝的身体健康。巧克力含脂肪多，不含能刺激胃肠正常蠕动的纤维素，因而影响胃肠道的消化吸收功能。巧克力中含有使人神经系统兴奋的物质，会使宝宝不宜入睡和哭闹不安。宝宝多吃巧克力还会发生蛀牙，并使肠道产气增多，导致腹痛。

因此3岁以下的小宝宝不宜吃巧克力，稍大一点的宝宝吃巧克力要适量。另外，牛奶与巧克力不宜同食。许多妈妈为给宝宝增加营养，常常在牛奶中放一些溶化的巧克力，或吃完奶后再给宝宝巧克力吃，这是不科学的。牛奶中的钙与巧克力中的草酸结合以后，可形成草酸钙，草酸钙不溶于水，如果长期食用，容易使宝宝的头发干燥而无光泽，还经常腹泻，出现缺钙和发育缓慢的现象。

为什么宝宝的眼睛发红

幼儿两只眼睛红通通，还有很多分泌物；宝宝不停地揉眼睛，总觉得里面有东西，并且说自己眼睛又痒又痛，一见光就要流眼泪。这些现象都说明幼儿是患了急性结膜炎，俗称"红眼病"。

"红眼病"是传染性极强的急性传染病，致病菌来自空气、尘埃、游泳池被污染的水，或由带菌的手、玩具及生活用品传入结膜囊所引起，主要发生在公共场合及托幼园所，宝宝在春夏时节发病最多。

患了急性结膜炎后，宝宝还可出现结膜血管血液从血管壁渗出，甚至血液外溢现象。溢出液可与泪液、分泌物形成黏液状或黄白色脓性物，分泌物太多时还可使视力模糊，有些幼儿还出现耳前淋巴结肿大。病情一般持续3~6周，往往是一人得病，多人被传染。

怎样防治"红眼病"

预防

（1）"红眼病"流行期间不要带幼儿去有传染源的公共场所，如幼儿园，也不要带幼儿去游泳。

（2）每次带幼儿外出回来后，一定要先用消毒皂或洗手液清洗双手。

（3）给幼儿勤洗手、剪指甲，不要让幼儿用手揉眼睛，经常携带干净卫生的手帕。

（4）大一点的幼儿自己洗脸时，让他们先洗净手，然后再洗脸。

（5）夏天去游泳池游泳，回来后一定要给眼睛滴氯霉素或利福平眼药水。

（6）家里要做到每人一盆、一巾，不要混合使用。

（7）如果有一只眼睛患病，要先擦洗无病的眼睛，然后再洗患侧。

（8）家中有人患病，必须对患者用品严格消毒。可将开水煮沸15分钟，或者从市场上买消毒液，把患者用品进行浸泡。

（9）妈妈检查幼儿眼睛时一定要先洗净双手，避免交叉感染。

治疗

倘若宝宝不小心染上"红眼病"，要及时处理，以免病情加重。具体处理方法如下：

（1）眼部有分泌物要用消毒棉球浸泡淡盐水擦洗干净，每天2次。棉球用过一次就不能再用，直至分泌物擦干净为止。

（2）擦洗时从眼的外侧向内侧（鼻侧）擦洗，以免将鼻腔囊内的细

菌带到眼睛里。

（3）洗净分泌物后可上眼药，一般每小时滴1次。方法为将幼儿取卧位或坐位，头向后仰，眼向上看。妈妈洗净双手，左手拇指和食指轻轻分开幼儿的眼皮，右手持药瓶将药水滴入眼外侧穹窿部。注意不要滴在黑眼球上，不要让瓶口碰着睫毛，瓶口离眼距离约2厘米，每次2~3滴即可。滴完后松开手指，用棉球轻压内侧眼角2~3分钟，以免药水经鼻泪管流入鼻腔。如需双眼滴药，先滴较轻的一侧，再滴较重一侧，中间需间隔3~5分钟。不要用纱布包住患儿的眼睛，这样会使眼部的温度、湿度增高，便于病菌生长繁殖而加重病情。

（4）白天滴眼药水，晚上用眼药膏。

（5）请中医开清热解毒的中药。将药煎好后取出药汁，将其放入玻璃杯内，让药物蒸气薰眼，有很好的辅疗作用。可在玻璃杯口上放置一层清洁纱布，以免蒸气太烫。

（6）幼儿刚开始发病可用湿冷毛巾敷眼，每日数次。如果累及角膜立即改为热敷。

（7）幼儿患病期间，应该多吃新鲜蔬菜、豆制品，饮食要清淡，不要给予巧克力、糖果及辛辣和刺激性强的食物。

宝宝缺维生素A的病症及防缺举措

维生素A有什么功用

维生素A是人们最早发现的维生素，又称胡萝卜素。和其他的维生素一样，维生素A不能给人体提供能量，也不构成人体组织成分，主要起着与蛋白合成多种酶参与人体的新陈代谢，具有促进生长，促进骨骼及牙齿发育，维持皮肤表皮功能完整的作用，并能促进生殖。维生素A还具有抗感染作用，这使它超越了营养学范畴，在临床治疗上有很大意义。

什么原因容易引起宝宝缺维生素A

维生素A不能在体内合成，必须由所进食物提供。造成婴幼儿维生素A缺乏的主要原因是较长时间内膳食中维生素A含量不足。较小的婴儿大多因喂养不当引起，如离乳食品未能及时有效地添加，大一点的幼儿则因挑食、偏食及厌食等不良生活习惯造成。婴幼儿患慢性腹泻或其他消耗性疾病也可导致维生素A缺乏。

宝宝缺维生素A会有哪些病症

当人体缺维生素A后，首先出现的症状是傍晚时看不清东西，有的宝宝走路时须挨着墙走，这种症状叫"夜盲症"，继而出现眼睛发干、眼泪少、怕光、眨眼等症状。典型的维生素A缺乏眼部症状是毕托氏斑，即为角膜外侧眼结膜角化上皮堆积，形成三角形灰白斑，角膜干燥混浊，表浅溃疡，如果并发感染角膜可穿孔，可导致失明发生。

此外，还会造成宝宝发育较慢，皮肤干燥、脱屑，以四肢、肩部多见；头发干枯、易脱落，指甲薄而脆。宝宝呼吸道、消化道、泌尿道表皮细胞缺维生素A而发育不良时，常可发生反复的感染。

防缺举措

孕妇、哺乳妈妈要请专家指导，制定出膳食平衡的营养食谱。多吃富含维生素A的食物，如动物肝、蛋、乳类、绿色蔬菜、胡萝卜、西红柿、红心红薯、玉米和橘子。

妈妈应该对婴儿尽量进行母乳喂养，不要轻易放弃。

婴儿4个月起在保健医生的指导下，按月龄逐月及时有效地添加离乳食品。

小·贴士

维生素A是一种脂溶性维生素，可以储存于体内，逐渐消耗、利用，但储存过度时会引起中毒。宝宝每日维生素A供给标准：0~1岁应为200微克，1~2岁应为300微克。如果宝宝每天服用维生素A5万~10万国际单位时，一般半年内就可出现骨痛、脱发、厌食等慢性中毒表现，宝宝有这些症状时，妈妈应该带宝宝及时去医院做血清维生素A含量检测，尽早进行治疗。

271

早产宝宝及喝牛奶或奶粉的宝宝要比正常孩子更早地服鱼肝油。

当宝宝有挑食、偏食及厌食毛病时，尽早纠正。

及时纠正宝宝腹泻并积极治疗腹泻及其他疾病。

防缺维生素A宝宝美食

海米炒菠菜

原料：菠菜250克，海米10克，配料为荤油丁10克，葱片和姜少许，盐、荤油等适量。

制作方法：将菠菜择洗干净，切成3厘米长的段，与海米、荤油丁、葱片和姜放在一起。炒锅放火上，倒入荤油待油热时，将菠菜和配菜一起下锅，用勺煸炒，放入盐等佐料，煸炒几下，见菠菜呈碧绿色时，起锅盛盘即成。

炸胡萝卜盒

原料：胡萝卜150克，猪肉125克，大油、淀粉和面粉少许，蛋白两个，盐、葱、姜、香油、海米适量。

制作方法：将葱、姜、海米切成碎末；把猪肉剁碎，加入盐、香油、海米、葱、姜拌匀成馅；蛋白成糊，加淀粉、面粉拌匀；将胡萝卜去皮，切成10厘米长，3.5厘米宽，0.2厘米厚的大片，用开水烫一下，再用凉水泡凉，用厨房用纸擦净表面水分。把馅分成3等份，每两片胡萝卜中间夹上馅，然后先沾一层面粉，再沾淀粉糊,下入5~7成熟的油里炸至外面呈杏黄色,里面馅熟时,捞出,沥净油,装盘即成。

炒红薯泥

原料:主料为熟红心红薯150克,瓜子仁、核桃仁各5克,白糖40克,大油25克。

制作方法:将熟红心红薯去皮,弄成泥状放碗内加水拌匀,把白糖、瓜子仁、核桃仁剁碎放入调匀。将锅放火上,倒入大油,将红薯泥放入,用勺炒搅,炒至不粘锅、不粘勺时,盛在盘内即可食用。

蛋皮肝泥卷

原料:鸡蛋50克,猪肝20克,菠菜25克,植物油6克,葱、姜、蒜、花椒面、淀粉适量。

制作方法:将鸡蛋磕入碗内,调匀;将猪肝切成片,放入开水锅内焯一遍捞出剁成泥;将蛋液倒入放有热油的炒勺内,摊成蛋片;将菠菜用开水烫一下,剁成菜泥。将肝泥加入菠菜泥及葱末、花椒面、蒜末、盐搅匀,均匀地抹在蛋皮上卷起,收边处抹匀淀粉汁。锅内放入油烧热,放入蛋皮肝泥卷,炸至金黄色,熟透捞出即可。

炒猪肝

原料:猪肝250克,葱白段25克,熟茭白片50克,熟猪油250克(实耗50克),香油5克,酱油15克,盐、白糖、醋、水淀粉适量。

制作方法:去净猪肝的筋膜,切成0.2厘米厚的片,放碗内,用水淀粉、盐浆起待用;葱切成斜片待用。将锅置火上,放入熟猪油烧至六成热时,放入猪肝,用勺拨散,待变色时倒进漏勺沥油。

原锅内留少许油置火上,放入葱片、茭白片煸炒,加酱油、白糖、水淀粉勾芡,放入猪肝,淋上香油、醋,翻炒后装盘即成。

宝宝记忆力的培养

记忆是人脑对过去感知过和经历过的事物的反映。比如，宝宝在看电视剧《西游记》后，总爱唱它的主题歌，还学孙悟空的样子。宝宝的表现就是把过去感知的事物反映了出来。记忆是一个比较复杂的过程，包括识记、保持和恢复。如宝宝看动画片时，反复念叨片中歌词，不断加深理解，这是识记过程。宝宝把动画片中的歌词、曲调保存在头脑中，就是保持。识记的效果如何，保持得怎样，则表现在恢复上。宝宝学唱主题歌后，再听见这首歌时能想起来，并且能唱出来，这说明宝宝记忆恢复得好。

幼儿正处于身心快速发育的时期，记忆能力有自己的特点。

（1）形象记忆。宝宝受思维能力的局限，在观察事物时很少深入体会事物的本质，只对那些形象鲜明生动的东西感兴趣，记忆较为牢固。

（2）机械记忆为主。宝宝缺乏生活经验，不像成人那样在理解的基础上强化记忆，只能根据事物的外部特征死记硬背。

（3）受环境和情绪的影响。宝宝的自我控制能力差，记忆活动很容易受外界事物干扰，缺乏稳定性。

父母在训练幼儿的记忆力时应根据自己宝宝的记忆特点遵循以下原则：

（1）无论是讲故事，还是说事情，父母都应向宝宝提出明确的记忆要求，使宝宝依靠自己的意志和能力去完成任务。

（2）运用生动直观、形象具体的事物吸引宝宝的注意力，使宝宝在无意识中记住需要掌握的知识。

（3）记忆过程要尽量调动孩子的各种感官参加。如眼、耳、鼻、舌、手等参加活动，可以使大脑神经联系广泛，大脑在对丰富的信息加工时，获得的印象全面、清晰，有助于宝宝记忆。试验证明，让4岁宝宝不出声地观看10张图片，远没有给宝宝一边看、一边念的记忆效果好。

（4）教给宝宝正确有效的记忆方法。帮助记忆的方法很多，如归类记忆法，即把同类的事物归在一起，建立一定的联系，记忆的效果就会好；歌诀记忆法，即把记忆的材料编成口诀，形成一定的节奏和韵律，以提高记忆效果；自我复述法，即把识记的材料变成自己的话，以加强记忆。

（5）及时复习，巩固记忆。父母教给宝宝的新知识若不复习，就很容易被遗忘。根据遗忘的规律，刚学完的新知识，其遗忘的速度是最快的，所以，复习越及时遗忘得越少。

宝宝记忆力训练方案

训练宝宝记忆力的一些基础要求：

（1）宝宝要知道父母的工作单位名称、家庭住址和10个以上亲戚或父母朋友的名字。

（2）宝宝要对吃过的大部分饭菜能叫出名字。能认出20种动物，并能模仿几种动物的形象。

（3）宝宝要懂得上下前后，能正确说出一个物体和另一个物体的位置关系。

（4）宝宝要对事物的外表有一个较完整的认识。例如能发现衣服少了个扣子，玩具猫的眼睛不见了。

（5）宝宝要会猜测一件事发生的原因。

（6）宝宝要能问一些经过思考的问题，如"布娃娃是谁做的？为什么是红色的？"

（7）宝宝要掌握时间和空间的基本概念，如今天、明天等。

（8）宝宝应该会认识颜色，能说出身边物体的颜色，如"树叶是绿色的"。

（9）宝宝要有区分运动和静止的能力。

父母要在日常生活中有意识地训练宝宝的记忆力。例如：

（1）妈妈带宝宝去购物时，让宝宝数商店橱窗中商品的个数。妈妈可以和宝宝比一下，看谁数得对、数得快。也可让宝宝记住橱窗里的商品，然后走开，过一会儿再回忆,看一看记住了多少。

（2）让宝宝在路边停3~4分钟数经过的自行车的数量,最好在交通高峰期。

（3）让宝宝看妈妈做某种家务的全过程,如杀鱼、做菜或者擦车等,做完之后让宝宝复述做事的步骤或程序。

（4）让宝宝数天上的星星。数星星是件很难的事情,要求宝宝的注意力高度集中,才不会受其他星星的干扰。在数的过程中容易发生的事是忘了刚才数过的星星,结果数重了。此时妈妈要告诉宝宝,数重了要重新数。

（5）让宝宝说出以前见过的某两种或两种以上颜色的东西。以红色和黄色为例,妈妈可让宝宝分类回忆,如说出红色或黄色的花,黄色或红色的衣服等。

（6）制订计划。妈妈和宝宝商量明天要做的事情,例如,早晨干什么,中午干什么,晚上干什么。第二天,妈妈不要提醒宝宝,到睡觉前看宝宝计划执行得怎么样。

（7）带宝宝去做一次郊游,或到一个宝宝从未去过的地方,给宝宝讲一些新奇的东西。回家后让宝宝转述给其他人。

（8）在围棋盘或象棋盘上摆上七八个棋子,让宝宝看1分钟左右,然后拿掉,再让宝宝照原样摆上。

晚间和宝宝的游戏

训练数的概念

宝宝所能理解的数字非常少，所以应先让宝宝了解物与对象间的关系，就是知道什么是多、少、大、小、全部、部分。妈妈要认真地教导宝宝理解这些概念，使宝宝从感观上建立起数的概念。

1. 打电话

电话是幼儿非常喜欢的"玩具"，用它来玩游戏，不只是能帮助幼儿学习语言。妈妈可以告诉幼儿每只动物的"电话号码"，叫他给小动物们"打电话"。妈妈假扮各种动物，跟幼儿在电话上聊天。刚开始先让幼儿拨1位数或2位数的"电话号码"，以后随着幼儿能力的增强，再逐渐扩大数的范围。

2. 举一反三

让幼儿知道"同样的数字"这个概念是非常困难的，虽然幼儿已经有了初步的数概念，但对这一概念仍难以理解。妈妈可以用食物示范，比如："妈妈有2个苹果，宝宝也有2个苹果，妈妈和宝宝都有2个，我们的苹果一样多，都是2。"然后，再变具体为抽象，只告诉幼儿："这是2，那也是2，两个相同的都是2。"这样幼儿才能慢慢理解。

训练宝宝的运动能力

适合年龄：1~2.5岁。

准备材料：毛巾毯或薄被。

游戏目的：训练幼儿的平衡能力，发展前庭觉。

1. 摇摇船

幼儿躺在薄被中，父母各抓住被子的两角左右摇晃，每次20下。

2. 卷白菜

用薄被横卷幼儿身体，妈妈推幼儿身体来回滚动10下，再拉被子一头让幼儿滚出来。反复进行，幼儿会充满乐趣。

宝宝记忆、思维、创造力的培养

培养方式1　让宝宝当鱼

目的：

培养幼儿的应变能力，发展幼儿的思维，活跃家庭的氛围。

内容：

父母双手相握成渔网状，幼儿当鱼。幼儿自由地在渔网内外跑动。父母边说边准备捕鱼："一网不捞鱼，二网不捞鱼，三网才捞鱼。"说完以后幼儿就要尽量躲开渔网，如果被网住，问宝宝："你是大鱼还是小鱼？"若答"大鱼"，父母说："把他送到鱼市上去。"若答"小鱼"，就说："把他送回水里去吧。"放开幼儿，游戏重新开始。

指导：

（1）开始时，父母说儿歌、做动作的节奏不能太快，给幼儿一个适应的阶段。

（2）熟练以后,父母的节奏要逐步加快,增强幼儿的应变能力。

目的:

培养幼儿了解事物简单的对应关系,促进幼儿思维能力的发展。

内容:

妈妈准备4块宽、长约为10厘米的硬纸片,分别贴上或画出小兔、小狗、肉骨头、大萝卜等图案。让幼儿指认这些,并问幼儿:"小狗最爱吃什么,小兔最爱吃什么？"根据动物的习性,让幼儿把食物与动物对应起来。

指导:

（1）游戏前,妈妈应教给幼儿有关动物的名称及一些习性,使幼儿有初步的印象,为游戏的顺利进行打下良好的基础。

（2）还可将游戏推及到其他动物或事物。如船在水里行,飞机在天上飞,汽车在公路上跑等。

目的:

通过对话练习来锻炼幼儿的语言表达能力及幼儿的记忆力。

内容:

父母平时应多和幼儿进行语言交谈。幼儿1岁半以后逐渐由说单词过渡到说短句,这时应该多问幼儿一些日常生活中的问题,让幼儿用短句来回答。如"妈妈叫什么名字""爸爸在哪工作""爷爷去哪儿了"等。如果宝宝答不出来或回答不完整,父母要用完整的句子再说一遍,让宝宝重复。一问一答,既能训练宝宝的语言能力,又能训练宝宝的记忆力。

指导:

（1）父母要有意识地和孩子进行此类游戏。

（2）父母与孩子可以互换角色进行游戏,即孩子问问题,家长回答,这样可以锻炼孩子的思维能力。

培养方式4　捏动物

目的：

锻炼幼儿手指精细动作，充分发挥幼儿的想象力。

内容：

妈妈准备几块色彩鲜艳的橡皮泥，捏捏拍拍做几个动物造型，让宝宝说出是什么动物。然后教宝宝一些基本的、简单的搓捏技能，比如搓长条、揉成团等，并让宝宝模仿制作以上几种动物。

指导：

游戏中，父母不要过多地参与，让宝宝充分、自由地玩，父母只需稍作引导就可以了。

培养方式5　配对子

目的：

培养幼儿初步理解物与人、物与物的关系，促进幼儿思维能力的发展。

内容：

妈妈找出一些图片，如鞋、图书、帽子、饮料、摩托车、皮包、童车、皮鞋等，让宝宝观察并找出哪些是妈妈用的，哪些是爸爸用的，哪些是自己用的。宝宝一时不能完全找对，妈妈在一边可以稍加提示："这双皮鞋像爸爸平时穿的，还是像妈妈平时穿的？"直到宝宝完全找对为止。找对一个，妈妈应加以鼓励，使宝宝有信心去找下一个。

指导：

妈妈还可以找一些相关物体的图片，如眼镜、报纸、碗、勺子、扫帚等，打乱后，让宝宝根据对应关系匹配。

培养方式6　排排队

目的：

培养幼儿认识"大、小"的概念，促进幼儿比较推理能力。

内容：

妈妈找出一些大大小小的玩具，然后问宝宝哪个玩具大，哪个玩具小，让宝宝为玩具排队。如告诉孩子:"玩具们要去做操,请宝宝给玩具按从小到大顺序排队好不好?"让幼儿自己动手操作,给玩具排队。

指导:

(1)给玩具排队时规则可以由小到大,也可由大到小或是按高矮来排队。

(2)除玩具外,也可用其他东西进行练习,如纽扣、鞋、帽子。

(3)父母不要过多地指导,也不要轻易地插嘴,要耐心等待、观察。当发现孩子无法排队,可做一些相应的指导和提示。

第二章 | 1岁11月

◎ 宝宝饮食安全

◎ 不用娃娃腔和宝宝说话

◎ 怎样避免宝宝的眼睛受到伤害

◎ 宝宝的护眼食物

◎ 1.5~2岁宝宝数学能力的培养

育儿方法
尽在码中

看宝宝辅食攻略，
抓婴儿护理细节。

1岁11月宝宝的养护

生理发育

体重增加约0.29（女）~0.26（男）千克。

身高增加约1.17厘米。

会跑，跑得较稳。

用棍子取出大小两种玩具。

会口数1~5。

会说："这是我的。"

心理特点

喜欢奔跑，将钉、栓塞入孔中，堆搭积木，扳弄开头，听小故事。

育儿要点

（1）注意饮食安全。

（2）让宝宝享受玩具的乐趣。

（3）踢球、砖上走。

（4）涂色、画线。

（5）选用工具取物。

（6）复述简单话语。

（7）学习简单行为规则。

（8）掌握常见事故的处理方法。

宝宝饮食安全

应注意伤害和窒息

幼儿的咀嚼吞咽功能还不完善，妈妈给幼儿吃橘子、西瓜、桃、杏等瓜果时一定要先去核。花生、核桃、瓜子、炒豆不宜给宝宝吃。鱼肉等要去刺去骨，以免卡住喉咙、食管或呛入气管引起伤害和窒息。

预防食物中毒

（1）不吃变质、腐烂的水果、蔬菜等食物。袋装食品食用前要看看是否过期、变色、变味，已有哈喇味的食油和含油量大的点心不能让宝宝吃，否则容易引起胃肠道疾病或食物中毒。

（2）尽量不要吃剩饭、剩菜。饭菜应该现炒现吃。营养丰富的饭菜，细菌容易繁殖，食入后易引起恶心、呕吐、腹痛、腹泻等急性胃肠炎症状。

（3）尽量不要食用熟肉制品，如火腿肠、红肠、粉肠、肉罐头、袋装烤鸡等。因熟肉制品加入了一定的防腐剂和色素，且细菌易繁殖，易腐烂变质，导致中毒。

（4）烹制食物应选择适宜炊具。用铁锅煮山楂、海棠等果酸含量大的食物，会产生低铁化合物，使幼儿中毒。

（5）常见食物中毒的预防。

土豆：土豆受热或发芽会产生大量的龙葵毒素，给幼儿吃可引起口干、舌麻、恶心、呕吐、腹痛、腹泻甚至呼吸困难、抽搐等中毒症状。

豆浆：豆浆营养价值相当于牛奶，且价格便宜，是幼儿很好的食物。但生豆浆含有可使人中毒和难以消化吸收的有害成分，只有在烧煮至90℃以上时才被逐渐分解，因此食用时一定把豆浆完全煮熟。

煮豆浆的方法：采用较大的、加盖的锅，只盛2/3，煮开后持续煮5~10分钟。如不加盖或盛得太满，当煮到80℃左右，形成泡沫上浮，就造成假沸现象。已煮熟的豆浆中不要再加入生豆浆，不把熟豆浆装在盛生豆浆的、未清洗消毒的容器里。

扁豆类：四季豆、刀豆、扁豆均含有对人体有毒的物质，适当加热处理，其毒素被破坏后即可安全食用。

煮扁豆的方法：将扁豆清洗干净，倒入开水锅内煮软，捞入冷水盆内冷却，根据需要切成丝或碎末，投入烧热的锅内急火煸炒，不断翻动，直到豆腥味排尽即可起锅；或将扁豆清洗干净，切成丝或碎末，倒入锅内煸炒片刻，加水焖软直至扁豆变色，豆腥味排尽再起锅。

自制宝宝图书

自制的图书包括图片、剪报和自己绘制的图画，题材十分广泛，主要是富有趣味性的童话故事、知识小品、家庭故事。还有的用柔软的布料代替纸张，制作出适宜幼儿阅读的图书，极有创意。

自制图书能更深切地体现妈妈对宝宝所倾注的爱心，加深妈妈与宝宝的感情交流，制作过程中让孩子也参与，有利于发挥幼儿的想象力、创造力和艺术天分，享受到母子亲情及寓教于乐的乐趣。

不用娃娃腔和宝宝说话

年轻的父母经常和宝宝亲密地对话：

"宝宝今天吃什么饭饭了？"

"饭饭吃饱了吗？"

"尿尿了吗？"

"睡觉觉了吗？"……

父母根本没意识到这样和宝宝说话有什么不好，甚至认为宝宝小，就应该这样和他说话。其实，这是不对的。

父母在教宝宝说话时，不要强化宝宝的叠音，如教"狗"而不教"汪汪"，教"蛋糕"而不教"糕糕"，要教会宝宝说多音字和短句，如教"我要吃饭""这是皮球"……父母要用缓慢而清晰的语调重复这些词或短句，没多久，宝宝就会清楚地发音和会讲这些短句了。

幼儿发音一般都不太准确，父母不要把宝宝不准确的发音当作好玩的事而有意去逗宝宝，或故意学宝宝错误的发音，否则时间一长，错误的发音就会固定下来，很难改正。父母应及时纠正，耐心地教宝宝发比较困难的音，如舌根音、舌尖音等。

幼小的宝宝说话时，语句还不完善，语病很多，父母不要当笑话或斥责宝宝。不然，会造成宝宝性格孤僻，影响宝宝智力发展。父母应鼓励宝宝多说话，给他们创造说话的机会。要帮助宝宝慢慢地把话说完，不要急着代替宝宝说话，让宝宝有更多的语言交流机会。

宝宝爱护眼睛的重要性

宝宝尚处于生命的起点，与成人相比，用眼的时间还非常悠长。如果视力有问题,在漫长的生活道路上要比成年人经受更多的痛苦。宝宝正处于生长发育阶段,视力残疾不仅会给身心健康发展带来巨大影响,而且家庭和社会的投入也将会很大,所以幼儿的视力问题应该受到更多的关注。

宝宝爱眼应从何时开始

对于这个问题,人们通常以为是孩子出生以后的事情,还有很多妈妈从宝宝开始读书写字才注意这个问题,其实,若想让宝宝拥有一双健康的眼睛,应追溯到生命的开始孕育。

在选择配偶时,若是自己有高度近视,或是本人虽不高度近视,但携带高度近视基因,就应避免和一个同样高度近视的人结婚,以免新一代高度近视者出生。

妈妈在怀孕期间,尤其是最初的3个月,一定要在生活中细心照料自己,以避开各种感染。怀孕15~56天时,既是胚胎的器官和组织迅速分化期,又是对环境中的各种致畸因子的高度敏感期,很容易因各种病毒的侵袭而发生畸形。如感染风疹病毒、水痘病毒及弓形虫,则可能导致婴儿先天性白内障、先天性青光眼、视网膜病变、小眼球等疾病;如果妈妈在怀孕早期服用药物不慎重(如长期服用某些抗生素、镇静安眠药),也同样能引起先天性白内障、视网膜色素沉着、视力低下等。

怎样及早发现宝宝的视力问题

在宝宝出生后,父母须具备一些简易检测宝宝视力的知识和方法。宝宝先天性眼病很多,有的能使视力极度下降,有的能造成失明,甚至丧失生命,宝宝早期视力问题如果能及时被检查出来,然后及时就医治疗,是能保住较理想的视力的。

居家测查婴幼儿的视力可分为3个阶段。在幼儿2岁以内用客观观察法,请记这样的检查口诀:一月怕来二月动(怕指怕光,动指随大人的活动转动眼球),四月摸看带色物,六月近物能抓住,八月存在跟随目(大人手指到哪,幼儿眼光看到哪,并固视不动),1岁准确指鼻孔,2岁走路避开物。

此外,4~7个月的幼儿如果视力存在问题,爬动和玩玩具的举止行为通常比

同龄孩子的动作慢、准确度低，显得有些笨手笨脚。

幼儿3~5岁可用手势、动物形象视力表检查，但需注意的是，父母要早一些在家中耐心教会幼儿认识视力表，并要反复测查，否则会影响结果的准确性。幼儿5岁以上用成人视力表检查，即能合作测出视力。一般可从2岁测视力，不同年龄段正常视力为：2岁0.4~0.5，3岁0.5~0.6，4岁0.7~0.8，5岁0.8~1.0，6岁1.0或以上。

怎样避免宝宝的眼睛受到伤害

避免宝宝的眼睛受到伤害，应从以下几点去做：

（1）妈妈在怀孕早期就要防止发生如前所述的各种先天性眼病。

（2）预防疾病感染。由淋球菌感染引起的急性眼结膜炎发生较多。父母在生活中应杜绝多个性伴侣以及一切不正当的性生活，在外注意公共卫生，以防染上淋病。如果染上淋病，必须马上进行治疗，否则可使宝宝在出生时被妈妈阴道内的淋球菌感染而患上急性眼结膜炎，治疗不当则会引起角膜溃疡，甚至导致失明。只要妈妈患淋病，不论婴儿出生后有没有症状都应积极接受治疗。父母如果有沙眼，应马上积极治疗，因为它可通过密切生活接触传染给婴幼儿，而且严重时会影响视力。所以在生活中一定要把洗浴盆具、毛巾、手帕等与幼儿的用品分开，防止传染给幼儿。

（3）预防各种眼外伤。幼儿好动又好奇，行动起来身体尚不稳当，很容易发生外伤。如果伤及眼睛，轻者引起眼睑、结膜下出血，重者可发生眼睛撕裂伤、外伤性瞳孔散大、外伤性白内障、继发性青光眼、视网膜剥离及眼球穿通。刚刚学会走路的幼儿一定要有专人照料，不给幼儿买具有杀伤力的玩具枪、掷镖、箭头等玩具，幼儿年幼不懂事，在玩得尽兴时常会忘乎所以，把这些东西射入眼睛会导致悲剧发生；也不能给幼儿玩尖锐的物品，如一次性注射器（有些父母把它买来让幼儿玩喷水），眼科门诊时有不慎将针头扎入眼睛的宝宝来就诊，这些注射器往往已经玩得很脏，扎入眼后几乎都继发了感染，有些眼球最终由于化脓不得不摘除；家中的剪子、钉子、锥子、小刀等常用工具，也都应收藏在幼儿的手触及不到的地方。

（4）阳光非常强烈的时候，一定要注意给幼儿的眼睛采取防护措施，幼儿的眼睛很稚嫩，长期强光照射会导致白内障。把还不会自行移动的婴幼儿放在婴儿车里、床上时，都应注意光线不能直射婴幼儿的眼睛。外出时，要给婴幼儿戴上一副儿童遮阳墨镜，但墨镜质量必须可靠。父母应注意的是，不要因为婴幼儿觉得戴墨镜好玩而在阴暗处或室内也不摘掉，这样同样会使视力受损伤。

（5）生活中科学养育不容忽视。如饮食上不能任凭幼儿的喜好偏食，因为血液的酸碱度受食物种类的影响，当幼儿偏食而使血液呈酸性时，眼部组织的弹性和抵抗力会下降，容易形成近视；过多地摄入甜食，不

护眼常识

（1）控制伏案或者使用电子设备的单次使用时间以及总时长。专家建议，儿童一次伏案写字20~30分钟就该休息一下，进行远眺；看电视、手机、平板电脑20分钟以后也应当休息下。

（2）多做户外运动。调查表明，儿童每周多在户外玩耍1小时，患近视风险将降低2%。确保每周14小时的户外运动可有效防止近视。

（3）及时佩戴眼镜。当孩子出现眯眼睛看物体等症状时，家长要及时带孩子去医院检查是否患上了近视，并及时佩戴度数合适的眼镜。不能因为孩子近视度数浅就认为可以不佩戴眼镜，长期的用眼疲劳会导致近视进展更快。

此外，光源和坐姿都对保护视力至关重要。在阅读和写字时，光线太强或太弱都会对眼睛造成损伤；"头有枕、肘有撑、背有靠、脚有踏"，良好的坐姿可预防脖子和背部肌肉酸痛，同时以免距离过近造成眼睛过度疲劳。

仅会因缺钙而导致眼球弹性下降，促使近视发生，而且还会造成体内维生素B₁的不足，从而影响视神经的发育。

（6）新一代电子产品对于幼儿视力的影响更不容忽视。因为荧光屏不仅会放射出少量的微量射线，而且画面亮度、对比度强烈，图案跳跃闪动，切换速度非常快，而婴幼儿的眼睛很脆弱，如果让幼儿长时间地看电视、手机、平板电脑，就会使眼部组织一直处于紧张状态，从而引起近视、斜视和弱视。

摇晃宝宝会使宝宝眼底受伤

许多妈妈都习惯把啼哭的幼儿抱在怀中摇来摇去地哄一哄，尤其是不知道宝宝因为什么而大哭得没完没了时，妈妈便会感到很烦躁，不由自主就会把幼儿摇晃得很厉害，希望能很快地让他停止啼哭。殊不知这样做非常有害，这样不仅可引起婴儿脑震荡，而且还可使婴幼儿的眼睛受到严重的伤害。

当妈妈用力摇晃宝宝时，由于宝宝脑组织的体积要比颅腔小，并且漂浮在液垫上，因此，宝宝的脑组织不仅会受到颅骨的不停撞击，而且在猛烈的摇晃下，有的脑组织要加速运动，而有的脑组织却要减速运动，就形成了一种剪切力。正是这种剪切力给婴幼儿的大脑造成损伤（通常是严重的脑神经损伤），并伴随眼底出血及其他一些症状，如精神不振、表情淡漠、眼神呆滞、食欲下降等，这种损伤即是"受摇晃婴儿综合征"。

婴幼儿眼底出血后，视网膜的功能受到很大影响，从而使视觉发育发生障碍，最终导致视力下降，给今后的生活和学习带来非常巨大的麻烦。因此，在婴幼儿啼哭时，妈妈可以给他换换尿布，或者喂喂奶；如果婴幼儿依然啼哭，妈妈可以把他抱在怀里轻轻地摇动以表示安慰；妈妈还可把他抱到室外去转一转，转移一下孩子的注意力。无论如何，都不能猛烈地摇晃哄婴幼儿。对于这一点，父母及一切看护人都应该注意。

宝宝先天性白内障

引发原因

宝宝先天性白内障与遗传、妈妈孕期感染病毒以及营养代谢有关，但尤与风疹性先天白内障有关。妈妈如果在怀孕3个月时感染风疹病毒，则先天性白内障的发病率为50%，而在2个月时感染，发病率高达100%。

症状

先天性白内障多为双眼对称发病，婴幼儿不会表达自己的感受，需要妈妈在照料时细心观察孩子的一举一动。如果完全没有视力，则孩子的眼睛呈凝视状态；若是还有残余视力，孩子的眼睛有时能追随目标移动，有时又不能。这类情况在出生3~4个月时会被细心的妈妈发现，另外，妈妈还需观察孩子瞳孔区有无晶状体混浊。

最佳治疗时机

本病大多需要采取手术治疗，早期的手术是成败的关键，因此，最适宜的时间是出生后3~6个月，最迟不要超过2岁。如果过迟，就会造成难以挽救的弱视，使眼睛终生不能具有良好的视力。

做了白内障手术后，一定要继续进行弱视治疗，不然，很有可能使治疗失败，同时也丧失了治疗弱视的最佳时机。

宝宝弱视

何谓弱视及引发原因

弱视是指眼部没有器质性病变,而配戴眼镜后矫正视力低于0.9,是儿童中较为常见的眼病。

怎样早期发现宝宝弱视

弱视的治愈关键在于早发现、早治疗,然而在早期却不太容易被发现。因此,妈妈在幼儿2～3岁时应买一张标准视力表,耐心教会宝宝识别,经过多次训练和测查,幼儿的视力仍达不到0.5,就应及时去医院进一步做检查。如果幼儿斜视,更应及早治疗,否则成年后,虽然做手术可使双眼恢复正位,但弱视却无法治愈,立体感也不能建立。

症状

弱视表现出多种类型:

(1)斜视性弱视的婴幼儿有斜视或曾经发生过斜视,看东西时,如一只眼看桌子时,而另一只眼由于位置不正看到是桌子旁的椅子。当桌子和椅子的像同时传入大脑视觉中枢时,婴幼儿会感到很不舒服,大脑皮层就会主动地抑制斜眼的传入冲动,斜视的眼睛就变成了弱视眼。由斜视引起的继发性的弱视是功能性的,可以治疗。

(2)屈光不正性弱视是幼儿常见的一种弱视,表现为一眼度数低,一眼度数高,两眼屈光度数相差200度以上。幼儿看东西时,度数低的眼看得清楚,度数高的眼看得模糊,两眼同时看一个物体时,在大脑形成两个清晰度不等的像,大脑无法将它们融合成一个像,于是视觉中枢主动抑制模糊的像,只对清

楚的像产生反应。久而久之，度数高的那只眼就成为弱视眼。这种弱视也是功能性的，可治疗，且效果良好。

（3）视觉剥夺性弱视的幼儿是由于在出生早期做了眼部手术而遮盖了一眼，由此剥夺了进入这只眼的刺激，使它不能产生正常冲动，致使这只眼视觉中枢的视觉传导路发育受影响，产生弱视。如先天性白内障，遮挡瞳孔致使光线刺激不能充分进入眼球，剥夺了黄斑接受正常光刺激的机会，产生弱视。这种弱视治疗效果较差，但如果治疗得早，视力也会明显提高。

（4）先天性弱视是从胎里带来的一种眼病，幼儿视力低下可能是由于眼底出血所致，这种弱视治疗效果较差。

危害

弱视不仅能引起斜视影响美观，更重要的是看东西没有立体感，无法参加一些精细工作，尤其是重度弱视，生活自理也会发生困难。

最佳治疗时机

幼儿1～3岁左右是治疗弱视的最佳时期。在最佳年龄进行治疗,疗程短且疗效好,而且大部分能治愈。一般超过6岁则效果较差,过了12岁则无法治疗。

弱视治疗是一场复杂的"持久战",除了医生指导外,更需妈妈和孩子积极耐心配合。因为孩子戴了眼镜和眼罩后,可能被小朋友们笑话,使弱视的孩子感到自卑,从而不能坚持治疗。妈妈要给孩子讲清道理,说服他坚持治疗,如果孩子已上幼儿园,还要与老师取得联系,请老师帮助做小朋友的工作,并督促孩子戴好眼镜和眼罩,持之以恒才能见效。

宝宝的护眼食物

含钙食物

饮食缺钙,则会引起幼儿神经肌肉兴奋性增高,使眼肌处于高度紧张状态,从而增加眼外肌对眼球的压力,时间久了容易造成视力损害。所以,多给孩子摄入含钙的食物,瘦肉、奶类、蛋类、豆类、鱼、虾、海带、蔬菜、橘橙等都含有相对丰富的钙,但食物钙含量普遍较低。奶和奶制品的钙含量在人类食物中首屈一指,每1毫升牛奶的钙含量超过1毫克,并且其中的钙质还易被人体吸收,因此一定养成每天给婴幼儿喝奶的习惯。另外,吃排骨汤、松鱼、糖醋排骨等都可增加钙的含量。

含维生素A食物

眼睛的角膜干燥,容易被细菌侵入而发生溃疡,可以造成穿孔,导致失明。含维生素A的食物可以预防结膜和角膜发生干燥和退变,可预防和治疗"干眼病"。维生素A还能增强眼睛对黑暗环境的适应能力。严重缺乏维生素A时容易患夜盲症。富含维生素A的动物性食物为猪肝、鸡肝、蛋黄、牛奶和羊奶等,植物性食物如胡萝卜、菠菜、韭菜、青椒、红薯以及橘子、杏子、柿子等。妈妈应该学点制作窍门,做出来使孩子爱吃。

含维生素C食物

维生素C是组成眼球晶状体的成分之一，缺乏维生素C容易使水晶体发生混浊，从而患上白内障。注意多给幼儿摄取含维生素C的食物，如各种蔬菜和水果，其中青椒、黄瓜、菜

花、小白菜、鲜枣、生梨、橘子等含量最高。

含铬食物

当人体内铬含量下降时，胰岛素的作用就明显降低，使血浆的渗透压上升，导致眼的晶状体和眼房内渗透压也发生变化，促使结晶体变凸，屈光度增加，造成弱视、近视。人体所需的铬应从天然食物中摄取，像糙米、玉米、红糖中含量都很高。此外，瘦肉、鱼虾、蛋、豆角、萝卜中也有一定的含量，妈妈要注意，宝宝多吃甜食也可使晶状体和房水的渗透压发生改变，同样会使晶状体变凸及屈光度增加。

碱性食物

身体疲劳是由于体内酸性代谢产物太多，使人体内环境偏酸所致，眼睛疲劳也不例外。体内环境偏酸时，会使得角膜、巩膜以及具有调节眼睛疲劳作用的睫状肌发生变化，弹性和抵抗力下降，容易形成近视和弱视。如果多吃碱性食物就会中和体内偏酸的环境，由此解除眼部的疲劳。碱性食物有粗米、苹果、柑橘、海带及豆角、青椒等新鲜蔬菜，妈妈要想方设法使孩子多吃这些碱性食物。

含核黄素食物

核黄素能保证眼睛的视网膜和角膜的正常代谢和发育。富含核黄素食物有

牛奶、干酪、瘦肉、蛋类、酵母和扁豆等。

▌选购有益宝宝健康的零食

宝宝都爱吃些零食,什么零食对宝宝有益呢?该怎么吃呢?这是父母们关心的问题。

(1)奶制品。各种奶制品(如酸奶、纯牛奶、奶酪等)含有优质的蛋白质、脂肪、糖、钙等营养素,宝宝应每天食用。酸奶、奶酪可作为上下午的加餐,牛奶可早上和睡前食用。

(2)水果。水果含有较多的糖类、无机盐、维生素和有机酸,经常吃水果能促进食欲,帮助消化,对宝宝生长发育是极为有益的。每天饭后应吃适量水果。对于4个月以上没长牙的婴幼儿,可以用勺刮下香蕉、苹果等水果的果肉,喂给宝宝吃。长牙的宝宝可以将水果切成小块,用勺舀着吃。2岁以上的宝宝可以让他自己拿着吃。要给宝宝选用成熟的、没有腐败变质的水果,不成熟的水果含琥珀酸,琥珀酸能强烈刺激胃肠道,影响宝宝的消化功能,腐败的水果能引起胃肠道炎症。

(3)糕点。糕点(饼干、蛋糕、面包等)含蛋白质、脂肪、糖等,各式奶油花点还含有色素、香精附加剂,因此糕点可作为宝宝下午加餐,以补充热能。糕点不能作为主食,让宝宝随意食用,尤其是不能饭前吃。

(4)山楂制品。山楂糕、山楂片、果丹皮等,含维生素C,又能帮助消化,饭后适量进食可帮助宝宝消化并增进食欲。

(5)糖果。糖果含有多量的糖,能提供热能,但不宜多吃,尤其是饭前不宜吃糖果,因为糖能使宝宝有饱腹感,从而影响正餐的进食量。

各类果仁、果冻不宜给宝宝食用,容易造成呛咳、窒息。如果要吃,一定要有大人照看,而且宝宝不能跑跳或逗笑时吃,以免呛入呼吸道发生危险。

1.5~2岁宝宝数学能力的培养

培养方式1　排多少

目的：

培养幼儿能够分辨多与少，训练幼儿的判断力。

内容：

（1）妈妈准备一副棋和一个棋盘。

（2）妈妈和孩子围着棋盘坐下，让孩子决定要哪种颜色的棋，孩子决定好后，妈妈和孩子各自拿好自己的棋子。妈妈说"开始"，孩子和妈妈将自己的棋子排列到棋盘上，待妈妈喊"停"时，让孩子比较谁排得多，谁排得少。

指导：

（1）最好选围棋，因为围棋有黑白两种颜色，有放棋子的罐。

（2）妈妈要根据孩子排的多少来决定自己排的多少，因为要使孩子有一个明显区别。孩子排5个，妈妈可排10个左右。妈妈也可比宝宝排得少，这样可激发孩子的游戏兴趣。

（3）当游戏结束时，将棋子一个一个收回盒子里。收一个说："1个。"再收一个，再说："1个。"这样同时可以使孩子理解"1"。

培养方式2　拿一个

目的：

培养孩子认识"1"，并能从许多相同的物品中找出"1"来。

内容：

（1）妈妈准备一块糖，一支铅笔，一些小东西（如木珠、纽扣、塑料片、小花片等），一个小盘。

（2）妈妈拿出一支铅笔，对孩子说："这是一支铅笔。"拿出一块糖，对孩子说："这是一块糖。"妈妈先让孩子认识"1"，并且让孩子知道"1"是从很多东西里只拿取一个。妈妈把准备的一些东西放在小盘里，妈妈指着盘子里的东西一个一个地对孩子说："一个纽扣，一个木珠……"然后对孩子说："拿一个纽扣。""拿一朵小花。"……让孩子从中取。也可以妈妈拿一个东西，让孩子说是什么，以此来巩固孩子对"1"的认识。

培养方式3 谁的大

目的：

（1）培养孩子能够比较大小。

（2）锻炼孩子的观察力、判断力。

内容：

（1）准备几张纸，纸上画有大小不同的手印、脚印。

（2）妈妈对孩子说："宝宝来和妈妈比比手，看看谁的手大，谁的手小。"

孩子和妈妈比手，边比边让孩子说："妈妈的手大，我的手小。"妈妈和孩子比完一只手，再比另一只手，同时让孩子说："我的手小，妈妈的手大。"妈妈也可和孩子比脚的大小。"这儿有几个脚印和手印，宝宝快来比比。"妈妈拿出纸，让孩子把自己的手伸开摆在手印上比大小。让孩子脱了鞋踩在脚印上，边比边说大小。

指导：

妈妈要教孩子比较的方法。比手时，要将孩子的手掌根和妈妈的手掌根对齐；比脚时，将孩子的脚掌根和妈妈的脚掌根对齐；比手印、脚印时，方法同上。

培养方式4 谁的衣服、鞋、帽子

目的：

（1）训练孩子能够比较大小，从物品中能挑出一大一小的东西。

（2）锻炼孩子的观察、判断能力。

内容：

妈妈让孩子看画面，先让孩子指一指谁是大娃娃，谁是小娃娃，再看一看两件衣服哪件大、哪件小，看一看两双鞋哪双大、哪双小，看一看帽子哪顶大、哪顶小。然后妈妈告诉孩子："大娃娃用大的，小娃娃用小的。"并且让孩子指一指、说一说大娃娃穿的衣服、鞋，戴的帽子在哪里，小娃娃穿的衣服、鞋，戴的帽子在哪里,最后指导孩子画线连起来。

指导:

(1)必须先让孩子知道哪个是大娃娃,哪个是小娃娃。

(2)玩比大小游戏时可用家里的东西,如比家里的大床、小床,大桌子、小桌子,大碗、小碗,大被子、小被子等。

培养方式5 多与少

目的:

(1)训练孩子能够区别多与少。

(2)锻炼孩子的观察力、判断力。

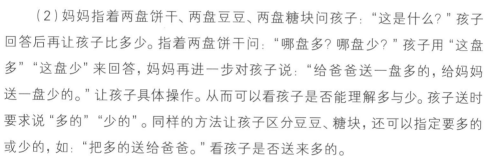

内容:

(1)准备两盘饼干、两盘豆豆、两盘糖块,盘里放的东西有明显的区别。

(2)妈妈指着两盘饼干、两盘豆豆、两盘糖块问孩子:"这是什么?"孩子回答后再让孩子比多少。指着两盘饼干问:"哪盘多?哪盘少?"孩子用"这盘多""这盘少"来回答,妈妈再进一步对孩子说:"给爸爸送一盘多的,给妈妈送一盘少的。"让孩子具体操作。从而可以看孩子是否能理解多与少。孩子送时要求说"多的""少的"。同样的方法让孩子区分豆豆、糖块,还可以指定要多的或少的,如:"把多的送给爸爸。"看孩子是否送来多的。

指导:

(1)孩子给父母送来东西时,父母要说"谢谢",并鼓励孩子做得更好。

(2)还可以打乱,向孩子说:"给爸爸送多的糖块,给妈妈送少的豆豆。"

(3)物体多少的差别要明显,且反复教孩子说"多的""少的"。

培养方式6 分一个

目的:

学习点数"1个"。

内容:

（1）准备一盘苹果（2个），一盘梨（3个）。

（2）妈妈先问孩子"这是什么"，让孩子认一认盘子里放的是什么。妈妈对孩子说："我们来分苹果吃，请宝宝来给大家分，一人分1个。"孩子分时，边分边说："爸爸一个，妈妈一个，我一个。"分对了，妈妈要说"谢谢"，并同孩子一起高高兴兴地吃苹果。吃完后，妈妈再让孩子分梨，方法同上。

培养方式7　叠手帕

目的：

（1）培养孩子认识形状。

（2）练习手的动作，训练孩子的动作技能。

内容：

妈妈拿一块花手帕，问孩子："这是什么？"让孩子先知道是手帕后对孩子说："我们来叠手帕，先叠个长方形。"妈妈叠，孩子看，妈妈重复几次，再让孩子模仿着叠，直到孩子会叠。再教孩子叠三角形等其他形状。

指导：

（1）孩子双手必须能协调活动。

（2）妈妈多次示范后，再让孩子叠。

培养方式8　"上"和"下"

目的：

培养孩子认识"上"和"下"，并能区分。

内容：

妈妈指着房子里的东西对孩子说："椅子放在桌子下面，被子放在床上。""杯子放在桌子上面，鞋放在鞋架上。"反复多次，然后让孩子动手操作。妈妈要求孩子把洋娃娃放在床上，汽车放在床下，积木放在桌上，小板凳放在桌下等。反复练习，让孩子体会"上""下"的差别。

指导：

（1）所说的物品应是孩子常见的、易理解的，孩子能说出这些物品的名称。

（2）妈妈先让孩子有了一定的上、下概念，再让孩子动手操作。

培养方式9　找圆

目的:

（1）培养孩子对圆形的认识。

（2）锻炼孩子的观察力和分辨能力。

内容:

（1）妈妈告诉孩子:"皮球是圆的,盘子是圆的,苹果是圆的……"结合生活中的实物,让孩子初步知道圆形。

（2）妈妈在纸上画各种图形,如正方形、菱形、三角形、圆形,让孩子从中找出圆形来。然后给孩子红笔,让孩子涂上颜色,同时感受红色。

（3）孩子认识圆形后,可引导孩子从生活中找出圆形。

（4）让孩子在纸上随意画圆,体会圆形的特点。

指导:

必须有步骤地认识圆。

第三章

1岁12月

◎ 培养宝宝良好的膳食习惯

◎ 加强宝宝心脏功能的锻炼

◎ 女孩夹腿家庭矫治法

◎ 把握宝宝"关键期"

◎ 宝宝为什么伸手打人

微信扫码

辅食攻略 | 疾病预防
婴儿护理 | 益智游戏

1岁12月宝宝的养护

生理发育

体重增加约0.29（女）~0.26（男）千克。

身高增加约1.17厘米。

心率每分钟100~120次。

呼吸每分钟25~30次。

双足跳离地面。

能一页一页地翻书。

能说自己几岁。

会自己脱裤子。

心理特点

喜欢"藏猫猫"游戏，用线穿珠子，指认书中图画，在台阶上跳上、跳下，念简短儿歌。

育儿要点

（1）合理膳食，预防成年期疾病。

（2）完成2岁宝宝发展自评。

（3）攀登、跳跃。

（4）翻书、装线入瓶。

（5）给扑克牌分类排列。

（6）看图问答。

（7）开始有益于心血管健康的锻炼。

（8）月末常规体检。

对盐的摄入，不同年龄段有不同的标准：

0~6个月，每天不超过1克；

7~12个月，每天1克；

1~3岁，每天2克；

4~6岁，每天3克；

7~10岁，每天5克；

11~14岁以上，每天6克。

培养宝宝良好的膳食习惯

高血压、冠心病是成年期常见病，严重危害人身健康。心血管疾病的发生与生活方式有关。合理膳食，不吸烟，进行适宜的体育锻炼，形成良好的行为习惯和性格特征，就可以预防心血管疾病的发生。

良好的膳食习惯，要在幼儿期培养。妈妈在选购和烹调食物时要注意选择有益于心脏健康的食物和适宜的烹调方法，使宝宝从小养成良好的膳食习惯，减小成年期心血管疾病发生的危险性。

具体做法如下：

（1）多吃益于心脏健康的食物，如蔬菜、水果、鱼、鸡肉等，有些宝宝喜欢吃水果而不喜欢吃蔬菜，妈妈应予以纠正，因为水果不能代替蔬菜。

（2）少吃或不吃不益于心脏健康的食物，如高脂肪、高胆固醇、高糖、多奶油食物。因此宝宝应少吃肥肉、糖果、巧克力、蜜饯等甜食；动物内脏和蛋黄含胆固醇较高，不宜多吃；鸡蛋每天进食一个即可；烹调食物应该使用植物油，少用动物油。

（3）控制食盐摄入。食盐摄入多少与血压关系密切。1~3岁宝宝每人每日食盐摄入量为2克。味精和酱油也含有盐，应尽量少用。要给宝宝从小养成喜吃清淡食物的习惯。

（4）多吃含钾、钙高的食物。钾、钙能促进宝宝体钠的排出，减轻钠的升高血压作用，预防高血压。含钾高的食物有橘汁、胡萝卜汁、乳类、肉类。含钙高的食物有虾皮、海带、紫菜、绿叶蔬菜、乳类、黄豆及豆制品、粗面、粗米等。

（5）动植物蛋白比例适当。不能让宝宝一味吃肉，要养成宝宝多吃豆类食物的习惯。豆类蛋白质具有降低胆固醇的作用。一般膳食中，豆类蛋白要占总蛋白质摄入量的1/4~1/3，妈妈应该每天给宝宝食入一些豆类及豆制品。

（6）保持理想的体重。食物总量及高脂肪、高胆固醇、高糖、多奶油食物摄入过多容易引起宝宝肥胖，肥胖不仅影响宝宝的身心发展，而且容易患心血管疾病。因此一定要使宝宝合理膳食，积极参加身体锻炼，预防肥胖，保持理想的体重。

加强宝宝心脏功能的锻炼

为宝宝选择合理的锻炼强度、时间、频率和类型，能加强心脏功能，预防心血管疾病。

（1）锻炼的强度：锻炼过程中心脏要保持一定水平的活动，宝宝在锻炼时只要保持心率和呼吸加快，并伴有微微出汗、面色红润，则表明锻炼强度较适宜。

（2）锻炼的时间：每次锻炼心率和呼吸加快的持续时间应因人而异，一般为15分钟左右，以不过分疲劳为度。

（3）锻炼的频率：每周进行上述强度和时间的锻炼3~5次。

（4）锻炼的类型：2~6岁的幼儿常见的有益于心血管健康的锻炼类型有跑步、骑车、游泳、踢球、跳绳、跳舞、溜冰。

婴儿期应主要培养孩子锻炼的兴趣。锻炼时要遵循以下原则：

（1）循序渐进。开始锻炼时，应该进行只引起身体最低限度变化的锻炼。幼儿习惯了这种强度和时间后，再逐渐、小心地增加。锻炼时要认真观察幼儿的心率、呼吸及精神状态。如心率、呼吸加快，精神状态好，面色红润，说明强度较合适；如呼吸急促，面色苍白，说明强度过大。锻炼后幼儿睡眠好，食欲佳，情绪稳定，说明锻炼强度适宜；若食欲减退，睡眠不安，情绪低落，头晕头痛，说明强度过大。锻炼开始时每次可持续2~3分钟，逐渐增加到10~15分钟。

（2）持之以恒。每天都进行锻炼，没有重要原因不可中断。若中断，锻炼的效果可能会消失。倘若中断时间短，可继续按以前的锻炼强度和时间进行；中断时间长，则应从最小的锻炼强度和最短的锻炼时间开始。

（3）综合多样。进行专项锻炼时，应该和日常生活中各种增强体质的措施相配合，如户外散步、做早操、室内定时通风等。只有进行综合性多样化的锻炼，才能取得应有的效果。

（4）注意个别差异。要根据自己宝宝的特点和身体状况选择锻炼项目、时间和强度。采用游戏的方法，使宝宝在游戏中锻炼身体，得到成功和乐趣，培养幼儿锻炼的兴趣和习惯。

女孩夹腿家庭矫治法

概述

女孩夹腿的症状涉及到如何看待儿童性欲的问题。父母应该懂得，儿童的心理发展是"连续"的，作为性兴奋区的身体某些性器官的功能，在青春期之前不是不存在，而是"潜伏存在"的，如果环境中具备适宜的刺激，就可诱发这一功能。儿童在日常生活中偶尔获得的性刺激，有时可诱发性器官的这种功能。儿童可以接受来自外界的性信息或性刺激，却不能在内心深处去理解它们。

夹腿综合征是一种以夹腿为主要特征，并不断摩擦会阴部的习惯性的不良动作。1~3岁的幼女最为多见。一般几天发作一次，个别幼儿可一天发作几次。

夹腿综合征的原因

（1）局部刺激。如蛲虫、尿布潮湿或裤子太紧等刺激引起外阴局部发痒，继而摩擦，在此基础上发展而成。

（2）心理因素。有些幼儿因家庭气氛紧张，缺乏母爱，遭受歧视等感情上得不到满足，又无玩具可玩，通过自身刺激来寻求宣泄，从而产生夹腿动作。

（3）其他原因。在大孩子中，黄色录像、黄色书刊的影响，也是导致"夹腿"不良行为的原因。

夹腿家庭矫治法

（1）提高认识。防治本症的关键在于及早发现、及早诊断。父母一旦发现幼儿有本症迹象，应及早向儿童心理学专家咨询。父母要了解此症的性质，对患儿不责骂、不惩罚，也不强行制止其发作。

（2）及时转移。当患儿将要发作或正在发作时，父母应装作若无其事的样子将患儿抱起来走走，或给患儿玩具玩玩，或和患儿"逗逗乐"，或领患儿出去玩耍，转移患儿的注意力。如能持之以恒，一般均能奏效。

（3）按时作息。要养成按时睡眠的好习惯，晚上不要过早上床，早晨不要晚起赖床，以减少幼儿"夹腿"发作的机会。

（4）去除原因。要注意患儿会阴部卫生，去除各种不良刺激。还要注意给患儿营造一个良好的家庭环境，给幼儿充分的温暖和爱抚。如果患儿有蛲虫、湿疹等，要及时请医生治疗。

（5）药物治疗。对于病程较长、病情顽固的患儿，可在医生的指导下使用小剂量泰必利。

超常宝宝居家鉴别

超常宝宝具有以下三个特征：

（1）智商高，130以上，一般能力和特殊能力均较强。

（2）对学新东西有强烈的动力和兴趣，有自信、坚毅和顽强的品格，能努力完成该学的东西。

（3）有较高的创造力，思维流畅，灵活，独立，好奇心强，对新事物敏感，并有浓厚的兴趣，勇于创新。

超常宝宝是比较全面发展的孩子，绝不仅仅是指高智商，或个别所谓的"天才""神童"，是客观存在的一批较优秀的儿童。

判断宝宝是超常儿童的五大过程

妈妈在养育宝宝的生活中应仔细观察，看看宝宝智能发育的五大过程是否明显比同龄孩子快，这五大过程是：

（1）大运动：是指头颈部、躯干和四肢幅度较大的动作，如抬头（正常出现时间4~6个月）、翻身（5~7个月）、坐（4~10个月）、爬（5~9个月）、站（6~12个月）、行走（10~18个月）、跑步（18~36个月）、上下楼梯（18~36个月）、投掷（18~36个月）、跳跃（24~36个月）、攀登（24~36个月）、身体平衡（24~36个月）、体操动作（24~36个月）等。

（2）精细运动：指手的动作及随之而来的手眼配合能力，如抓握动作（正常出现时间1~3个月）、抓住动作（4~7个月）、耙弄动作（6~7个月）、倒手动作（7~8个月）、捏豆子（8~12个月）、堆方积木（15~33个月）、翻书（15~24个月）、握笔（12~36个月）、穿扣子（21~30个月）、折纸（24~42个月）、拼图（48~60个月）、拿筷子（48个月后）等。精细动作的发展为日后书写、绘画、做手工等技能和技巧打下基础。

（3）适应能力：是指宝宝对外界刺激的综合分析能力，通过它可以直接观察出婴幼儿的智慧。如眼睛能跟踪物体（正常出现时间1个月）、听觉反应（1~4个月）、玩具失落会找（6个月）、伸手够远处玩具（7个月）、用手追逐玩具（8个月）、有意识摇铃（8个月）、对敲方积木（9个月）、从杯中取物（9~10个月）、盖上盖子（12~15个月）、认识大小和多少（27~36个月）、区别颜色（30~60个月）、懂得"里""外"（33个月）、认识图形（42个月）、能指出图中缺什么（48~60个月）等。

（4）语言发育：如反射性发音（正常出现时间1~4个月）、牙牙学语（5~8个月）、能区别语音并作出反应（6~12个月）、说话萌芽（10~12个月）、词和动作相联系（15~18个月）、说出简单字句（15~27个月）、会简单问答（21~24个月）、会说反义词（42~48个月）、理解与回答（54~60个月）等。

（5）社交行为：如眼睛跟人（正常出现时间1个月）、逗引反应（2~3个月）、辨认亲人（4~7个月）、见食物兴奋（5~6个月）、是非观念（9~27个月）、懂得常见物的名称用途和来源（10~54个月）、会穿脱衣服和鞋袜（10~42个月）、控制大小便（18~36个月）、提出个人需要（21个月）、解扣和扣扣（33~36个月）、复述能力（48个月）、认识颜色（60个月）等。

宝宝明显地比同龄孩子发展得快，父母应该想到可能是高智商，从3~4个月起就可到儿童保健机构进行定期的测查，如果智商值每次均在130以上，结合其他相关测试，便可确定为超常儿童。

小·贴士

随着宝宝年龄的增长，超常儿童可能加速超常发展，也可能停滞甚至后退，这主要与是否得到早期教育，儿童所处的环境，提供学习的机会，接受教育的条件，个人的个性特征，以及主观努力等多种因素有关。如果放任自流，超常儿童很可能就不再超常。但智力中等且非常努力的孩子，如果得到较好的条件，也可变成超常儿童。

幼儿哽噎窒息救护法

紧急救护方法：

幼儿自然的反射是呛咳，父母要鼓励幼儿咳嗽，千万不要盲目地用手在幼儿嘴里乱抠，以防把异物越顶越深，气道被完全堵死。如果没有看到咳出东西，幼儿有反复咳嗽或气喘，说明异物已到呼吸道，立即送幼儿去医院检查，以便及时取出异物。

幼儿面色发青，不能呼吸，痛苦不堪，哭不出声

紧急救护方法：

父母不能惊慌失措，这种情况下，不论是送幼儿去医院还是去请医生，都只会延误时间，丧失抢救的宝贵时机。父母应该马上叫其他人去请求医疗急救，而自己片刻不能耽搁，立即开始现场抢救。动作既要轻柔，又要坚实有力。

1. 1岁以下的宝宝

让幼儿俯卧在妈妈的一只手臂上，用手固定好幼儿的头颈部，把手放低依靠在妈妈的大腿上，使幼儿保持头顶朝下的体位。身体较大的幼儿，可以脸朝下放在妈妈的大腿上，用手托住幼儿的前胸并固定好幼儿的头颈部，同时使幼儿头朝下。妈妈立即用另一只手的掌根部猛击幼儿的上背部（两个肩胛骨之间）。动作要急促有力，连击四下。

如果动作正确，被哽在咽喉里的东西往往会喷口而出，问题也就解决了。

如果幼儿仍不能呼吸，立即把他翻过来，平放在身子上，用两只手指很快地在幼儿的胸骨下段按压四下。

2. 1岁以上的宝宝

进行腹部冲压，使哽塞的东西受压力冲击而排出。如果一次成功，可以重复6~10次。进行腹部冲压的要领是，幼儿仰面平躺，妈妈面向幼儿的头部跪在

或站在幼儿脚侧，两手重叠在一起放在幼儿的上腹部，用掌根部快速向头部与腹内方向冲压一次。动作要轻柔。

年长幼儿进行腹部冲压时幼儿可以站或坐。妈妈站在幼儿的身后，一手握拳，另一只手紧紧地抓住拳头，把幼儿拦腰抱住并使他上身向前倾。两手要放在幼儿肚脐的上方，大拇指的外缘紧贴在幼儿的胁缘上，然后两手猛地向腹内与头部方向一冲。

如果异物没有排出，幼儿仍不能呼吸，把下颌骨尽量向前移，使幼儿的嘴张开。如果能够看见异物，立即用手掏出来，看不见的话不要盲目地乱掏。

如果幼儿仍不能呼吸，对幼儿进行口对口的呼吸2次。妈妈深吸一口气，把幼儿的嘴与鼻都包在妈妈的嘴里或者只包住幼儿的嘴，并用手捏住幼儿的鼻子（总之做到尽量不要漏气），然后向里面吹气，吹气有效则可以看到幼儿的胸部轻度扩张。

不断重复以上的步骤，直到医疗急救人员到达。

小·贴士

哽噎是5岁以下幼儿意外死亡的主要原因。为了防止发生这样的意外，应该注意：

不要给5岁以下的幼儿吃花生一类又滑又硬的食品，或者形状为圆形的食品。食物要切得大小适宜，以便于幼儿咀嚼。玩耍或奔跑时不要给幼儿吃东西。教育幼儿吃东西时不能讲话、嬉笑或打闹，鼓励幼儿细嚼慢咽。不要让幼儿玩硬币、扣子、破气球等物品，不要选择有许多小物件的玩具，以防脱落误服吸入。

■ 宝宝不肯刷牙怎么办

启蒙刷牙意识

看到妈妈按时刷牙，孩子也会盼着刷牙。妈妈在幼儿还不能刷牙之前就给他一把牙刷，在上面放一点牙膏，让他刷着玩。到了2岁，幼儿会模仿妈妈的刷牙动作。不要忘记刷过牙后把牙刷洗干净。有些牙刷柄的形状像弹弓，幼儿使用起来很方便。有香味的牙刷幼儿会很喜欢。

生动有趣地教宝宝学刷牙

（1）告诉孩子牙刷是一辆小汽车，一定要开着它跑过所有的牙齿。

（2）把儿歌"划、划，划你的小船"的歌词改成"刷、刷，刷你的牙齿"，在孩子刷牙的时候唱给孩子听。

（3）刷过牙后，妈妈和孩子互相"检查"对方的牙齿。

（4）陪孩子一起刷牙，让孩子模仿妈妈的动作。

（5）像牙科医生教妈妈做的那样，通过在牙齿上涂显影剂让孩子看牙齿上的污点，并且把污点都刷掉。

（6）教孩子用舌头在牙齿上移动，体会清洁的牙齿有多么光滑。

培养宝宝刷牙的兴趣

（1）让孩子自己挑选牙刷、牙膏。

（2）如果孩子晚上刷牙了，将临睡前给孩子讲故事作为孩子刷牙的一种奖励。

（3）利用闹钟。把时间定得比孩子平常刷牙的时间稍微多几秒钟，然后鼓励孩子一直到铃响的时候。

（4）也可用画图显示孩子的进步。如孩子每刷一次牙，就在图上填个星号，等图填满了，奖励孩子一份好吃的东西（吃过之后要仔细地刷牙）。

去看牙科医生

为了使孩子不害怕牙科医生，并且鼓励孩子养成刷牙的习惯，在孩子的牙齿还没有发生问题时就带他去看牙医，提前习惯那里的环境，对牙医和看牙齿的设施不害怕。有人主张孩子12~18个月时（或者孩子有了12个牙齿时）去看牙医，有人认为应到2~3岁时再去。妈妈可以扮演牙医给孩子看病，或者请牙科医生向孩子说明应该怎样刷牙，以及为什么要刷牙，孩子对牙科医生的话会很信任。

1.5~2岁宝宝非智力的培养

培养方法1　拾蘑菇

目的：

（1）锻炼孩子走和蹲的动作。

（2）培养孩子耐心、细致的良好习惯。

内容：

（1）妈妈用彩色硬纸板剪成蘑菇状，散落在地上。准备一个提篮，作为装蘑菇的工具。

（2）妈妈取出一个玩具小兔，告诉宝宝："小兔子饿了，宝宝给它采一些蘑菇吧。"

（3）让宝宝提着篮子，将散落在地上的"蘑菇"一一拾起放在篮里，再走回妈妈身边。

指导：

（1）"蘑菇"不要太多，不要让宝宝蹲的时间过长。

（2）"蘑菇"放得不要太集中，让宝宝在"采蘑菇"时可四处找找，训练宝宝的观察力。妈妈可提醒宝宝："宝宝看看,还有一朵蘑菇没采呢?"让宝宝拾起被忽略的"蘑菇"。

(3)妈妈可参加游戏和宝宝一起拾"蘑菇",增加宝宝的兴趣。

培养方法2 摸摸看

目的:

(1)训练幼儿听指令做动作,培养幼儿的规则意识,发展幼儿的注意力。

(2)锻炼幼儿跑的能力。

内容:

妈妈念儿歌:"小宝宝,真好玩,摸摸桌子(沙发、床……)跑回来。"说完"来"后,幼儿向指定地点跑去,摸摸指定的家具后再跑回妈妈身边。

指导:

妈妈指定的物体应是幼儿熟悉的、容易摸到的。

培养方法3 做家务

目的:

培养幼儿的劳动习惯和劳动能力,学习助人为乐的行为。

内容:

(1)扫地、擦桌子。给宝宝一把小扫帚,让他模仿妈妈扫地的动作,或给他一块小抹布,让宝宝学着擦擦桌子。

(2)洗手帕。妈妈洗衣服时,可给宝宝一块手帕,让宝宝学着洗手帕,并趁机告诉宝宝手帕的用处,培养宝宝讲卫生的良好习惯。

指导:

宝宝不可能做真正意义上的家务活,宝宝在完成活动时可能会给妈妈帮倒忙、添乱,千万不要因此而责备宝宝、阻止宝宝,以免打击宝宝的积极性,挫伤宝宝帮成人做事的热情。

培养方式4 追妈妈

目的:

(1)激发幼儿愉快的情绪,活跃家庭气氛。

(2)训练幼儿控制身体动作的能力,发展动作的协调性。

内容:

(1)妈妈准备一些小气球,将小气球系在胳膊上或腿上。

(2)妈妈在前方走动,让幼儿追妈妈身上的气球,训练幼儿跑的能力。一段时间后,妈妈可停下来,让幼儿拍拍妈妈胳膊上的气球,或用脚去踩系在妈妈腿上的气球。

指导:

(1)幼儿在玩气球时,妈妈一定要注意安全:在给气球充气时,妈妈要把气球放在自己身体下方打气,避开幼儿的脸或小手,以防崩伤幼儿;要禁止幼儿用两只手去捏气球。

(2)妈妈走动时要注意控制速度,以幼儿能摸到气球为宜,隔一段时间要停下来,让幼儿能够踩到气球,以增强幼儿对活动的兴趣。

培养方式5 拾玩具

目的:

(1)锻炼幼儿自己克服困难取回玩具,训练幼儿不依赖他人、自己动手的意识和能力。

(2)培养幼儿学会收拾玩具,养成良好的生活习惯。

(3)训练幼儿在游戏中注意不碰头,不使自己摔下来,发展幼儿自我保护意识。

内容:

(1)妈妈把宝宝的玩具放在不同的地方,如地上、沙发上、床上、桌子底下……

(2)告诉宝宝:"玩具玩累了,该让它们回家了。"引导宝宝自己去拿玩具,并将玩具放在玩具箱内。

（3）玩具放置的位置要注意"难易结合"，既要让宝宝能轻易地取到那些事先准备好的玩具，又要激励宝宝通过自己的努力去取到不易够着的玩具。如地上的玩具，宝宝可以蹲下来拿；凳上的玩具，宝宝可以站着拿；沙发上的玩具，宝宝可能需要爬上去才能够着；桌子底下的玩具，宝宝则需爬到桌子下面才能用手够着……

指导：

（1）游戏过程中，妈妈应积极地鼓励宝宝自己去拿玩具。出现困难时，妈妈给予适当的启发和引导；当宝宝克服了困难和障碍，拿到玩具时，妈妈应及时给予表扬和称赞，以强化宝宝行为的正确意识。

（2）当幼儿动作有可能出现危险时，妈妈应该在其身旁注意提醒并加以适当的保护。

培养方式6　拔萝卜

目的：

初步培养幼儿的合作意识。

内容：

（1）让宝宝坐在床上，爸爸牵着宝宝的两只手，一前一后地牵拉他，口念儿歌："拔萝卜，拔萝卜，拔出一个大萝卜。"

（2）牵拉几次后，爸爸装作很吃力，告诉宝宝："萝卜太大了，爸爸拔不出，现在请妈妈一起来拔萝卜。"妈妈抱着爸爸的腰，两人一起做出使劲"拔萝卜"的样子，还可用同样的方式把布娃娃、小花猫等玩具放在爸爸身后一起"拔萝卜"。然后将宝宝拉起来，告诉宝宝："萝卜被拔出来了。"

指导：

（1）牵拉宝宝的过程中，动作要轻柔，将宝宝拉起来时，可用一只手托住宝宝的背或将手放在宝宝腋下抱宝宝站立起来，以防拉伤宝宝肌肉。

（2）宝宝熟悉程序后，父母可和宝宝互换角色，由妈妈当"萝卜"，宝宝和爸爸"拔萝卜"，拔到一定程度，妈妈假装被拔出来，以增加宝宝的信心和兴趣。

培养方式7 宝宝学称呼

目的：

教宝宝学习称谓常识，为日后的社会交往活动奠定基础。

内容：

（1）妈妈准备一些画有不同年龄人物的卡片，指着卡片上的人物告诉宝宝怎样去称呼他们，如叔叔、阿姨、姐姐、爷爷、奶奶等。

（2）妈妈指着卡片上的人物，问宝宝："这是谁？"让宝宝说出对他的称呼，如有错误，及时纠正。

（3）让宝宝按指令分别找出不同年龄人物的图片，如爷爷、叔叔、阿姨等。

（4）当家里来客人或带宝宝做客时，要让宝宝养成称呼人的习惯，不对时，父母要更正。

指导：

日常生活中经常对幼儿进行"称呼"教育，直到宝宝能基本掌握不同年龄的人如何称谓为止。

培养方式8 小兔子

目的：

（1）教幼儿学习安静地等待，培养初步的耐心。

（2）训练幼儿的独立性，减轻对妈妈的依赖心理。

内容：

（1）准备两个兔子头饰和一个狼头饰，妈妈和宝宝扮演兔子，爸爸扮演狼。

（2）让宝宝坐在安全处，告诉他："现在妈妈要出去采蘑菇，宝宝在这儿等妈妈回来。"妈妈进入另一个房间，让宝宝独自等妈妈回来。片刻妈妈出来，可抱起宝宝表扬或奖励他食物（代表"蘑菇"）。

（3）妈妈领着宝宝在房间玩，爸爸戴着"狼"的头饰出现。妈妈告诉宝宝"狼来了，不要说话，也不要动"，和宝宝一起安静地躲在沙发后面。爸爸在房间里走动一圈，假装没看见宝宝，离开房间。妈妈再带着宝宝走出来继续活动。"狼来了"的情景可重复进行。

指导：

不要让宝宝"等待"的时间过长,当宝宝达到父母要求时及时表扬他,给予强化。

用爱心留住宝宝的每一刻

宝宝降临世上,应该有一张出生纪念照吧;宝宝长牙了,像小河马般淌着口水;宝宝护着自己的小玩具"小器"的表情是这样的;刚开始学走路时跌跌撞

撞,到底是"人生第一步";宝宝吃得满桌满脸都是饭菜;宝宝含着奶嘴,噙着眼泪被人理发就像坐电椅似的;宝宝听说要打针,脸都吓青了……

宝宝这些精彩的瞬间,爸爸妈妈留意了么? 拍下了吗?

将照片冲洗出来,装入相册。

宝宝的相册,最好能相同形式的备上几本,可成为一个系列。精选对

宝宝有特别意义的得意之作,一个阶段一本,为宝宝珍藏起来。相册周围如果有留言处,可以写上有意义的话,如拍这张照的背景,宝宝表情,动作的前因后果等。

几年下来,宝宝的成长历程,爸爸妈妈的爱心结晶,尽在其由……

不可以用性别框住孩子

(1)男孩和女孩之间所谓的差异并不是生来俱有的。生来俱有的仅仅是生理上的差异。被社会认定的差异大多数来自社会性别的差异(如温柔和坚强

等），而不是必然的生理差异。将这些社会差异等同于必然的生理差异时，即将社会性别等同于性别时，必定会产生大量的性别角色模式化，甚至是性别歧视。两岁以前的幼儿并没有性别定势，只是因为父母擅自给幼儿的屋里放置了极端性别类型化的物体，并有意无意地采取性别定势的教育。

例如，经常可以看到，男孩子屋里有相当多的动物以及与宇宙、能量或时间有关的东西（如磁铁、卡车、魔方、宇宙飞船），而女孩屋里放的更多的是毛绒玩具、布娃娃等。父母常常将自己对性别角色的看法连同性别角色化玩具一起带给幼儿，因此也就影响了幼儿的性格发展。

（2）父母模式化的性别教育使得女孩更趋于向传统的女性形象发展，男孩也更趋于向传统的男性形象发展。男孩被培养起主动的性格，有较强的成就期望，而女孩多被培养起被动的性格，自我成就期望相对较弱。导致了在适应现代社会、适应新技术方面，女孩不如男孩，当遇到计算机时，男孩会主动尝试，女孩会对自己的驾驭能力感到犹豫。

在对未来职业的选择上，女孩子不选择冒险性和挑战性强的职业，而探险、吃苦、赚大钱的职业多为男孩子所选择。如果女孩比较泼辣、刚毅，或男孩比较细腻、体贴，则被视为无女人味或无男子气。由此可见，性别偏见不仅对女孩子造成了伤害，同时也是男孩子发展中的一大缺憾。

（3）父母应该怎样进行性别教育呢？许多人类的优秀品质是两性共有的，不能将其局限于某一个性别上。父母培养孩子时应淡化传统的性别定势和性别偏见，使男女儿童在很小的时候就有更为广泛的发展空

小·贴士

对于3岁之前的幼儿，给父母的建议是：

玩具选择：多为幼儿提供适合所有孩子的拼插类的玩具，同时打破给男孩买汽车，给女孩买娃娃的常规想法。为幼儿提供各类玩具，让孩子在游戏过程中体验两性不同的性别感受。

房间布置：美观、整洁、大方是所有幼儿居室的共同标准。女孩的房间也不一定装饰得过于女性化。

知识传授：无论是吃穿住行的生活常识，还是关于自然界的科学知识，父母都要在日常照料中教给幼儿，不要因为性别的差异而有所侧重。

间和选择。鼓励女孩子去尝试冒险和探索，参与需要勇敢和果断的角色游戏，让男孩子去体验"过家家"中需要的耐心、仔细和体贴。

把握宝宝"关键期"

来自小鸭的概念

动物专家观察到，出生2小时之内的小鸭，会追随它们第一次看见的移动着的物体（在自然状态下多数是追随母鸭）行走。小鸭第一次看见的是人在行走时，就排成串跟在人身后，动物专家把这一现象称作"印刻"，这种"印刻"行为在小鸭出生后几小时内出现，而在一两天后消失。如果小鸭孵出后未及时遇到运动着的追随对象，在一两天之后这种行为也会出现，由此动物专家提出了"关键期"的概念。

毛毛虫说明的特征

宝宝的"关键期"相当短暂，主要目的是帮助宝宝获得某些机能。"关键期"出现在特定的时期，过了这个时期，这种特殊的敏感性就会消失，由其他的"关键期"取代。

儿童教育专家曾经举毛毛虫为例对此加以说明。有一种蝴蝶把卵产在树木主干的分叉处以避免风雨侵扰。幼小的毛毛虫孵化出来后，它们的嘴巴又小又嫩，无法吃大片的树叶，只有树梢顶端的新芽适合它们。

但谁来引导小毛毛虫去寻找远处的新芽呢？原来，毛毛虫在幼小的时候对于光线特别敏感，这种敏感性驱使它们往明亮的地方移动，直至挪到树梢上去，就能享用嫩叶美餐了。一段时间后，毛毛虫长得又大又壮，不用靠嫩叶来维持生命，就开始在树木各处爬来爬去，采食茂盛的大叶子，这时它们在生理上也丧失了对光线的特别的敏感性，不再往树梢顶上爬了。

所以，"关键期"最显著的特征就是：由于一种不可抗拒的冲动，促使个体（即儿童）在特定的时期从环境中选择某些特定的因素，促进个体的成长。

"关键期"与智能开发

儿童"关键期"最重要的阶段是在0~6岁。研究发现，人类智力的发展，从0~17岁接近完成，0~2岁发展达到20%，到4岁时达到50%，8岁时达到80%，12岁时到92%，17岁已达到几乎100%的成熟。不难发现，儿童智力发育在0~8岁之间最为重要，父母如在这一"关键期"对宝宝进行教育，则宝宝的潜能就会得到充分的开发。

儿童有哪些"关键期"

秩序感的关键期(0~2岁)

婴儿从降生之日开始，吃喝拉撒睡等生命最基本的需要和能力都逐渐从无规律走向规律。渐渐地，宝宝从1岁半开始，对物品的位置、时间的经过、事情的顺序、事先的约定等都有了严格的要求，到3岁时达到最高峰，之后就会慢慢消失。

细节的关键期(1~2岁)

幼儿和大人完全不同，常常能注意到成人不曾觉察的世界，并且由此加深自己对这个世界的认识程度。所以，经常会发现幼小的宝宝对于极小极细微的事物或细节集中注意力，全神贯注地仔细辨认。

走的关键期(1~2岁)

刚刚学会走路的幼儿，在他们身上似乎有一种不可遏制的力量激发着他们拼命挣脱成人的手，要独自跟跟跄跄地向前冲，父母累得上气不接下气也赶不上幼儿学走的步伐。

手的关键期(1.5~3岁)

手部的动作发展对幼儿非常重要。从出生时婴儿双手握拳到能用双手对击，再进步到用手去取东西、拧瓶盖、捏小豆子，这一个阶段一个阶段的变化，充分体现了人作为万物之灵的生存奥妙。父母应该多想些办法去培养宝宝充分锻炼双手的乐趣。

语言的关键期（8个月~8岁）

正常发育的宝宝，对于语言学习总是兴致盎然。在与周围人相互作用中，怀抱中的宝宝就有很多模仿和受到强化的机会，在语言的"关键期"内获得完善的言语能力对于宝宝的一生至关重要。

感觉的关键期（0~5岁）

婴幼儿生而知之，从何而知呢？从五感（视觉感官、听觉感官、嗅觉感官、味觉感官和触觉感官）等感觉开始。对于感觉的刺激，宝宝的反应往往会超过成人想象的敏感程度，宝宝的学习也就更多地融入于生活之中。

工作的关键期（3~7岁）

幼儿的工作与成人所从事的工作在概念上是完全不同的。幼儿的工作是为了完成自我，是有着内存的驱动力，是幼儿长大成人的发展途径。所以，让可爱的宝宝透过自发的"工作"，快乐地成长，是父母的职责。

不同时期涌现出的"关键期"，在幼儿身上体现得短暂而易感，父母需要抱有的是什么呢？是爱心、关心、耐心、信心。认真观察宝宝的日常活动、行为变化，把握住宝贵的"敏感期"，给予宝宝充分的刺激和帮助，那么将会看到宝宝每一天成长的变化，变得那么成熟而富有智慧！

宝宝为什么伸手打人

医生分析

出手打人是1岁多宝宝的特征之一，很少有这个年龄段的宝宝不打人推人或摔东西的。这些常见的举止带给父母很大的困惑，因此需要父母了解一下。

1岁多的幼儿处于"纯动作派"时期，走路、爬、跳、拿、摔、丢等动作都能做了。但这些动作还不够熟练，常常是东跌西撞，才拿就掉，让人觉得宝宝是在捣蛋。这个时期的幼儿对周围的一切充满好奇，但又无法用语言表达，就只好用特有的工具——动作了。

宝宝打人代表什么呢

（1）对世界的探索。面对眼前的景色和人物，幼儿先仔细看，来确定是什么，而后伸出手想"探索"一下。拍打妈妈的脸对幼儿来说和拍玩具和桌椅并没有太大的区别。

（2）打招呼。客人来了，伸手摸摸宝宝的小脸，捏捏宝宝的小腿，逗得宝宝很开心。于是，宝宝举起小手往客人脸上挥，宝宝也要和客人"打招呼"呀！

（3）生气。幼儿不能准确地用语言表达自己的需要和情感，遇到挫折、误会、别人不了解他时，只好用哭闹或动手动脚的方式来表达了。

父母发现宝宝爱打人时，要用心观察宝宝一段时间，以便清楚地知道在什么情况下宝宝爱打人，发生的频率是多少。了解之后，父母要静心想一想，宝宝做什么样的行为是适当的，如怎样的探索行为是可以接收的，宝宝生气了该如何表达，用什么方式与人打招呼。

父母应如何对应

以下是原则性建议，父母还应根据对宝宝的细致了解更加巧妙地处理：

（1）立即教导。打的动作若具有危险性时父母应立即禁止，中断宝宝打的动作。若宝宝打人是遇挫折后的情绪反

映，则要耐心教导宝宝如何表达愤怒。

（2）身教重于言教。宝宝模仿能力很强，常常会模仿周围人的各种举动，所以，父母的举止一定要特别留意。

（3）提供一个满足宝宝需求的环境。宝宝对一切充满好奇，所以要多带出去活动，给宝宝安全的敲打工具，引导宝宝通过多种方式接触世界。

1~2岁宝宝生理发育指标（参考）

14个月末时		16个月末时	
项目	正常均值	项目	正常均值
体重	9.6~10.21千克	体重	9.95~10.55千克
身高	76.96~78.3厘米	身高	78.73~80厘米
头围	45.6~46.62厘米	头围	45.93~47厘米
胸围	45.62~46.8厘米	胸围	46.16~47.33厘米
前囟	(0~1)厘米×1厘米	前囟	(0~1)厘米×1厘米
牙数	4~12颗	牙数	8~16颗
18个月末时		20个月末时	
项目	正常均值	项目	正常均值
体重	10.33~10.88千克	体重	10.69~11.24千克
身高	80.4~81.6厘米	身高	82.2~83.46厘米
头围	46.2~47.4厘米	头围	46.52~47.6厘米
胸围	46.7~47.8厘米	胸围	47.1~48.2厘米
牙数	10~16颗	牙数	12~20颗
22个月末时		24个月末时	
项目	正常均值	项目	正常均值
体重	11.3~11.69千克	体重	11.66~12.24千克
身高	84.26~85.56厘米	身高	86.6~87.9厘米
头围	46.86.6~47.93厘米	头围	47.2~48.2厘米
胸围	47.6~48.7厘米	胸围	48.2~49.4厘米
牙数	16~20颗	牙数	16~20颗